启蒙数学文化译丛 π 丛书主编 汪 宇

数学的精神、思想和方法

〔日〕米山国藏 著

毛正中 吴素华 译 曾祥发 校

华东师范大学出版社

·上海·

图书在版编目（CIP）数据

数学的精神、思想和方法 /（日）米山国藏著；毛正中，吴素华译．—上海：华东师范大学出版社，2019
ISBN 978-7-5675-8828-8

Ⅰ．①数… Ⅱ．①米… ②毛… ③吴… Ⅲ．①数学—思想方法 Ⅳ．① O1-0

中国版本图书馆 CIP 数据核字 (2019) 第 026729 号

数学的精神、思想和方法

著　　者　（日）米山国藏
译　　者　毛正中　吴素华
策划编辑　王　焰
组稿编辑　龚海燕
项目编辑　王国红
特约审读　徐惟简

出版发行　华东师范大学出版社
社　　址　上海市中山北路3663号　邮编 200062
网　　址　www.ecnupress.com.cn
电　　话　021-60821666　行政传真　021-62572105
客服电话　021-62865537　门市（邮购）电话　021-62869887
地　　址　上海市中山北路3663号华东师范大学校内先锋路口
网　　店　http://hdsdcbs.tmall.com

印 刷 者　北京市十月印刷有限公司
开　　本　890×1240　32开
印　　张　13.375
字　　数　304千字
版　　次　2019年10月第1版
印　　次　2024年1月第5次
书　　号　ISBN 978-7-5675-8828-8
定　　价　78.00元

出 版 人　王　焰

序

我认为，现在的数学书籍，不论是教科书还是参考书，也不论是大部头的著作还是论文，都仅仅是记述了数学知识，可以说还没有一本论述数学的精神、思想和方法的著作。这也许是因为我孤陋寡闻吧。而数学的精神、思想和方法却是创作数学著作、发现新的东西，使数学得以不断地向前发展的根源。

某著名的科学家在被问到科学工作者必须具备什么素养时，回答说:"第一是数学，第二是数学，第三还是数学。"我以为，这里所说的数学，恐怕不仅是指数学知识，而宁可说尤其是指数学的精神、思想、方法。这是因为科学工作者所需要的数学知识，相对地说是不多的，而数学的研究精神、数学的发明发现的思想方法、大脑的数学思维训练，对科学工作者则是绝对必要的。我搞了多年的数学教育，发现:学生们在初中、高中等所接受的数学知识，因毕业进入社会后几乎没有什么机会应用这种作为知识的数学，所以通常是出校门后不到一两年，很快就忘掉了。然而，不管他们从事什么业务工作，唯有深深地铭刻于头脑中的数学的精神，数学的思维方法、研究方法、推理方法和着眼点等(若培养了这方面的素质的话)，却随时随地发生作用，使他们受益终生。这种数学的精神、思想和方法，充满于初等数学、高等数学之中，在各种教材里大量存在着。如果教师们利用数学教科书，向学生们传授这样的精神、思想和方法，并通过这些精神活动以及数学思想、数学方法的活用，反复地锻炼学生们的思维能力，那么，学生们从小学、初中到高中的 12 年间，通过不同的教材，会成百上千次地接受同一精神、方法、原则的指教与锻炼，所以，纵然是把数学知识忘记了，但数学的精神、思想、方法也会深深地铭刻在头脑里，长久地活跃于日常的业务中。我想，这大概正合于一位著名的哲学家所谓的"真正教育的旨趣"，即"即使是学生把教给他的所有知识都忘记了，但还能使他获得受用终生的东西的那种教育，才是最高最好的教育"。

因此，无论是对于科学工作者、技术人员，还是数学教育工作者，最重要的就是数学的精神、思想和方法，而数学知识只是第二位的。我深以缺少这方面的著作为憾，于是，不揣冒昧，斗胆地把以自己多年的经验和长期的深思熟虑而写成的此书公诸于世，以为引玉之砖。

我重申，本书是想通过数学上的许多实例达到以下目标：

（一）促进研究精神的勃兴；

（二）说明许多新的研究思想和沿革及其实质；

（三）给出许多研究方法的范例和由此而得到的启示。

本书是我苦心孤诣之作。它是我以研究和教育的新观点，对过去的数学教材悉心地进行了大胆的独创性探索的结晶。

但愿本书能成为数学教育工作者、科技人员的一本有价值的参考读物。

目　录

第一编　贯穿在整个数学中的精神、思想和方法

第二编 由前述思想引起的数学的发展进步情况

第三编　作为纯数学的精神活动产物的数学基础　作为新思想源泉的数学基础　作为从根本上推翻原有数学的本质、思想和意义的数学基础

第 一 编

贯穿在整个数学中的精神、思想和方法

第一章　贯穿在整个数学中的精神

第一节　活动于解决实际问题中的数学精神

在数学中使用、培养并得到锤炼的精神活动，不用说，是一种人类的精神活动，它当然也会渗透到数学以外的事物中去。实际上，对解决数学以外的问题，若巧妙地应用数学，会非常奏效。这种例子是不胜枚举的。这里，仅以有名的"哥尼斯堡七桥问题"及"一笔画问题"(数学以外的问题)为例来进行探讨。

一、哥尼斯堡七桥问题的解决

18 世纪初叶，在东普鲁士首府哥尼斯堡市，有人提出了一个很有趣的问题：

"在市内散步时，是否可以每座桥只经过一次而走完市内所有 7 座桥?"

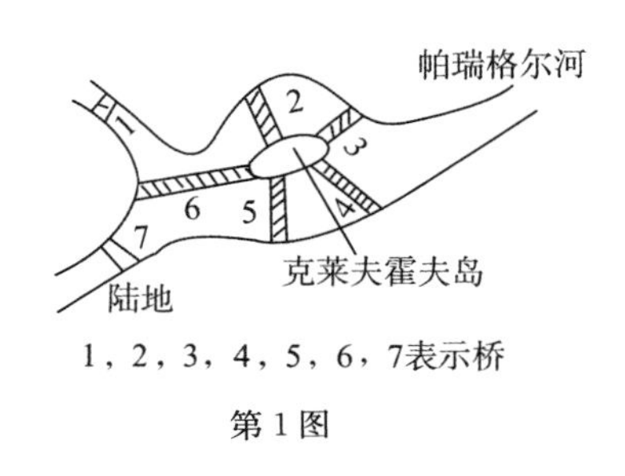

第 1 图

这个问题极大地刺激了对研究事物怀有强烈兴趣的德意志人的好奇心，许多人都热衷于解决它，但都未成功。在大数学家欧拉出来解决这个问题之前，没有人对这个问题给出完满的解答。

这里，我想借助“数学精神”的活动，对这个很多人都未能解决的难题，按一定的步骤给出一种解法。这种按步骤给出的解法是中学生都能理解接受的。当然，此法不仅是解决了这一问题，而且对学生还有种种的教育效果。

1. 问题的简化（数学精神的活动）

解决问题的第一步，是尽量把问题简化，使得容易抓住问题的要点。对于这个问题，显然，岛的大小、桥的宽窄长短等都是无关紧要的。故若用点表示陆地和岛，用线表示桥，则问题就变为一个有关几何图形的问题。

由 A 到 B 的桥记为 1；

由 B 到 D 的桥记为 2，3；

由 D 到 C 的桥记为 4，5；

由 C 到 A 的桥记为 7；

由 A 到 D 的桥记为 6。

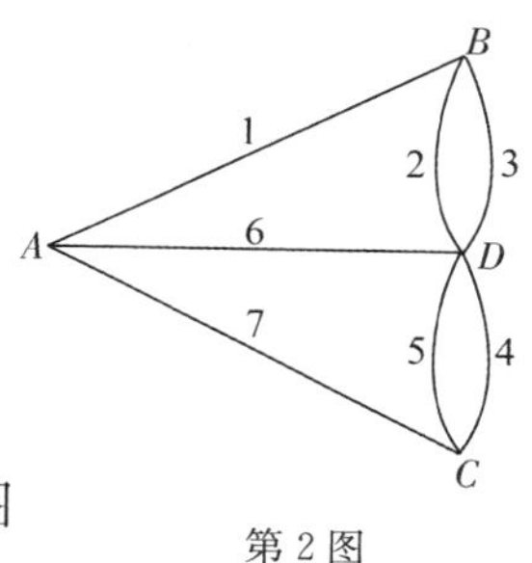

第 2 图

于是，问题就归结为：能否从第 2 图中 A,B,C,D 的某一点出发，只通过每条直线一次而走完所有 7 条线段？这样，并未影响问题的实质，但显然把问题简化了。同时，这是把实际问题数学化便能使之简化的一个很适当的例子。

是不是不仅限于数学问题，而是在考虑任何问题时，第一步都是不改变其本质，只改变形式，使之尽可能简化呢？不！就连数学问题中，也只是大多数问题的解法基于这个方针。这个方针常常用于解方程、几何图形的变换，并会收到很好的效果。

例　解方程　$5x-7=3x+1$。

$$5x-7=3x+1 \to 5x-3x=1+7 \to 2x=8 \to x=\frac{8}{2} \to x=4。$$

即不改变其值地逐步变形，使之化为最简形式，从而得方程的解 $x=4$。

像这样处理问题就是所谓数学的精神。在讲授数学问题的解法时，每当有好的范例，教师就应不失时机地将它（指数学的精神）教示给学生，还应反复地指导学生，不限于数学，应将它应用于数学以外的问题。

2. 问题的解决方法（指导学生自己解决）

虽然，如前述那样，把问题明显地简化了，但要由学生们来解决它，还嫌过于复杂。这时，应首先考察这个问题中的最简情形，以此作为研究的第一步。像这样的方法、方针，看起来似乎很平常，但在很多情况下都是有效的，故必须要求学生牢牢掌握。即是说，对一个一般的、抽象的问题，要说明它、解决它是很困难的，于是就应首先去尝试一下同类的简单而具体的问题，然后由此推及一般的情形。这是研究问题的最有效的方法。例如，讲授“凸 n 边形有多少条对角线”的问题时，首先让学生试着对五边形或六边形来说明问题的意义和解法，然后启发他们动脑筋设法把结果推广到一般情形。

要想发现一个一般的定理、法则，先对该定理、法则的大致情况作出估计，这时，这个方法、方针常常也是有效的。只要用这个方法，就足以得到解决七桥问题的启示。

(1) 只有 4 座桥的情形

如第 3 图，若从 A 或 B 出发，让学生想想结果会怎样。可能学生立即就会发现，在这种情形，能够只经过每座桥一次而走完所有桥。接着，让学生考虑若从 C 或 D 出发，情况又会怎样(这时，是不可能的)。

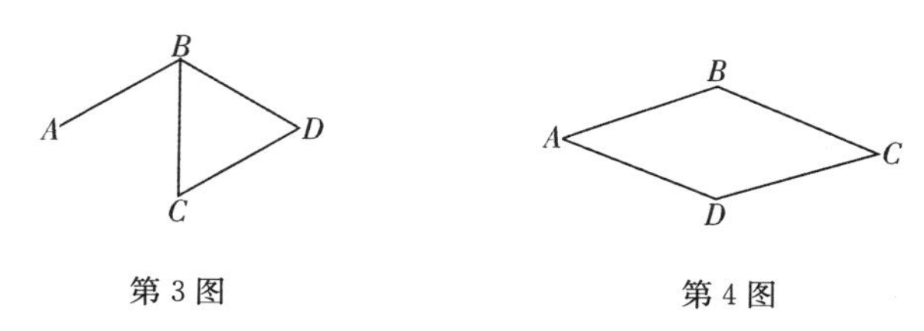

第 3 图　　　　第 4 图

然后，让学生考虑第 4 图所示的情形。这些都是很简单的，学生能立即得出结论。

(2) 有 5 座桥的情形

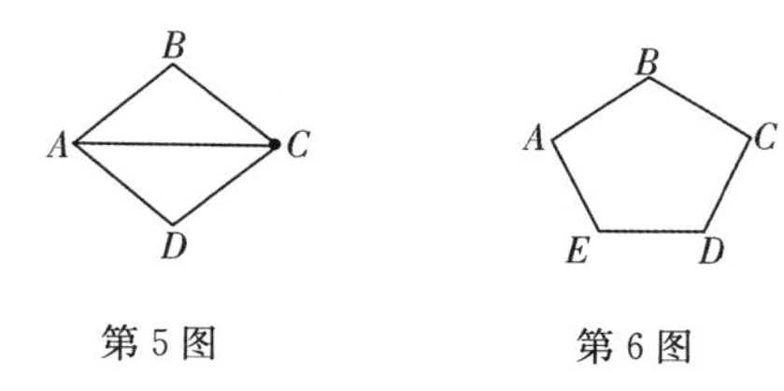

第 5 图　　　　第 6 图

这时，也很简单，估计学生都能立即回答下面的问题。

问　在第 5 图中，从 A 或 C 出发，结论如何？(可能)

问　在第 5 图中，从 B 或 D 出发，结论如何？(不可能)

问　对第 6 图、第 7 图呢？

紧接着，指导学生由(1)，(2)这样的简单实例而抓住问题的核心。

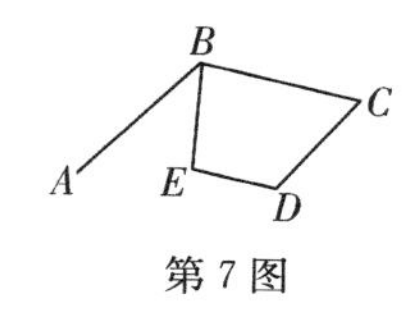

第 7 图

首先，让学生考虑区别“可能”与“不可能”的理由在哪里。

(ⅰ) 要让学生注意到，各处的桥都是 2 座时，总是可能的；

(ⅱ) 要使学生注意到(ⅰ)以外的情形，即第 3 图、第 5 图中“可能”的情形都是出发点处的桥的座数为 3 或 1；

（ⅲ）要让学生发现，在第 3 图和第 5 图中“不可能”的场合，出发点处的桥数都为 2 这个重要的事实。

然后，让学生考察，在第 3 图、第 5 图中，可能的那些情形，在终点处有几座桥（1 座或 3 座），并考察中间点的情况。

综合上面的讨论，也许学生就会发现如下事实（带有法则特征的事实）。

命题（甲）　在上面两例中，能够只经过每座桥一次的情形是：“各点处的桥均为 2 座”，或者“在出发点处及终点处的桥为 1 座或 3 座，而其余各点处的桥均为 2 座”。

（3）若有 6 座桥时，作出下列图形，考察“能够”和“不能够”的情形

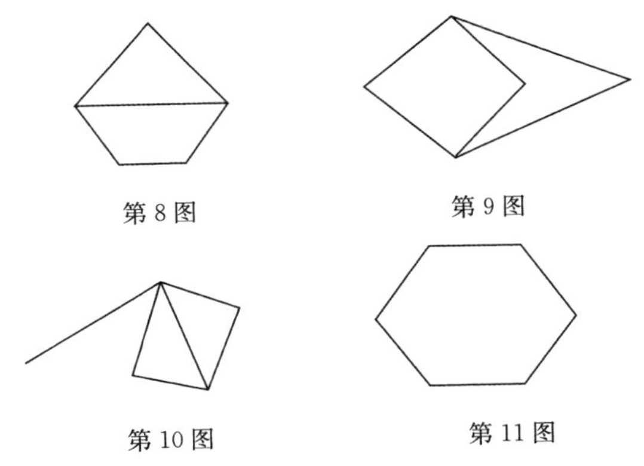

第 8 图　第 9 图

第 10 图　第 11 图

也许学生会发现，上面的命题，对 6 座桥的情形也是成立的。

从以上 3 个实例，也许会想到，命题（甲）并非偶然的结论。因此，最好是让学生们紧接着就研究，这个结果到底是偶然的呢，还是确非偶然。然而，这对学生来说，稍显困难，故在学生无力完成时，当由教师说明理由。这时，作为解决七桥问题的途径，我以为，宜区别出下述事项来考虑。

（A）**定理 1**　对于出发点及终点以外的点，有 1 座或 3 座（一般地，奇数座）桥时，问题的答案总是否定的。

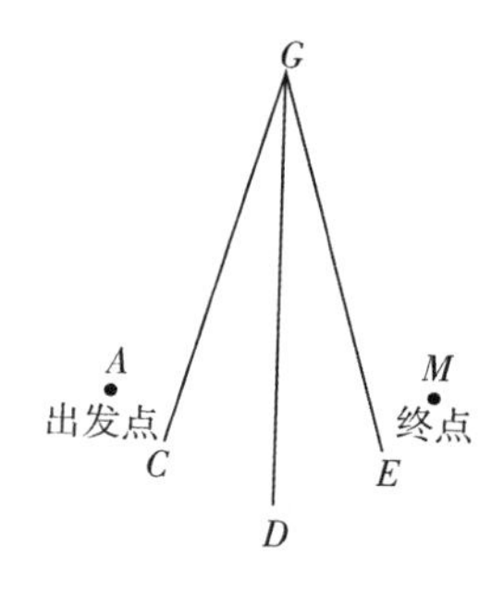

第 12 图

其理由如下：

第一，在中间点 G，从它引出的桥至少有 2 座，故中间点处不可能只有 1 座桥。

第二，设中间点 G 处有 3 座桥 CG，DG，EG，则从 A 出发经过若干桥后到达 G，就一定要通过 CG，DG，EG 中的某一座。

不妨设通过了 CG。由 G 再往前走，必定要通过 GD 或 GE。这时，假设通过了 GD，然后从 D 出发，无论怎么走，早晚总一定要通过剩下的一座桥 EG 而到达 G（否则与问题的要求不符）。既然 G 是中间点，那么，就还必须向终点 M 的方向走，但 CG，GD，EG 都已经过了一次，故这时已不存在尚未走过的向 M 去的桥了，从而，问题的答案是否定的。

第三，一般地，在中间点处有奇数座桥时，问题的答案亦为否定的。其理由与第二的情形相同。

应用 1　应用此定理能圆满解决哥尼斯堡七桥问题。

哥尼斯堡七桥问题的解决　在这个问题中无论把哪一点作为出发点或终点，总会存在有奇数座桥的中间点，故由上述定理知，问题的答案是否定的。

应用 2　如第 13 图，有 5 座桥的情形，结论又如何呢？

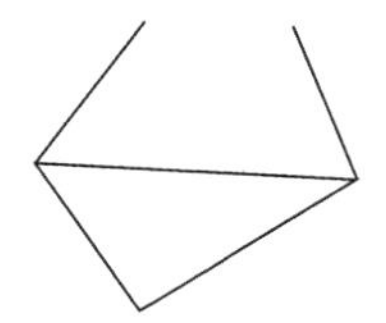
第 13 图

虽然哥尼斯堡七桥问题是完全解决了，但是，我们的数学的精神并未到此却步，它观察到，以此为起点，能够捕捉到更新的研究题目，由此推进这个研究。

3. 研究的推进（新研究题目的发现及其解决方法）

若按上述步骤进行，不仅能比较容易地解决哥尼斯堡七桥问题，而且还能更进一步发现这类问题的一般的新的研究课题，与此同时，就能比较容易地建立起许多新定理来。即，作为前定理的应用3，立刻可以得到如下定理。

定理 2　为使问题的答案是肯定的，必须出发点、终点、中间点处的桥为偶数座，或者仅在出发点、终点处的桥为奇数座。

因由前一定理，在答案是肯定的场合，中间点处的桥必为偶数座。

由此定理，立即就可以抓住如下新的研究题目（当完成了某项研究时，又进一步深入地探求与此有关的新的研究课题，这对于发明、发现来说是非常必要的数学的精神活动）：

(B) 当问题的答案是肯定的时候，是否可以在终点、出发点中，一个有偶数座桥，而另一个有奇数座桥呢？并请考虑其理由。

当考虑这个问题时，也许由前面考察过的第3图、第4图立即可以看出："这时，需要分为不同的情形来考虑。"而要分为不同的情形，当然必须要按一定的标准来进行。这时，也许谁都能想到要按如下标准进行：

（甲）出发点和终点为同一点；

（乙）出发点和终点是不同的点。

（甲）的情形

问　出发点与终点为同一点时，在这一点的桥可为1座或3座（一般地，为奇数座）吗？

答　不能为奇数座，应为偶数座。其理由如下。

说明　见第14图，假设出发点与终点在同一点 A，在 A 点处有 3 座桥 AB，AC，AD。首先从 AB 出发，经过若干桥后，再通过 CA 或 DA，就一定又回到 A，不妨假定是通过 CA 回到 A 的。于是，再度由 A 出发，就一定得经 AD 而去。但 A 为终点，还必须再回到 A 点。然而，这时 A 点处所有的桥都已走过了一次。因而，答案是否定的，故在 A 点处有 3 座桥不行。

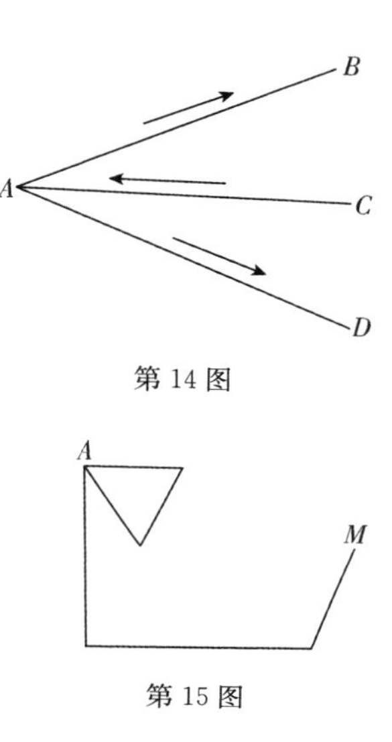

第 14 图

第 15 图

从这个讨论可以看出，一般地，在 A 点有奇数座桥，答案必定是否定的。

（乙）的情形

见第 15 图，在出发点与终点为不同点的场合，出发点是否可以有 2 座桥，或一般地，是否可以有偶数座桥呢？回答是：不能有偶数座，必须为奇数座。其理由与前述相似。

这时，同样地，“在终点也必为奇数座桥”。其理由亦与前同。

小结　于是，我们得出如下结论：

定理 3　为使问题的答案是肯定的，必须在所有点处的桥为偶数座，或仅在出发点和终点同时为奇数座，而在其余各点为偶数座。

二、应用，一笔画问题的解决

应用上面的定理，考察下列图形是否能一笔画出。

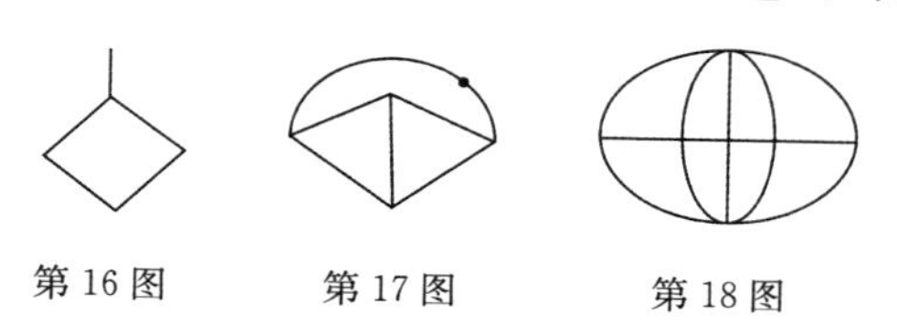

第 16 图　　第 17 图　　第 18 图

第 19 图

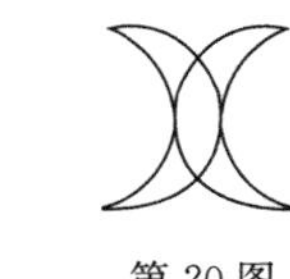
第 20 图

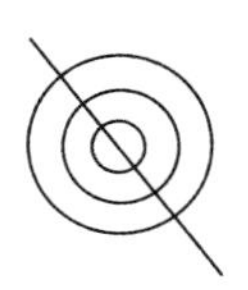
第 21 图

似可明白，按上述方法考虑，以往的一笔画问题，都能容易地解决了。数学的精神的活力，难道还不强大吗？

三、问题的一般化，新研究题目的发现

上面的定理只给出了问题答案为肯定时的必要条件，它是否也是充分条件呢？尚不清楚。

于是，若不满足这个条件，即刻就可断定：答案是否定的。然而，若满足此条件，尚不能断言答案一定是肯定的。这一点学生们往往容易弄错，要特别注意加以说明。

上面的定理只是表明，满足上述条件，答案有可能是肯定的，而对满足上述条件的情形，答案是否一定是肯定的，还必须实际地用笔来画一画，要表明全部都能用一笔画出才行。

显然，这是很不方便的，必须设法避免这种麻烦。于是，我们可能抓住新的研究题目，即这时我们会看出，有必要研究"充分必要的条件是什么"。而研究的结果，就得到了如下的定理。

定理 4　有限条连通着的线，能用一笔画出的充分必要条件是：在分出了分枝的点中，只有两个点处的分枝为奇数条，或者没有一个点处的分枝为奇数条。

前面已说明了此条件的必要性，故只要证明充分性便可（因迄今的论述太长，故这个证明从略）。

小结　由以上的讨论，明确了下列事项：

（ⅰ）把问题化简的好处及其方法，把日常的普通问题数学化的好处及其方法。

（ⅱ）在解决问题、发现事物时，从简单推及复杂、从特殊推及一般的好处及其方法（能给出一种发现的法则、一种发现的方法的过程）。

（ⅲ）通过实例来领会并实践发现之道，即

第一，首先对简单的图形仔细地考察有关事实，发现事实间的关系；

第二，接着从理论上研究这种关系在一般情形下是否也成立，从而得出一般的定理、法则。

（ⅳ）能举出使新的研究题目得以发现的实例。

（ⅴ）实际体会到了，发现法则以后，通过应用这个法则，容易地、成功地解决了种种难题的快乐。

（ⅵ）懂得了复杂的问题，或看起来似乎难以解决的问题，能够得以解决的关键，存在于“非常简单的具有美感的数量关系之中”。（最后得到的一般定理，不都是非常简单、非常具有美感的吗？）

（ⅶ）教给了把问题一步步地一般化的方法，等等。

依我之见，在给学生讲授数学定理、数学问题时，与其着眼于把该定理、该问题本身的知识教给学生，还不如从教育的角度利用它们。第一，启发锻炼学生的思维能力（主要是推理能力，独创能力）；第二，教给学生发现定理、法则的方法并提供练习；第三，教给学生捕捉研究题目的着眼点并鼓励学生的研究心理；第四，使学生了解，在杂乱的自然界中，存在着具有美感的数量关系，从而培养学生对数学的真正兴趣；第五，再通过应用数学知识，使学生了解数学的作用，同时培养学生对数学的兴趣。如按上述方式处理七桥问题，就会促进数学精神的活动，有益于数学精神的培养。

第二节　数学的精神活动的诸方面

一、充满在整个数学中的应用化的精神

1. 在数学本身中的应用

众所周知，数学开始从少数几个公理出发，将它们符合逻辑地作各种各样的组合，然后，一个接着一个地推导、证明出定理、公式，进而又应用它们去导出另外的定理、公式，同时用它们去解决各种问题。因而，应用化的精神是数学的生命，在整个数学中无处不见。对此，似无必要在这里详述了。

2. 在人类、自然界、社会现象中的应用

这也是人所共知的。在自然界中，特别是对物理学、天文学这两个学科应用最为显著。正是因为这一点，著名的 X 射线的发现者伦琴才有了这样的名言："对科学工作者必不可少的，第一是数学，第二是数学，第三还是数学。"然而，如前所述，我以为，伦琴所说的数学，较之数学知识本身，尤其强调了数学的精神、数学的研究方法、数学的思想对科学工作者的必要性，不用说，数学已经并且仍在一而再、再而三地为技术人员和发明家所应用。

近年，统计数学用于社会现象的调查研究盛行起来，于是，数学作为最重要的基础，就更为普遍地为人所知了。

3. 在应用数学时，着眼于新兴数学的必要性

对于应用数学来研究其他学术问题的数学家、科学家、技术人员来说，除了知道我国（指日本，后同）小学、初中、高中和大学所讲

授的普通的数学之外，绝对有必要知道近年来正在急剧地发展的新数学，特别是一般人视为“异端”的特异几何学、特异数学的大要（在我国的学校中，一般讲授的数学，大多为传统内容，相对于近年来急剧发展的新数学，应称之为古典数学）。

新数学的主要内容，大体上分为两类。一类是与传统的几何学、数系相矛盾的内容，例如，传统的几何学（欧几里得几何学）认为“三角形的内角和为 180°”，但新的几何学所持的观点是“三角形的内角和大于 180°”（黎曼几何学）或“三角形的内角和小于 180°”（鲍耶几何学）。另一类是群论、集合论那样一些内容，其研究对象是超越了传统的数和图形的一般事物的集合，或者是具有某种特殊性质的事物的集合，与古典数学比较起来，它研究的对象就广泛得多了。

对于近年来发展起来的、构成了物理学基础的相对论原理，只运用古典数学就不可能顺利地得到满意的结果，故相对论的创始人爱因斯坦就问他的朋友数学家格罗斯曼，近来在数学领域中是否有与传统数学不同的新数学，格罗斯曼回答他说，已出现了非欧几何。于是，爱因斯坦就以它为基础，并把当时的三维几何的思想，推广为四维几何学，经过刻苦钻研，最后才完成了著名的相对论的创立。爱因斯坦力学比牛顿力学是大大进了一步，但若爱因斯坦生于牛顿时代，相对论也许就不可能产生了，因为在牛顿时代，还没有非欧几何学以及四维几何学的思想。

又，勒贝格能超过当时最高的黎曼积分而创立勒贝格积分，是由于他把当时兴起的新的集合论应用于积分。另外，对于方程求解的问题，因已经找到了一次、二次、三次、四次方程的公式解，于是自然会想到，五次方程也必定能够一般地求解。许多人重复地进行了种种研究，但直到利用新出现的理论——群论，才证明了“五次方程不能用代数解法求解”。

像这样我们看到，只用古典数学无论多么杰出的学者都不能解决的千古难题得到解决，以及广阔的科学新领域得以开拓，等等，都是因为应用了数学的新思想。由这些大大小小的事例，应认识到，任何科学研究工作者，在掌握传统数学的同时，必须经常把新数学的开拓与利用的必要性牢记在心，否则，其研究工作是难以成功的。

一种新思想借助别的新思想而结出丰硕成果的例子，比比皆是。

二、充满在整个数学中的扩张化、一般化的精神

1. 数学概念的一般化

数学中的许多重要概念，从它最初的原始状态，随着时间的推移，由种种原因而被一次一次地扩张、推广，结果成为像今天这样广泛而精确的概念。这类例子极多，下面列出的 3 个概念，都是典型的例子。志在科学研究的人要弄清科学发展的种种原因以及研究方法的种种奥秘，它们也是极好的实例。

（ⅰ）函数概念发展的 7 个阶段；

（ⅱ）对数的发现、对数概念发展的 3 个阶段（在第二编中详述）；

（ⅲ）积分概念发展的 7 个阶段（在《解析原论》（下）中详述）。

这里，仅略述函数这一概念的发展过程，以使大家了解其梗概。

2. 函数概念的一般化

可以说，变量及函数的朴素概念，几乎是与数学本身同时出现的，这是因为数学家在研究物体的大小以及位置关系时，自然会导致通常称为函数关系的那种从属关系。

(1) 函数的基本概念

据说，“函数”一词最初只是被当作“幂”的同义语来使用的，但在现存的文献中能够查到的，是莱布尼茨 1692 年在他自己的论文中才开始使用的。然而，莱布尼茨并不是把“函数”按幂的意义来使用，而是使其具有与此完全不同的意义。

定义　曲线上点的横坐标，纵坐标，切线的长度，垂线的长度等，凡与曲线的点有关的量，称为函数。

这个定义，当看作“函数概念的几何起源”；与此相对，把 x 的幂(x^2，x^3，…)视为函数，则应看作“函数概念的分析起源”。

(2) 第一次扩张

其后，伯努利兄弟早期也按莱布尼茨的意义来使用函数一词。然而，在 1718 年，弟弟约翰·伯努利却转而按如下定义使用函数一词了。

定义　由一个变量 x 与常数构成的任意表达式，称为 x 的函数。

这可看作函数的分析概念的第一次扩张。

直到后来，欧拉才把按上面定义的函数特别地称为“解析函数”，并进一步把它区分为“代数函数”和“超越函数”。

在这个时代，把变量和常数结合起来的主要运算是算术运算(加、减、乘、除、乘方、开方)、三角运算(正弦、余弦、正切)以及指数运算和对数运算，欧拉就称由这些运算把变量 x 和常数 c 结合起来而得到的结果为“解析函数”，不用说，幂就是其中的一种。

(3) 第二次扩张

在上述函数以外，欧拉考虑了“表示随意地画出的曲线的函数”，并称之为“随意函数”，在欧拉的时代，函数概念已由积分而进一步推广了。即，众所周知，连续函数 $y=f(x)$所表示的曲线，和与 y 轴平行的两直线及 x 轴所围成图形的面积$S(x)$，可用 $f(x)$的定积分 $\int_a^x f(t)\,\mathrm{d}t$ 来表示。显然，$S(x)$随 x 的变化而变化，但$S(x)$却未必能仅仅由 x 和常数 c 经过施行算术运算、三角运算、对数运算、指数运算而得到的函数来表示。即令 $f(x)$是欧拉考虑下的解析函数，但 $S(x)$却不能仅用上述那样的初等函数来表示的情形，也是常有的。例如，要表示 $y=\dfrac{1}{\sqrt{ax^4+bx^3+cx^2+dx+e}}$的不定积分，一般要用椭圆函数才行。在初等函数的范围内，像这样的 x 和 $S(x)$，虽完全是由几何关系联系起来的，但这样的关系也可考虑定义为函数，按照这种想法，那么，$S(x)$就是一个几何学上的函数。

在这个时代，几何学中的线分为 3 类：(ⅰ)能用一句表明曲线本质的话或一个表明曲线本质的等式定义的曲线为第一类(例如，可用“曲线上任一点到一定点的距离为常数”这句话来表明圆的本质)；(ⅱ)与此相反，不能用一句话或一个等式表明其本质的，为第二类曲线；(ⅲ)由两条以上的第一类曲线构成的曲线为第三类曲线。

在这 3 类曲线中，可以认为，第一类总能用一个解析式 $y=f(x)$或 $F(x,y)=0$ 来表示，而其余的曲线却绝不可由一个解析式表示。从而,把表示第一类曲线的解析式 $y=f(x)$看作 x 的连续函数或真函数,其余的则均视为伪函数。

总之,莱布尼茨、伯努利、欧拉等人逐步把函数一词的意义拓宽了。在当时,对于函数还有如下一些认识:

(ⅰ) 由连续曲线所给出的函数,是连续函数,并一定能由一个解析式表示。

(ⅱ) 通过把不连续的曲线或折线分为两条或多条曲线(或折线)而建立起的函数,不是一个函数而是多个函数的集合,故绝不可能用一个解析式表示它。于是,可由能否仅用一个式子表示,以区别真函数和伪函数。

(ⅲ) 对区间$[a,b]$上的一切值,恒有相同函数值的两个函数,是完全恒同的,从而,对$[a,b]$以外的 x 的值,这两个函数的值也相等。

(ⅳ) 只有周期性曲线,才可用周期函数(三角函数类)表示。

即是说,那个时代的人做梦也没想到,可用周期函数表示任意曲线,可用一个式子来表示不连续的线;两个函数虽然在连续区间上的一切点有相等的值,但在此区间以外的其他点,它们的值却各不相同。然而,后来傅里叶却发表了能用三角函数的级数表示函数的论文,他借助三角级数说明了当时世人对函数所抱的看法是错误的。

傅里叶对函数概念的贡献 傅里叶在 1807 年发表的题为《热的分析理论》的论文中,证明了“由不连续的线给出的函数,能用一个三角函数式来表示”。如第 22 图中那样的不连续线,可用 3 个式子

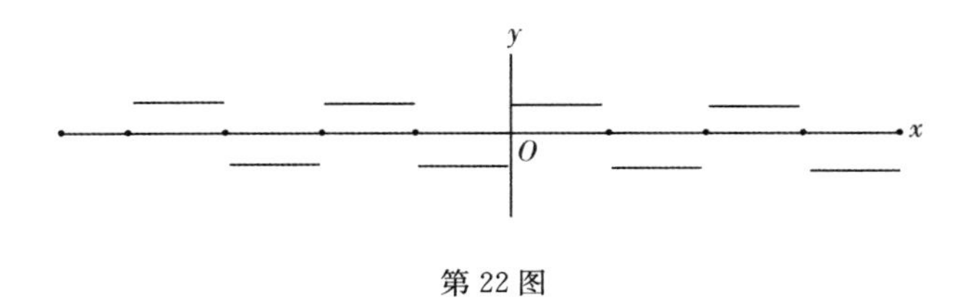

第 22 图

$$\left.\begin{array}{l}y=\frac{\pi}{4}(0+2r\pi<x<\pi+2r\pi),\\ y=0(x=r\pi),\\ y=-\frac{\pi}{4}(\pi+2r\pi<x<2\pi+2r\pi)\end{array}\right\} r\text{ 为 0 或正、负整数}$$

来表示；或者，若令 $r=1,2,3,\cdots$，则可用所得的无穷多个式子来表示。而傅里叶证明了，这个不连续线，可唯一地用一个式子

$$y=\frac{\sin x}{1}+\frac{\sin 3x}{3}+\frac{\sin 5x}{5}+\cdots$$

来表示。由此，不连续线按其表示方式不同，或可用一个式子表示，或可用多个式子表示。从而可知，区别函数的真伪，不能以是否可用唯一一个式子表示它为标准，实际上，这就是傅里叶对函数概念的第一个贡献。

第二，方程 $y=\frac{\pi}{4}$ 表示与 x 轴平行的直线。如第 22 图所示，这条直线与

$$y=\frac{\sin x}{1}+\frac{\sin 3x}{3}+\frac{\sin 5x}{5}+\cdots$$

所表示的线，$x\in(0,\pi)$ 时重合，若 $x\in(\pi,2\pi)$，却表示完全不同的图形。这个事实清楚地表明，当时世人对函数所抱的第三点看法也是完全错误的。

因为，最初人们一般都只知道，若对 $n+1$ 个 x 的值，两个 n 次

多项式 $a_0x^n+a_1x^{n-1}+\cdots+a_n$，$b_0x^n+b_1x^{n-1}+\cdots+b_n$ 的值都相等，则这两个多项式就是恒等的。由此，当时的人们认为，一般地对任意两个函数 $f_1(x)$和 $f_2(x)$，若对无穷多个 x 的值它们相等，那么两者就恒同。这实在是毫无道理的。虽然，像这种含混的想法，有时也会给研究工作者有益的启示，但也往往导致谬误，故应深以为戒。今天，若我们自己遇到类似情形，就要注意，决不要贸然轻断，而必须严格论证该种想法的正确性，以免再犯前人犯过的错误。

第三，根据傅里叶的研究，不仅周期函数，而且任意的连续函数 $f(x)$，在 $-\pi<x<\pi$ 的范围内，都可用正弦函数、余弦函数这样的周期函数来表示。这一点也是当时世人所完全未能考虑到的。

于是，傅里叶的研究完全表明了，关于函数的传统观点从根本上说都是错误的。而一旦揭露了这些真相，不少学者就进一步研究发现了同一条线既可用一个函数，也可用两个以上的函数表示的种种例子，其中大多是饶有兴味的。这样，欧拉时代的所谓“真函数”的意义就丧失殆尽了。实际上，这正是柯西努力寻求函数新定义的有力动因。

(4) 第三次扩张

柯西的函数定义 若对 x 的每个值，都有完全确定的 y 值与之对应，则称 y 是 x 的函数。

按这个定义，不管 y 是用一个式子表示还是用多个式子表示，只要对 x 的每个值，有完全确定的 y 值与它对应，y 就是 x 的函数。显然，这个定义远比前述的“真函数”的概念广泛得多。柯西还另外给出了连续函数的精确定义，直到今天还被普遍地采用着。

不过,当时柯西认为,对他所给出的定义来说,x 和 y 的函数关系,是可以用若干个解析式表示的,即,似乎是认为,在区间 $[a,b]$ 的函数,可用

$$y=f(x) \qquad (a\leqslant x\leqslant b)$$

或

$$y=f_1(x) \qquad (a\leqslant x\leqslant a')$$
$$y=f_2(x) \qquad (a'< x\leqslant b)$$

或

…………

…………

…………

来表示。然而,x 和 y 的关系能否用解析式表示出来,并没有多大意义。故黎曼、狄利克雷将这一限制取消而给出了更广泛意义下的函数定义。

(5) 第四次扩张

黎曼、狄利克雷的函数定义　若对 x 的每个值,有完全确定的 y 值与之对应,不管建立起这种对应的方式如何,都称 y 是 x 的函数。

按照这个定义,即使像下面那样定义 $f(x)$,仍可说它是函数:

$f(x)$ 在 x 为有理数时总为 1,在 x 为无理数时总为 0。

对于这个函数,若 x 的取值从 0 而依次增大,则 $f(x)$ 的值就为 1、为 0,又为 1、为 0,无论在 x 的一个多么小的区间上,$f(x)$ 的值从 0 而 1、从 1 而 0 地无限次地跳跃。若 $f(x_1)=1$,则无论取离 x_1 多么近的 x 的值 x_1',在 x_1 和 x_1' 之间合于 $f(x)=0$ 的 x 的值有无穷多个;而若 $f(x_2)=0$,则无论取离 x_2 多么近的 x 的值 x_2',

在 x_2 和 x_2' 之间，合于 $f(x)=1$ 的 x 的值也有无穷多个。即是说，此函数在一切 x 都不连续。所以，要用一个或若干个式子来表示它，是非常困难的，而究竟是否能够做到这一点，一时也难以判断。但是，不管是否能表示出它，依黎曼的定义，这个 $f(x)$ 不折不扣地是一个函数。

狄利克雷函数　不管世人认为上面那个函数多么难以用一个简单的式子表示，狄利克雷最后还是巧妙地用如下式子将它表示出来了：

$$f(x)=\lim_{m\to\infty}\left[\lim_{n\to\infty}(\cos m!\pi x)^{2n}\right]。$$

能够很容易地验证，这个 $f(x)$ 在 x 为有理数时总是为 1，在 x 为无理数时总是为 0。

(6) 第五次扩张

自变量变域限制的取消　迄今为止，对函数 $y=f(x)$ 的值 $f(x)$ 没有什么限制，既允许取连续的值，也允许取不连续的值；但与此相反，对自变量 x，却假定它取全体实数或全体实数的某一个连续的部分。即认为，一般地，x 的取值为 $a\leqslant x\leqslant b$，x 总是连续地取值的。现在，我们可通过取消这个限制，而使函数概念再一次扩张。

“函数 $y=f(x)$ 的自变量 x 可以不必取 $[a,b]$ 中的一切值，而可以仅取其任一部分。换言之，x 的取值可以是任一数集，这个集合可以有有限多个数，也可以有无穷多个数。”

例如，$y=f(x)=\dfrac{1}{x!}$（x 为正整数）就定义了一个函数。

取消对自变量变域的限制，对近代函数研究有重大意义，它与集合论的发展相结合，使函数论的研究领域显著地扩大了，使得有可能把函数所具有的种种性质一般化。

如上所述，解除了自变量及函数的一切限制，它们就成了非常广泛的概念了。但是，自变量及函数的范围仍然仅限于数。维布伦突破了这个范围，使函数概念进一步扩张了。

(7)第六次扩张(维布伦及伦内的函数定义)

变量的定义　所谓变量，就是代表事物的集合中任一事物的记号。

例如，设集合由$\left\{2,\frac{1}{2},5,7\right\}$这 4 个事物组成，若让 x 代表该集合中的任一"事物"，即 x 可以取 $2,\frac{1}{2}$，也可以取 5 或 7，也就是 x 所能代表的那些值，那么，就称 x 为变量。这时，称组成这个集合的"事物"为"元素"。"元素"可以是数，也可以不是数。

区域的定义　变量 x 所代表的"事物的集合"，称为该变量的区域，或变域。

常量的定义　常量是变量的特殊情形，即是上述集合中只含有一个"事物"时的变量。

由变量所表示的任一元素，称为该变量的值。

变量、常量的这个定义，最早由维布伦及伦内在他们的著作中首先使用。它比通常使用的变量的意义更一般，因为这种变量不限于数。并且，过去的变量还有另一个缺点，即，包含着一种所谓"变动"的意义。而这个定义是更精确了。利用变量的这个定义，维布伦给出了函数的如下定义。

函数的定义　若在变量 y 的集合与另一变量 x 的集合之间，有这样的关系成立，即：对 x 的每一个值，有完全确定的 y 值与之对应，则称变量 y 是变量 x 的函数。

按照这个定义，x，y 可以为数，也可以为点，可以是有形的，也可以是无形的，而且这些元素的集合是连续的或者不连续的均可。因而变量和函数的这种定义是极其广泛的。现仅举一例，设 x 表示平面上的点，若在每一点，让过此点且与已知直线平行的直线与之对应，则“平行线的集合”就是这个“点集合”的函数。

(8) 第七次扩张

集合函数 我们还可以进一步给出更为广泛的函数定义，它不仅把维布伦的函数定义作为一种特殊情形包含在内，并且还包括了在现代数学以及其他学科中所使用的所有函数概念，如多值函数、复变函数、可列无限个独立变量的函数以及由这些函数构成的函数等。

定义 设 $\mathbf{u}$ 是由许多集合构成的集合。若对 $\mathbf{u}$ 的每个元素 A（A 本身也是一个集合），另一集合 $\mathbf{B}$ 中都有完全确定的元素 B 与之对应，则称集合 $\mathbf{B}$ 是集合 $\mathbf{u}$ 的集合函数。

这时，若 $\mathbf{u}$，$\mathbf{B}$ 的元素 A，B（A，B 本身又都是集合）都是由一个元素构成，则此定义就变得与维布伦的定义一致了。图形的面积、曲线的长等，都是集合函数。这只要把图形、曲线看作点的集合即可。因为由点集合构成的每一平面图形、每一有限曲线，分别有一个面积、有一个长度与之对应。

结论 上面，我们概述了函数概念的发展变化。开始，把“x 的幂”或“几何学上的量”称为函数。随着科学的进步，由于需要而逐步扩大了函数的范围，而每一个新的函数概念又总是全部包括了以前的概念并逐步地有所推广，直到成为今天这样令人惊叹的广泛的概念。其中，特别是傅里叶，他用若干实例，指出了当时许多优秀数学家对函数概念所持的错误想法，使人们不得不改变对于函数的看法。正是这样，柯西才提出了函数的新概念。这个事实,使人们禁不住要赞叹傅里叶的真知灼见。并且,一有必要,数学家们就力图使概念一般化(推广),他们的这种一般化的精神活动,也堪使后人奋起。特别是用周期函数来表示非周期函数,用唯一一个式子表示处处不连续的函数,同一函数或折线既可用几个式子也可用一个式子表示,这些都是出人意料的。对于使此类事情成为可能的伟大的人类精神,还有谁能不为之倾倒呢?

3. 数学定理、法则的一般化

数学研究工作者在发现了某个新定理后,紧接着就应探求是否能将这个定理推广。若能成功地推广,则其研究就推进了一步。数学能用这个方法扩大其范围,这一工作确实是无可限量的。这里仅举一浅近的例子。由三角形的内角和为直角的 2 倍,可知凸四边形的内角和为直角的 4 倍,凸五边形的内角和为直角的 6 倍,一般地,凸 n 边形的内角和为直角的 $2n-4$ 倍,这就是一种一般化(推广)过程。在后面谈到数学发现时,还要详述这一点。像这样的一般化,在数学中到处都有。每遇到这种一般化的好例子时,教师一定要给学生指出来,用以启发一般化的精神及揭示一般化的方法。

4. (某些)数学分支的一般化

(1) 初等几何学的一般化

初等几何学是以少数几个公理加逻辑推理的方法研究直线和圆的性质的一门学科。但欲以这种方法研究比圆更复杂的曲线的性质,不仅会有许多困难,而且其范围很受局限。可是,对于在初等几何学的公理基础上,又加上了坐标概念以及代数方程(一次、二次方程)的思想的初等解析几何来说,不仅是直线和圆,而且对于比圆更一般化的椭圆以及其他二次曲线(双曲线、抛物线)的性质，都能很容易地作一般地、统一地处理。不过，用这个方法来讨论高次代数曲线或者代数曲线以外的曲线（三角曲线、指数曲线等）却是非常困难的，同时，纵然可能，其范围也很有限。然而，对再加上了极限概念（由极限概念而构成的微分、积分的概念）以及诸种函数的概念的微分几何学（广义的解析几何学）来说，不仅一次、二次曲线，而且高次代数曲线、三角曲线、指数曲线等曲线的各种性质，都能用同一种方法来研究了。例如，在初等解析几何学中，圆 $x^2+y^2=r^2$，椭圆、双曲线$\frac{x^2}{a^2}\pm\frac{y^2}{b^2}=1$，抛物线 $y^2=4dx$ 上的点(x',y')处的切线方程分别为：

$$xx'+yy'=r^2,\frac{xx'}{a^2}\pm\frac{yy'}{b^2}=1,yy'=2d(x+x'),$$

而在微分几何中，不仅以上曲线，即使是对 $y=f(x)$或 $F(x,y)=0$ 所表示的任意曲线，在点(x',y')处的切线都可用

$$y-y'=\left(\frac{\mathrm{d}y}{\mathrm{d}x}\right)_{\substack{x=x'\\y=y'}}(x-x') \qquad ①$$

这种同一形式的方程表示。即是说，不论是圆的切线，椭圆、双曲线、抛物线的切线，还是三角函数、指数函数曲线的切线，都包含在①式所表示的切线中了。①式是非常一般、非常广泛的切线方程。而与切线有关的曲线的诸种性质，都可由此切线方程以及曲线的方程导出，故关于这些曲线的诸种性质，都可用同样的方法、方针求得了。在上述意义下，从有益于研究曲线性质的角度可以说，初等解析几何学比初等几何学更一般，而微分几何学又比初等解析几何学更一般。

这样，我们看到了，为了构成更高一层的学科，常常只需要引入少许几个新概念及新方法就可以了。

若从运用数学这一侧面来看，则数学的各分支学科，都可看作研究各种事物所必需的工具。按这种观点，可以说初等解析几何学是比初等几何学优良的工具，而微分几何学是比初等解析几何学更优良的工具。用初等(差)的工具无法解决或难以解决的问题，用更高等(优良)的工具就能容易地解决。然而，工具越是优良，其结构就越复杂，故要求能熟练使用它。所以，高等数学比初等数学用起来要方便，但要熟练掌握它须花更多的劳动。这是自不待言的，要想提高文化水平，自然得付出艰苦劳动。

近年来发展起来的公理几何学(一般地，公理数学)，在更广的意义上将普通的几何学(一般地，普通的数学)显著地一般化、抽象化了。

(2) 连续点集合论的一般化、连续集合理论的一大系统

我曾在长达五六年的时间中，埋头于"连续集合理论"的研究，结果是写出了长达 300 多页的论文(英文)。这当中，每当我发现了一个新定理，就立即集中力量从各方面考察能不能将它一般化、能不能推广，从而一步步地推进了研究工作。在这些研究中，我最初是着眼于连续点集合的某种"特殊的点对"(将它取名为"主点对"——Pair of principal points)，以此作为起点，研究了一般的连续点集合的性质、结构、分类等，得到了 300 多个新定理，从新的角度发现了连续点集合的种种性质。当这一研究告一段落时，我就进一步考虑能否将得到的结果推广到线连续集合、面连续集合、体连续集合。线是连续点集所构成的最简单的几何图形，而其中最简单的又是若尔当曲线(最简曲线或若尔当曲线就是没有重点也没有奇点的曲线)。我以若尔当曲线为基本要素即单元，适当地规定了这种线的连续集合的含义，研究了这种线连续集合的性质，得出结论：可以证明，关于连续点集合成立的定理，几乎全都（250 多个定理）对线连续集合也成立，这只要把其中的“点”字换成“线”字即可。

更进一步，若将“线连续集合”构成的最简单的曲面（若尔当曲面）作为单元，并考虑其连续集合（立体），则可以证明与前面相同的所有定理仍成立。从而可以证明，能够得到与前面同样的性质、结构、分类。因而，可以推知“n 维体的连续集合论”成立。这样，通过运用数学的一般化精神，就建立起了“点、线、面、体…，n 维体的连续集合论”的一个完整的系统。

像这样，按新的观点，把连续点集合的许多性质、这个连续集合内部的结构以及基于此的连续集合的分类等一并解决，并且用 300 多条定理、原则将它进行整理和汇总，做成一个完整的体系。接着，从零维点连续集合出发，使之逐步推广到一维线连续集合、二维面连续集合、三维体连续集合，一般地，n 维体连续集合。而为了将它们贯穿起来，用这些集合所共有的几百条定理、原则，建立起了一个宏大的科学殿堂。当我通观建立起来的这一井然有序的科学的理论体系时，一种庄严的感觉油然而生。

5. 数学研究工作者和数学教育工作者与一般化的精神

如前所述，数学的进步发展，无论是数学的基本概念、定理、法则，还是数学各分支本身，许多都是以已知事项为基础，依赖欲使其推广、使其一般化的精神而实现的。故数学研究工作者在某项新研究中获得了新发现时，应以所得的结论为基础，考虑将它一般化，并以此构成新的研究题目。

不仅对数学研究，而且对整个科学的研究，甚至在科学以外的场合，都应做到：从某个特殊的事项、特殊的机械出发，努力改革它，使之能够适用于更一般的情形、更广泛的范围。因为这对一般的文化发展有很大的意义，所以，教育家以及各种专家都应努力促进这种精神发展。我以为，这一点是很重要的。

三、充满在整个数学中的组织化、系统化的精神

最初，数学是因人类生活的需要而产生的，故早期的数学都是零碎、片断的东西。即是说，自然数是由计数物品的需要而产生的，分数是由表示等分后的物品的数量的需要而产生的，无理数是由开方或处理不可通约的数量的需要而产生的，负数、复数是求解方程的需要而产生的，如此等等，各有各的成因。又，初等几何学中的定理，都是分别由不同的人发现的，诸定理之间没有任何接续关系。然而，随着人类认识水平的提高，这些定理或诸种数，都被科学地组织起来，构成了一个精巧而优美的体系。

1. 数学内容的组织化、系统化

分别由不同的人彼此独立地发现的几何学的各个定理，首先由欧几里得组织起来，使它们能够由少数几个公理一个接一个地推导出来，从而第一次使几何学成为一门科学。

另外，可以从不同的立场出发，把各种数组织成一个有机的系统。例如，在运算能无限制地进行的原则下，能将所有的数都导出来，就是一种方式。即：

（ⅰ）在自然数范围内，加法、乘法、乘方运算可以无限制地进行。

（ⅱ）但自然数范围内，不能无限制地进行减法运算。即，自然数 a 比自然数 b 大时，可以进行由 a 减去 b 的运算，但不能进行由 b 减去 a 的运算。于是，为了去掉这个限制，就引入了“负数”。

（ⅲ）但在正负自然数范围内，除法不能无限制地进行。即，当 a 是 b 的倍数时，a 能被 b 整除，但 b 却不能被 a 整除。于是，为了去掉这个限制，就引入了分数。

（ⅳ）在正负自然数、分数的范围内，开方不能无限制地进行。即，a 是 b 的 n 次幂时，b 是 a 的 n 次方根，不然，就不能开 n 次方。为了去掉这个限制，就引入了无理数及复数。

于是，在复数范围内，加法、乘法、乘方以及它们的逆运算减法、除法、开方都能无限制地进行了（但不能用 0 作除数）。

或者，从“使方程总能求解”的立场以及其他种种立场出发，也能把上述各种数引出而组成一个系统（然而，在这些引出方式中，隐含着人们没有注意到的种种不足）。

上述情况，在数学中到处都可以见到。实际上，随着科学的进步和人类智力水平的提高，数学的组织化在数学的各分支里盛行起来了。

2. 方法的组织化、系统化

自然数的加法、减法、乘法等运算方法，也是由于人类生活的需要而自然地产生的。但若从适当的观点出发，将它们组织化、系统化，则它们之间也会有某种非常有趣的联系，并且可以看作是密切地结合成一体的。即是说，设以加法为基础，而加法是任意的数相加的方法，故相加的数可以是不同的，也可以是相同的。今设相加的数均相同，即同一个数 a 连加 n 次，则求 n 个 a 相加的结果的简便运算方法，特别地取名为乘法。例如，将 5 连加 4 次，得 20，则直接由 5 和 4 求出 20 的方法，称为乘法，记为 $5\times4=20$。即，乘法是在加法的特殊情形，即相同的数相加若干次时，简便地求其结果的一种运算方法。

与此完全类似，乘方是在乘法的特殊情形，即同一数相乘若干次时，求其结果的一种运算方法。例如 5 相乘 4 次得 625，由 5 和 4 求出 625 的方法，称为乘方，记为 $5^4=625$。

像这样，用同一种观点，能够由加法而引出乘法，由乘法而引出乘方运算。以上 3 种运算称为正运算，即在

$$(\text{i})\ a+b=c,\ (\text{ii})\ a\times b=c,\ (\text{iii})\ a^b=c$$

中，已知 a 和 b 求 c 的运算分别称为加法、乘法、乘方。反之，已知 c 和 a，b 中的一个，求另一个数的运算，称为逆运算。而这时，对(ⅰ)和(ⅱ)来说，已知 c 和 a 求 b，与已知 c 和 b 求 a 的运算方法是相同的，故(ⅰ)的逆运算称为减法，(ⅱ)的逆运算称为除法。但对(ⅲ)来说，已知 c 和 a 求 b，与已知 c 和 b 求 a 的运算方法是不相同的，故前者称为对数运算，后者称为开方运算。于是，我们看到 7 种运算有这样不可分离的密切联系，并且可以认为，它们是由同一种观点（反复地对同一数进行同一运算的正运算和逆运算）组织化、系统化起来的。

3. 组织化精神的必要性

随着文化水平日益提高、各种事物日益复杂，组织化精神的活动就越来越显得必要。即是说，不管是企业还是政府机构，其工作范围越是扩大，其业务越复杂，就越是有必要有组织地整顿，使各部门能紧密配合、协调一致。否则，若各部门各行其是，那个公司就会乱套而毫无效率，以至于破产。对于像国家这样有复杂机构并不停运转的实体来说，其机构是否适应，可能直接成为它盛衰的原因。所以，对于文明社会来说，组织才能是极其重要的，而数学是由组织才能极强的人所建造起来的组织严密的有机整体，故应努力利用数学的材料，一方面促进组织才能的提高，另一方面从中

学习组织的方式和设计出某种组织的方法等。

四、遍及整个数学的研究精神，致力于发明、发现的精神

大概谁都会同意，整个数学几乎全都是研究精神的产物，致力于发明、发现的精神的产物。因而，从初等代数、几何到高等数学和基础数学的整个数学中，充满了研究发现的着眼点、方法和法则；并且，这种种方法和法则，到处都以适当的形式而存在着。于是，就为把这些方法和法则传授给青少年，为启发、锻炼能使用这些方法和法则的头脑，提供了无数很好的、合适的材料。但是，数学书（包括教科书）都只记述了研究工作者得到的结果。所以，即便很好地理解了书上的内容，也几乎不能触及研究的精神，几乎不知道发明发现的着眼点、方针、法则等，不能培养具有创见性的头脑。若数学教师以及数学书的作者，不去把教材中潜藏的这种精神、这些方法提炼出来，使之表面化，那么，就不能发挥它们应有的效果。

我认为，只有很好地做到这一点的人，才称得上是真正的教育工作者、真正的作者。但令人遗憾的是这样的教育工作者、作者太少了。这里，仅举一例，来说明我的上述看法。

三角形内角和与发明、发现、研究的精神及方法的关系

在这里，我举最简单的例子试加以说明。一般的几何书中，都载有“三角形内角和”的内容，但都是先给出定理“三角形内角和为二直角”，然后才给出证明。像这样处理，就只能让学生知道：（ⅰ）三角形内角和为二直角；（ⅱ）这个命题确实是正确的。可是却全然不能使学生学到对事物的研究的态度，研究的方法，发明、发现的方法等。我学习几何时，就是按这样的方式学的。这样，纵然是

学得了几何学的知识，却完全不知道研究的方法、发现的方法等，就更谈不上启发培养能胜任研究、发现的内在素质了。

1. 讲授法则的发现方法的例子

（1）指出目的

三角形的内角和定理，只是研究、发现的结果，所以，一开始不要急于抬出这个结论来，而只是指出，“我们现在要考察三角形内角和是多少的问题”，点明我们的目的。

（2）教示发现的方法

首先，让学生们各自画一个三角形，并用量角器量出各个角的度数，然后求出它们的和。这时，教师应详细地告诉学生具体的作法以及注意之点，即要用尽可能尖的铅笔来画三角形，测量要尽可能精密。粗糙的实验是不足凭信的。本来，教育的目的就是培养人，而学校教育是教育的一种手段，所以在数学教学中，既然可以做实验，当然就应对实验给予重视，做到尽量准确，而且也必须是这样。我曾到中等学校观摩了几次数学课的教学，发现没有一个教师是充分重视实验的，索性采取与此相反的态度的教师，却不乏其人。他们叫学生画出三角形并求其内角和，有的学生连三角形都未画好，就要让学生讲出自己的结果，这样做会使学生养成粗心大意的坏习惯。

（3）留出实验所需的适当的时间，然后再问学生实验的结果

这时，回答“为 180°”的学生可能最多，而回答为 179°或 181°，或比 179°稍大一点，比 181°稍小一点的也会有。这时，教师要综合各种结果，并向大家说明：像这样得到的答案，多少总有一点误差，这是实验方法的不足之处。粗糙的实验会使误差增大，故应尽可能精确地做好实验，实验越精确，所得结果就越接近 180°。要引导学生认识到：虽然并未准确地知道结果，但由以上实验，可推测三角形内角和可能为二直角。

在我所观摩的教学中，有的教师，在多数学生回答"为 180°"时，就立即说"是的，三角形内角和为 180°，现在我们就证明这一点"，于是就动手证起来。这种做法根本就是错误的。即是说，若仅由上面的实验就能发现三角形内角和为 180°的话，那就没有必要证明它了。教师如果采用这种错误的做法，学生就会产生疑问：既然凭借实验就知道了三角形内角和为 180°，还有什么必要进一步证明这个结论呢？同时，也容易使学生产生数学是一门奇怪的学科的印象。所以，这时数学教师应向学生充分地说明"实验和证明的关系"，以及"为了发现某个事物，两者都是必要的理由"，"只有两者结合，才能成为一个完整的发现的理由"。

(4) 说明要发现一个数学定理，实验和证明两者都需要的理由

(a) 仅用实验来发现数学定理，还不充分。

(ⅰ) 用仪器画出的直线，无论多么细总有一定的宽度，因而就不是几何学中的直线(只是近似于几何学中的直线)。

(ⅱ) 量角器的刻度和读出度数的视力，总有一个限度，无论多么精巧的仪器，即使利用显微镜这样的放大装置，1/1 000 秒以下的角就无法测量了。所以，用实验所得的结果，无论实验多么精密，都不是完全准确的。

(ⅲ) 即使实验的结果都准确，但经过实测的三角形的数目，只不过是一个班学生的人数，即使这些三角形内角和都为 180°，但尚未实测的那些三角形内角和为多少呢？还是不知道的。因为形状和大小不同的三角形有无穷多个，所以无论如何也不可能将这无穷多个三角形全部进行实测。故要用实验来决定一切三角形的内角和为多少，是不可能的，因而，就有必要给出数学证明。

(b) 仅用证明不能完成数学上的发现的说明。

也许有人会认为："既然数学证明能对一切三角形明确地判断这个结论是否真，那么，只要用证明就够了，又何须做实验呢？"这种观点是错误的，证明是用来判断问题是否正确，但必须首先提出问题，而提供了问题的，正是实验。即，根据实验，几十个三角形的内角和都各自大约为 180°，于是自然会提出这样的问题："是否可以说，任意三角形的内角和都为 180°呢？"证明就是用来确定这个新问题正确与否的。简言之，实验使我们对事物的真相有一个大概的推测，而证明则是判断该推测是否正确。所以，实验和证明两者相互结合，才能完成数学定理的发现，在此过程中，两者都不可缺少。

(5) 证明方法的发现

下面，我们叙述不用量角器也能知道三角形内角和大约为 180°的实验方法。此法也是根据一种很自然的想法而提出的，同时，它还给出了发现证明方法的提示。

该想法的要点如下：因为要求的是三角形的内角和，故把角 A 和角 B 从三角形上截取下来，且将它们并排在角 C 所在之处，再求这三个角的和。今在一张纸片上画出$\triangle ABC$，并用剪刀把甲、乙剪下来，分别置于甲′、乙′的位置，这样，三角形的三个内角就以 C 为顶点而并排在一起了。可以看出，它们的和大体上与通过 C 的直线重合。而直线上的角（平角）为 180°是已知的，于是可知三角形内角和大约为 180°。

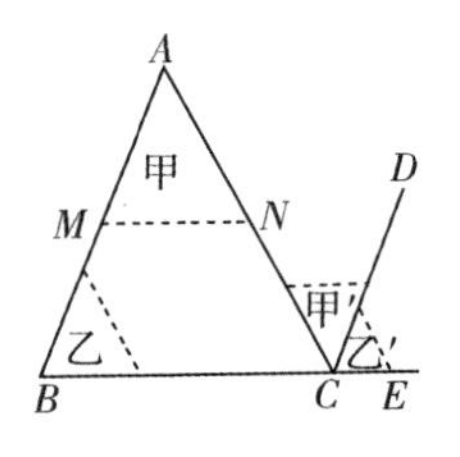

第 23 图

根据这个事实，我们可以设法严格证明任意三角形内角和确为 180°。

添辅助线的方法　显然，第 23 图中的 $\angle ACD$ 只不过是将 $\angle BAC$ 的顶点移到 C 点的角，故两者相等。这样，就是直线 AB，CD 截直线 AC 所得的内错角相等。于是，让学生考虑，这时直线 AB 和 CD 的位置有什么关系。要认真回忆迄今学过的定理，多数学生都会注意到"两直线平行"的事实。像这样做，能使学生理解引辅助线的思想，只要能抓住引这条辅助线的思想，就能立即得出本定理的证明了。

本定理的证明，证明方法的构想　只要把前述的实验方法与添辅助线的设想综合起来，就能立即得到本定理的证明。

证明　延长任一$\triangle ABC$ 的一边 BC，由 C 点作 AB 的平行线 CD，于是，

$$\angle A=\angle ACD\text{（由平行线定理），}$$

$$\angle B=\angle DCE\text{（由平行线定理），所以}$$

$$\angle A+\angle B+\angle C=\angle ACD+\angle DCE+\angle BCA$$

$$=\text{平角 } BCE=2\text{ 直角。}$$

（6）应用精神的培养

问题 1　利用三角形内角和定理求四边形（凸四边形）的内角和（这时，要告诉学生凸四边形的含义）。

这时，如果直接说"试求四边形内角和"，那么，可能许多学生都会感到茫然而不知所措；但若提示学生利用三角形内角和定理，可能大多数学生都会想到把四边形分成一些三角形来求。这样，就会想到用对角线把四边形分成 2 个三角形，由此立即得到"四边形内角和等于 180°的 2 倍，即 360°或 4 倍直角"的结论。

发现定理的两大方法 由前面的定理和问题，我们得到了发现定理的两大方法：

（ⅰ）用实验的方法；

（ⅱ）不用实验，而是应用已知的定理，通过推理而发现定理的方法。

一种思考的法则

问题 2 试求凸五边形的内角和。

这次，恐怕不需要任何提示，学生都会根据问题 1 的思考方法，将五边形分成几个三角形，或者将五边形分成四边形和三角形。总之，大概大家都已领会了应用已知的事实去解决新的问题这样一种思想方法。由此看来，“为了解决复杂的新问题，只要设法把它归结为已知的简单情形就可以了”，这是解决问题的一种重要方法，在初等数学、高等数学中，许多地方屡次用到这个方法。此外，在解决数学以外的问题时，在筹划发明发现新事物时，也再三用到这个方法，并且常常是很见效的，故应使学生牢牢铭记这个极其重要的方法。

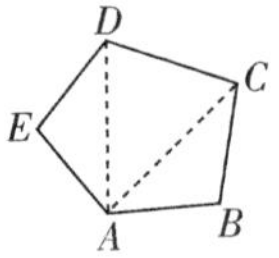

第 24 图

（ⅰ）用 2 条对角线，把五边形分成 3 个三角形。

这个五边形的内角和 = 3 个三角形的内角和 = 180° 的 3 倍 = 6 直角。

（ⅱ）用 1 条对角线把五边形分成四边形和三角形。

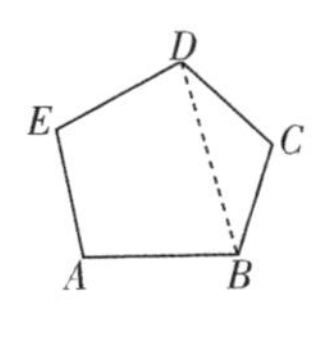

第 25 图

这个五边形的内角和 = 四边形的内角和 + 三角形的内角和 = 4 直角 + 2 直角 = 6 直角。

问题 3 作为练习，试求凸六边形的内角和。同时，这也可以作为“区分情形”的练习。

（ⅰ）用 3 条对角线，把六边形分成 4 个三角形。

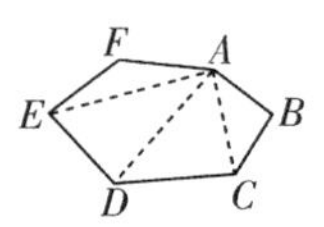

第 26 图

这个六边形的内角和＝4 个三角形的内角和＝2 直角的 4 倍＝8 直角。

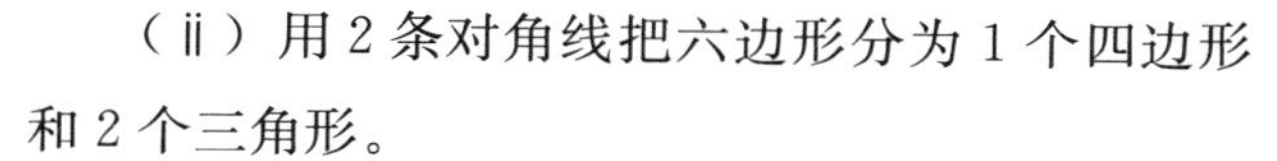
（ⅱ）用 2 条对角线把六边形分为 1 个四边形和 2 个三角形。

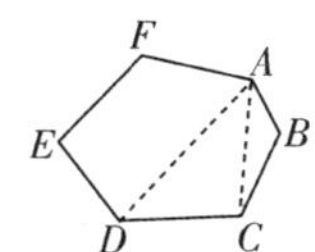

第 27 图

这个六边形的内角和＝2 个三角形的内角和＋1 个四边形的内角和＝2 直角的 2 倍＋4 直角＝8 直角。

（ⅲ）用 1 条对角线把六边形分为 1 个五边形和 1 个三角形。

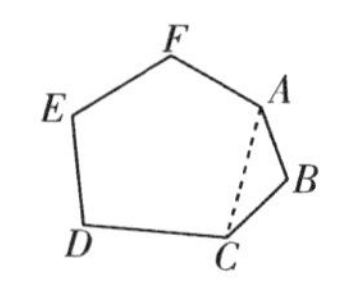

第 28 图

这个六边形的内角和＝1 个五边形的内角和＋1 个三角形的内角和＝6 直角＋2 直角＝8 直角。

（ⅳ）用 1 条对角线，把六边形分为 2 个四边形。

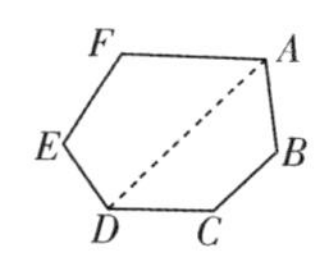

第 29 图

这个六边形的内角和＝2 个四边形的内角和＝4 直角的2 倍＝8 直角。

区分情形时的注意事项　因为这时包含了多种情形，故可利用这个机会，作为区分全部情形的练习。而为了区分一切情形，就要根据问题确定一个区分的标准，按照这个标准，必须做到无一遗漏地包含一切情形。上面例子中，是以对角线的条数为标准的，分为有 1 条对角线、2 条对角线、3 条对角线的情形，并且进一步，对每种情形，还区分出了可能出现的一切情形。

应养成一种好的习惯，在解决某个问题有种种不同的方法时，要考虑各种方法的优劣、利弊。

如上面所述，要解决问题 3，用（ⅰ），（ⅱ），（ⅲ），（ⅳ）均可，但要适用于一般情形，似乎（ⅰ）的方法最好，因为这种情形只需要用到三角形内角和为 180°这一条就行了。

问题 4　根据上面的解法，求凸 1 000 边形的内角和；一般地，求凸 n 边形的内角和。

这时，按（ⅰ）的方法，从凸四边形、凸五边形……的一个顶点出发引对角线，再考察这样得到的三角形有多少个，并且考察三角形的个数比边数少几。

四边形时　　2 个三角形　　比边数 4 少 2

五边形时　　3 个三角形　　比边数 5 少 2

六边形时　　4 个三角形　　比边数 6 少 2

…………　　…………　　…………

一般地，从凸多边形的一个顶点 A，向所有顶点引对角线，则除与 A 点相邻接的两边外，其余每边都对应着一个三角形。因此，三角形的个数总比边数少 2。于是在凸 1 000 边形的情形，三角形个数为 $1\,000-2=998$，一般地，在凸 n 边形的情形，三角形的个数为 $n-2$。

从而，凸 1 000 边形内角和为 2 直角$\times(1\,000-2)$；一般地，凸 n 边形内角和为 2 直角$\times(n-2)$。

然而，由代数运算法则，$2\times(n-2)=2n-4$，故凸 n 边形内角和为$(2n-4)$直角。将它写成定理的形式如下。

定理　凸 n 边形的内角和，与它的形状、大小无关，恒为一常数，等于$(2n-4)$个直角。

这样，我们应用“三角形内角和定理”，不是用实验方法，而是用推理，发现了一个包括一般情形的新定理。

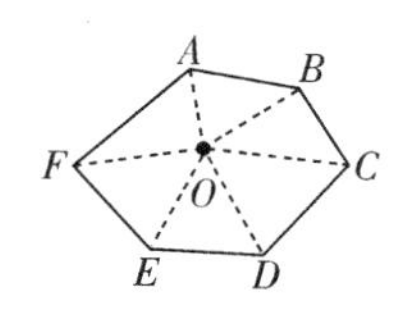

第 30 图

定理的另证　不是从多边形的顶点 A 向其他顶点 B,C,…引直线,而是在多边形内任取一点 O,然后将它与各顶点连接起来,这样,得到的三角形个数等于多边形的边数。所有这些三角形的内角和为 2 直角$\times n=2n$ 直角,但这个和比多边形的内角和大,多出的部分,就是绕 O 的周角,而 1 个周角为 4 直角,故

$2n$ 直角$=$多边形内角和$+4$ 直角,

所以多边形内角和$=(2n-4)$直角。

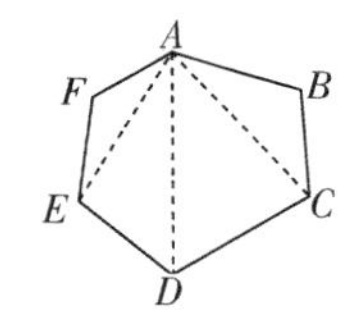

第 31 图

证明方法的回顾　第一种证明方法,是将所给 n 边形的任一顶点作为新三角形的公共顶点,连接此点与多边形的每个顶点,把所给多边形分为$(n-2)$个三角形,然后应用三角形内角和定理。

第二种证明方法,是将所给 n 边形内任一点作为新三角形的公共顶点,连接此点与多边形的每个顶点,把所给多边形分为 n 个三角形,然后应用三角形内角和定理。

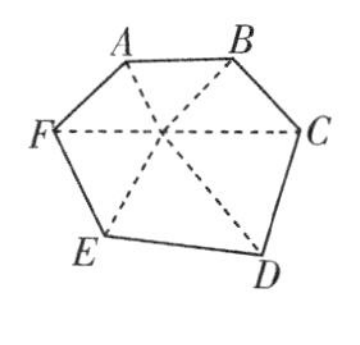

第 32 图

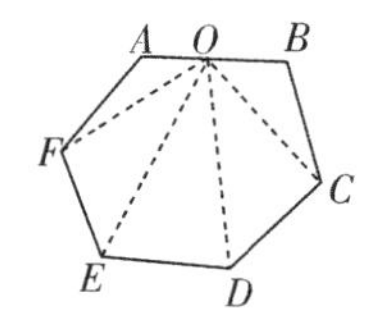

第 33 图

第三种证明方法。于是产生了这样的问题:“在所给多边形的任一边上任取一点,将此点作为新三角形的公共顶点,连接此点与多边形的各个顶点,将多边形分为$(n-1)$个三角形(第 33 图),然后应用三角形内角和定理。像这样,是否也可以证明本定理呢?”

事实上，这与前面两者一样，也能容易地证明本定理。

结论　由上述内容，我们可以学到：

(a) 两个重要定理的发现及其发现的方针、方法。

(ⅰ) 三角形内角和定理，通过实验而得到启示的发现方法；

(ⅱ) 一般的多边形内角和定理，通过推理的发现方法。

(b) 探究引辅助线的方法。

(c) 筹划发明、发现的一大思考原则。

(d) 在数学发现中，实验和证明两者都需要的理由。

(e) 应用精神的活动及由此而得到的新定理。

(f) 发现证明方法的途径。

(g) 区分情形时的方针，等等。

与此相反，若只是按教科书上的内容照本宣科，只是把数学上的定理当作单纯的知识来讲授，则大多数学生在以后的生涯中没有机会使用它，并且在学后不到一年就忘掉了。菊地宽曾感慨地说："在中学所学的课程中，再没有比数学更无用的了。"另一位女学生也曾诅咒道："数学是最难懂也是最没用处的，想出数学这样东西的家伙真该死。"他们之所以这样不喜欢数学，也是不无道理的。数学教师们听到这些话，不知作何感想。

反过来，若像前述那样去讲授，每遇到合适的问题就重复地这样做，那么，即便学了的数学知识终生都用不上或者全都忘记了，学生也能学会发明发现和创造的种种方法、种种方针的着眼点及种种法则，培养锻炼自己的应用能力、逻辑推理能力、想办法的能力。教师若能利用不同的材料，反复教给学生这些东西，就能把它们深深地铭刻在学生头脑中，使他们终生受益，使他们遇到问题能随机应变。不仅如此，像上述那样去讲授，还能使学生完全理解知识内容,提高他们的学习兴趣(这是我多年从事数学教学所亲身体验到的)。所以,讲授方法的优劣,对教育的成败是至关重要的。

五、充满在整个数学中的统一建设的精神

1. 呈现在表面上的统一性

无论是在初等数学中还是在高等数学中,统一建设的精神到处可见。近年来在大家最熟悉的自然数、分数等中间,这种精神的活动起了特别明显的作用,它使历史上个别地建立起来的数统一起来了。现试举一两例说明之。

(1) 自然数概念的构成

今有 5 个梨,5 个柿子,5 块石头……显然,其中任意两个集的元素是一一对应的,既没有哪个多,也没有哪个少。有的人不是去考虑一个一个的集合,而是考虑了其元素间构成一一对应的集合的全体,并且给出了定义"把这些集合的全体看作一个统一体,并把它叫作 5 这样的一个数",从而构成了自然数。而另有一些人考虑了其元素为相互一一对应的集合的全体,并把它们共同的特征叫作自然数"a"。这些方法,不论是哪一个,都不是去考虑 5 个梨子的集合、5 个柿子的集合等这样一个一个的集合,而是把这一个个的集合统一起来,去构成一个新的"数"(有限的自然数)的概念。当一个集合能与它的一个真子集构成一一对应时,就称它为"无穷集合"。在这些众多的无穷集合中,考虑其元素间能构成一一对应的全部集合,把它作为一个统一体,并给它取个名字,叫作"无穷数"。例如,自然数的全体 1,2,3,…可以与它的一个真子集——偶数集(或奇数集)构成一一对应,故自然数的集合是一无穷集。把与自然数构成

一一对应的全部集合作为一个整体，并将其称为 $\aleph_0$（超穷数中的最小数）。这就是近年来兴起的统一地构成自然数、超穷数的一种方法。

（2）整数概念的构成

把自然数、0、负自然数统一地建立起来的方法（整数：由自然数、0、负自然数构成的数系）。

历史上发展起来的诸种数系，无论是在其起源上，还是在其发展的必要性上，都是各不相干、很不统一的。然而，随着学术的进步、人类智力的发展，人们逐步产生了将它们统一起来的想法，发表了各种各样的统一方案。但从学术见解上看，它们都多少有些不足之处。这些方案是以“形式不变原理”或“运算可以无限制地施行的原理”或“代数方程完全可解的原理”为基础，希望逐步把各种数系统一起来。

其中，在引进新数时，缺点最少的，要算借助数对的方案了。即取已知数系的两个数构成一个数对（数偶），再给数对加上适当的规定，由此引进新数。采用这种方法，从自然数导出整数系，只需按下述那样做即可。

考虑任意两个自然数 a,b 构成的数对，记为 (a,b)，并作如下定义：

定义(A)　对两数 (a,b)，(a',b')，当且仅当 $a+b'=a'+b$ 成立时，称它们相等。

定义(B)　当 $a+b'$ 大于 $a'+b$ 时，称 (a,b) 大于 (a',b')；当 $a+b'$ 小于 $a'+b$ 时，称 (a,b) 小于 (a',b')。

注意　因 a,b 及 a',b' 是自然数，故关于它们的和、积、相等、大小关系都是已知的。于是 $a+b'=a'+b$，$a+b'<a'+b$，$a+b'>$

$a'+b$都有确定的意义。从而,上面关于新数(a,b),(a',b')的相等、大小的定义,都有完全确定的意义,依照这些定义,新数间的相等、大小是完全确定的。

运算公设

公设Ⅰ $(a,b)\oplus^{*}(a',b')\equiv(a+a',b+b')$。

公设Ⅱ $(a,b)\otimes^{*}(a',b')\equiv(aa'+bb',ab'+ba')$。

注意 aa'是$a\times a'$的略记。因a,a',b,b'都是自然数,故$a+a'$,$aa'+bb'$等也是自然数。于是可分别将$(a+a',b+b')$,$(aa'+bb',ab'+ba')$记为(m,n),(p,q)(m,n,p,q是自然数)。从而,由公设即可得如下基本命题。

定理 1 (a,b),(a',b')表示新数系的任意两个数时,它们的和以及积$(a,b)\oplus(a',b')$,$(a,b)\otimes(a',b')$也仍是新数系中的数。

定义 像这样建立起来的新数系,即(a,b)的全体称为整数系。

定理 2 这个新数系是比自然数系更广的数系,自然数系只是它其中的一部分。即:

(ⅰ)$a>b$时,新数(a,b)等于自然数$a-b$(证明从略)。

(ⅱ)$a=b$时,新数(a,b)表示0。

(ⅲ)$a<b$时,自然数中没有与(a,b)对应的数,并且,这个数也不是0,这种数构成了一个全新的数的集合,我们称之为负整数系,与此相应,自然数系称为正整数系。0以及正、负整数的集合,称为“整数系”。

定理 3 这个新数系中的所有0都相等。

对$0_1=(a,a)$,$0_2=(b,b)$,由相等的定义,即知(a,a)与(b,b)

---

* +,×是通常的加法、乘法记号;⊕,⊗是新的加法、乘法记号。

相等，故 $0_1=0_2$。

备考　站在今天的基础数学、公理数学的立场上看，某个数系可有多种 0，虽然这些 0 都具备 0 的基本性质，但并不是在一切方面都相同。故对我们现在所构造出的数系，必须证明 0 的唯一性。

由这些基本性质及上述的定义(A)，(B)和公设(Ⅰ)，(Ⅱ)，可以逻辑地推导出整数系的全部性质。

(3) 统一地构成 8 个数系的方法

库蒂拉取名为算术导入法的要点是：取已知数系中的两个数作为一对，对它们作适当的规定而构造出新的数来。哈密顿从实数而导出复数时，首先用过这个方法。其后，魏尔斯特拉斯从绝对数(没有正负号的数)导出负数时，用过这个方法。最后，坦纳里从自然数导出有理数时，也是用的这个方法。即，这 3 个人把这个方法分别地只用于这 3 种数。

我用这个方法系统地建立起了全部数系，并尽量使得这样建立起的整个数系的"大厦"保持统一和严格。这个结果曾在《东北数学》上分几次发表。首先，我以"一个对象"和"两种基础运算"为整个"大厦"的根基，由此，按最自然的想法，导出两个基础数，再从这两个基础数出发，用"取已知两数作成一个数对而构造出新数的方法"(在(2)中所述的方法)，逐步地构造出新数来，从而作成自然数系。第二，利用这个自然数系的数，按照与上面相同的构造方法，构造出新数，从而作成整数系(正、负自然数以及 0)。第三，利用整数系的数，按照与前面相同的构造方法，构造出新数，从而作成有理数系。第四，利用有理数系的数，按照与前面相同的构造方法，构造出新数，从而作成实数系。第五，利用实数系的数，按照与前面相同的构造方法，构造出新数，从而作成复数系。第六，利用复数系的数，按照与前面相同的构造方法，构造出新数，从而作成四元数系。第七，利用四元数系的数，按照与前面相同的构造方法，构造出新数，从而作成超四元数系。最后（第八），利用超四元数系的数，按照与前面相同的构造方法，构造出新数，从而作成交互数系。

于是，整个数系的"大厦"，仅以一个对象和两种运算为基础，从自然数开始，始终用同一种方法和严格的论述，一步步地构造出新数，逐步地扩大数的范围，最后得出超复数系。

这样，我们就建立起了一座庄严美丽、雄伟整齐的殿堂（详见拙著《数学的基础》之三，《数系统原论》下卷）。

2. 隐藏着的统一性

如上述那样，在数学中，有相当多的东西被人们有意识地统一起来了。可是，就我所见，尽管它们是由统一的精神和思想所思索出来的，但由于其外表形式的差异，似乎一般多将它们作为单个独立的对象来看待。而无论在初等数学中还是在高等数学中，也不论是在材料方面，还是在方法和思想方面，到处都可见。这里，试举一例，说明其意义。

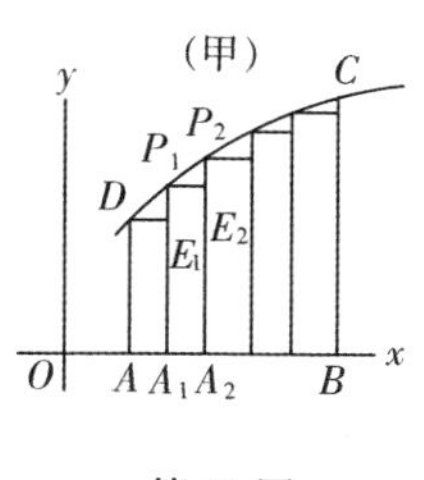

第 34 图

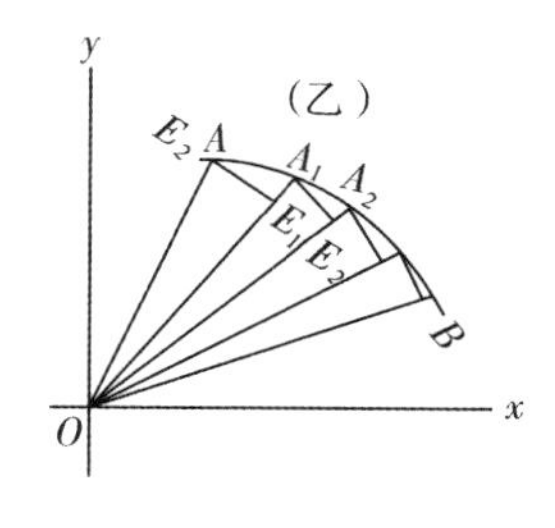

第 35 图

众所周知，在直角坐标系和极坐标系中求图形的面积时，为求基本图形（所谓基本图形，就是曲线图形中最简单的一种图形，它只有一边为曲线，其余各边均为直线）的面积，设在直角坐标系中，问题的图形为 $ABCD$（甲），在极坐标系中，问题的图形为 OAB（乙）。对于甲，用平行于 x 轴和 y 轴的直线，把此图形分成一组小矩形；对于乙，把图形分解成一组从原点引出的直线和曲线上分点分划成的圆弧组成的小扇形，这些小图形（矩形、扇形）的面积，在初等几何学中是已知的。于是，采用这样一种观点：它们的和的极限，就分别是问题的图形的面积。几乎所有的书，都仅仅是像上述那样记述的。所以，人们对于在直角坐标系和极坐标系中，面积求法的表面上的显著差异[（ⅰ）基本图形不同；（ⅱ）扇形和矩形的差异；（ⅲ）矩形是由平行于坐标轴的直线构成，扇形与此完全不同，它是由一点出发的直线与圆弧所构成）]，感到迷惑不解，而没有注意到两者是由同一精神活动产生的同一思想的自然结果（也许是我孤陋寡闻，还不知道已有书记载了这种潜藏于其中的统一性，并已有人指出了这种统一性）。但是，如果我们想抓住事物的本质，就要一步步地深入其内部，思考潜藏于深处的分析上的要点。若如此，就可以立即发现如下的情况。

在情形（甲），就是（对坐标(x,y)）以 $x=$常数（平行于 y 轴的直线）、$y=$常数（平行于 x 轴的直线）表示的线所围成的小图形为基础，而情形乙也是（对坐标(γ,θ)）以 $\gamma=$常数（以原点为圆心的圆）、$\theta=$常数（从原点出发的射线）表示的线所围成的小图形为基础，若这样来看，也许就可明白，两者完全是同一思想、同一处理方法的自然结果。可以说，着眼于这个隐藏着的统一性，是抓住事物本质的唯一方法，努力启发这种根本的统一的精神，是完成研究的秘诀。尤其是对志在进行新研究、新发现的人来说，能否抓住这样的统一性，是决定其研究工作成败的一大关键。并且，我以为教育工作者特别有必要向学生强调这样的要点。

3. 探求简单图形和复杂图形性质的方针、方法的统一性

像上述那样的例子，数学中到处可见，稍加留心，多得惊人。现举一个关于积分的例子，我们讨论研究平面图形的面积和立体图形的体积时，完全可以把发现法则和彻底完成的过程、方法等也看成是统一精神之活动的结果。即是说，从表面上看起来似乎有种种不同之处，但实际上它们可由相同的过程、相同的方法而得到。即：

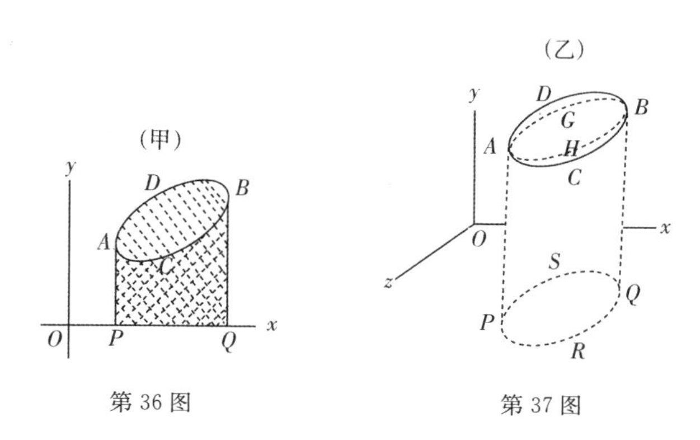

第 36 图　　第 37 图

第一，两者的基本图形，都是只有一边或一面是曲线或曲面，而其余的都是由直线或平面所组成。

第二，作为处理方法，(甲)是用与坐标轴(x 轴、y 轴)垂直的直线，把原图分成一组长方形，而(乙)是用与坐标轴(x 轴、y 轴、z 轴)垂直的平面，把原图分成一组长方体。

第三，两者都是取极限：一个是一组长方形的和的极限，另一个是一组长方体的和的极限。

由此可以看出,两者的基本取材以及处理方法,是如何地同出于一种精神了。

第四,由这样的基本图形的面积、体积而求一般图形的面积、体积的方法也是完全相同的。两者都是遵照处理这类情形的"研究方针的一般原则","把所要求其面积、体积的一般图形,分解成已经能求出面积、体积的最简图形"。

第五,其分解方法也是一样的。首先,对(甲)而言,借助平行于 y 轴的这个一般图形的切线,作出两个基本图形 $PADBQP$,$PACBQP$,它们把一般图形夹在中间,所求的面积就是它们的面积之差;而对于(乙),用平行于 z 轴的与之相切的柱面,把一般图形夹在中间,由此作出两个准基本图形 $ACBDGA-PRQSP$,$ACBDHA-PRQSP$,它们的体积之差,就是所求的一般图形的体积。

这时,它们只稍有一点差别,即在(乙)的情形,代替(甲)中基本图形的,是准基本图形。这是由问题的图形有二维与三维的差别而自然产生的。即是说,基本图形的侧面是直角柱面(即指准线为折线),而准基本图形的侧面是一般的(曲)柱面(即指准线为一般的曲线)。然而,这时要由基本图形转移到准基本图形是很容易的。像这样的情形,只要借助通常所用的方法便可。即用与 x 轴、y 轴平行的直线,把由曲线围成的底面分成小的长方形,作出以这些小长方形为底的基本图形,它们的和的极限,就是准基本图形的体积了。

若像这样来看待数学,则只要知道了发现及处理简单图形的某个性质的方法、方针,就能预料,通过统一的精神的活动,用同一种方法就可研究与之相应的更高级更复杂的图形的性质。从而，若能透彻地领悟简单图形的性质及处理方法，那么就能容易地发现和理解复杂图形的相应的性质及处理方法。由此，也许可见启发这种统一的精神的价值之一斑了吧！

4. 作图方法的统一性

这里，讨论初等几何学中几个浅近的例子。

（ⅰ）二等分一个角；

（ⅱ）过已知直线上一点，作此直线的垂线；

（ⅲ）过直线外一点作此直线的垂线。

这3个作图题，从表面上看，（ⅰ）和（ⅱ），（ⅰ）和（ⅲ）似乎完全不同。（ⅰ）是有关一个角的问题，而（ⅱ）是有关直线的问题。特别是（ⅰ）和（ⅲ），看上去似乎根本没有什么关系。但若从另一种观点来看，注意到（ⅱ）中的过直线上已知点的垂线，就是以已知点为顶点的平角的平分线，那么，就会知道，（ⅱ）只不过是（ⅰ）的特殊情形，从而可知，应能用同一方法处理。又，（ⅱ）和（ⅲ）的区别只在于已知点在直线上与已知点在直线外，并且对于（ⅲ）来说，无论已知点多么接近已知直线，其处理方法都是一样的，而在其极限情形，（ⅲ）就归结为（ⅱ），故可知，两者间有密切的联系。事实上，这3个作图题，如下所述，无论是它们的作图方法还是证明方法，都是完全相同的，可以一字不差地完成。

作图法　以O为圆心，以能与直线α（在第38图中，即折线AOB）相交的长度为半径作圆，设与直线α的交点为A，B，然后分别以A，B为圆心、以大于$\frac{1}{2}AB$的长为半径作圆，设它们交于C点。连接C和O，则CO就是所求的直线。

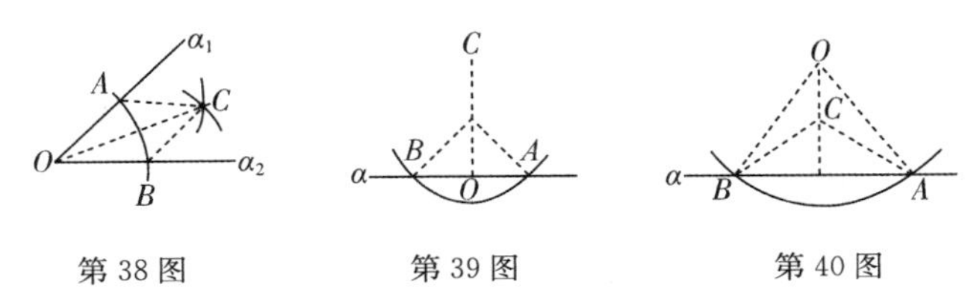

第 38 图　　第 39 图　　第 40 图

证明　在$\triangle CAO$，$\triangle CBO$中，$OA=OB$（作图），$CA=CB$（作图），OC为公共边，所以

$$\triangle CAO \cong \triangle CBO,$$

故相等边CA，CB所对的角$\angle COA$和$\angle COB$相等。从而，

在第 38 图中，CO是$\angle AOB$的平分线；

在第 39 图中，CO是平角AOB的平分线，故

$$\angle COA=\angle COB=90^\circ;$$

在第 40 图中，CO是等边$\triangle AOB$顶角的平分线，故垂直于底边AB。

5. 无论表面上看来多么不同，同类问题都可用同样的方法处理

定理　从一点P向等边三角形各边所引的垂线长之和（代数和）为一常数。

此问题因P点的位置不同而呈现不同的图形。于是，就有人要按P点的不同位置而一一证明。我在某个中学考察教学时，看到教师证明了P点在三角形内的情形后，问学生："若P点在三角形外，结果会怎样呢？"竟没有一个人能回答出来。一般地，对于同类问题，不管图形从表面上看去多么不同，都可用完全相同的方法、相同的考虑来处理。如果使学生了解了这一点，那么，只要学生懂得了处理P点在三角形内时的方法，就应能很容易地找到P点在三角形外时的处理方法，并能估计到结果。可是却没有一个学生能做到这一点，我以为，这是教师自己不知道图形性质的"庐

山真面目”，因此也没法很好地教给学生掌握的缘故。果然，教师自己在讲授时，无论是图形还是图形上的字母标示，都给人一种感觉，似乎 P 点在三角形外的情形，与 P 点在三角形内的情形没有什么关系。作为一个教师，应该采取这样一种态度，即抓住他所要教的内容的本质，把其精髓教给学生。这里，我试简要说明，用同一方针、同一方法处理这类情形的道理。

过 P 点作平行于 BC 的直线 α，从 A 点作此平行线的垂线，设它与 BC 及 α 分别交于 M,N。这时，我们能像下述那样，用同样的方法处理各种不同的情形。由已知的定理，有下列事实：

$$\begin{cases} PE+PF=AN, \\ PD=NM\ , \end{cases} \quad ①$$

故第 41 图中，$PE+PF+PD=AN+NM=AM$（定值）。在第 42 图中，因 $NM=-MN$，故

$$PE+PF+PD=AN-MN=AM\text{（定值）。}$$

（请注意在第 41 和第 42 图中，PD 的箭头的方向正好相反。）在第 43 图中，因 $AN=-NA$，故

$$PE+PF+PD=-NA+NM=AM\text{（定值）。}$$

这时，根本的关系是①，它是三者所共有的。只是由 P 点的位置不同，或取 $AN(=PE+PF)$ 与 $PD(=NM)$ 的和，或取它们的差。应教会中学生立即就知道是取和呢还是取差，并且，取和与取差并没有本质上的区别，但到底取什么也不是偶然的。即：在从 P 点所引的垂线上，给从 P 点到垂足 D 的线段加上箭头，则第 41 图中的 $\overrightarrow{PD}$ 和第 42 图中的 $\overrightarrow{PD}$ 所指的方向正好相反；于是，由有向线段的值的正负关系，自然可知，PD 在第 41 图中为“+”，在第 42 图中就为“−”。同理，由于第 41 图的 $\overrightarrow{AN}$ 与第 43 图的 $\overrightarrow{AN}$ 的

箭头方向相反，故若第 41 图的 AN 取“+”，则第 43 图的 AN 就应取“−”，从而 PF 与 PE 的和就为负（或者，直接表示出第 41 图中的 $\overrightarrow{PE}$ 与第 43 图中的 $\overrightarrow{PE}$ 的方向正好相反亦可）。

在第 41 图中，$PE+PF+PD=AM$；

在第 42 图中，$PE+PF+(-PD)=AM$；

在第 43 图中，$(-PE)+PF+PD=AM$。

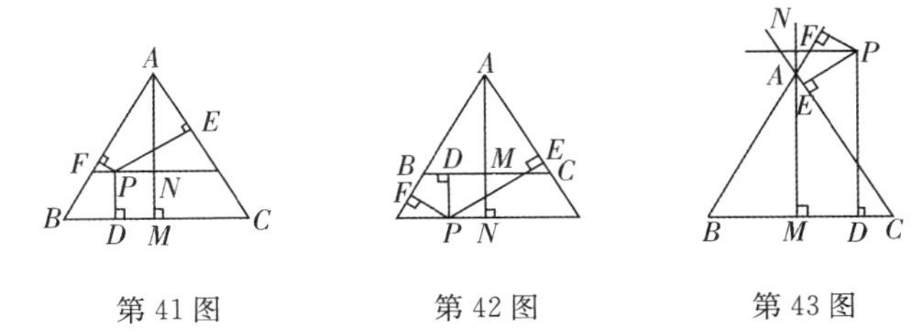

第 41 图　　第 42 图　　第 43 图

无论 P 点在其他什么位置上，三垂线的代数和皆为一常值，而其中哪一条垂线为负，只要按作垂线的方向加上箭头，就一目了然了。

6. 内分及外分情形的统一性

在几何学中，内分与外分情形的处理方法，也是完全相同的。只要在内分情形问题得到了解决，无论表面上图形多么不同，外分情形都能用与内分情形完全相同的方法、方针来解决。并且，一般地（在代数的意义上）有完全相同的性质成立。下面举一例说明之。

从三角形的一顶点所作的顶角的平分线，内分底边为其余两边之比。 （设 P 点和 K 点分别在 AC 的两侧。）	从三角形一个顶点所作的顶角的外角的平分线，外分底边为其余两边之比。 （设 P 点和 K 点分别在 AC 的两侧。）

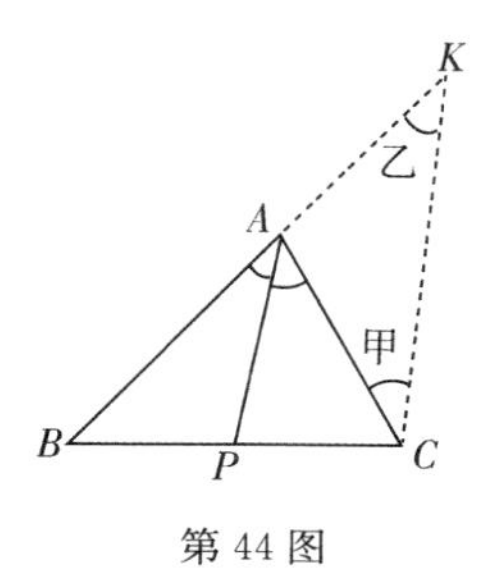

第 44 图

证明 首先在 AB 的延长线上取 K，使 $AC=AK$，于是

$$\begin{cases}\angle 甲=\angle 乙,\\ \angle 甲+\angle 乙=\angle BAC\end{cases}$$

成立。

所以 $\angle 甲=\dfrac{\angle BAC}{2}$

$=\angle PAC$，

所以 $AP /\!/ CK$，

所以 $BA:AK=BP:PC$。

又，$AK=AC$，故

$BA:AC=BP:PC$。

于是，定理得证。

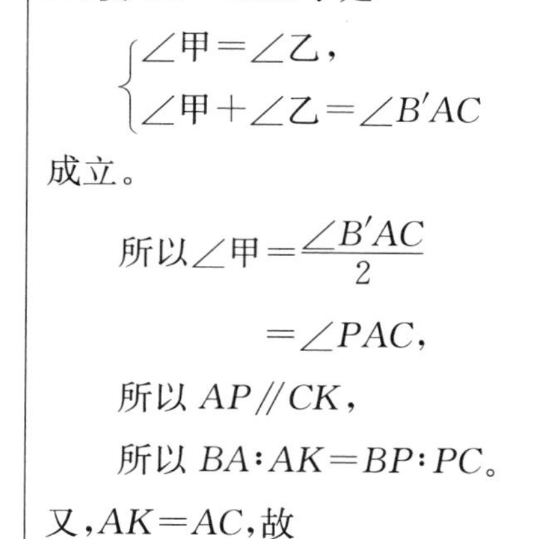

第 45 图

证明 首先在 AB 边上取 K，使 $AC=AK$，于是

$$\begin{cases}\angle 甲=\angle 乙,\\ \angle 甲+\angle 乙=\angle B'AC\end{cases}$$

成立。

所以 $\angle 甲=\dfrac{\angle B'AC}{2}$

$=\angle PAC$，

所以 $AP /\!/ CK$，

所以 $BA:AK=BP:PC$。

又，$AK=AC$，故

$BA:AC=BP:PC$。

于是，定理得证。

从上面的证明可以看出，两者的证明步骤是何等的一致。

逆定理

连接内分三角形底边为其他两边之比的分点与顶点的直线平分顶角。

连接外分三角形底边为其他两边之比的分点与顶点的直线平分顶角的外角。

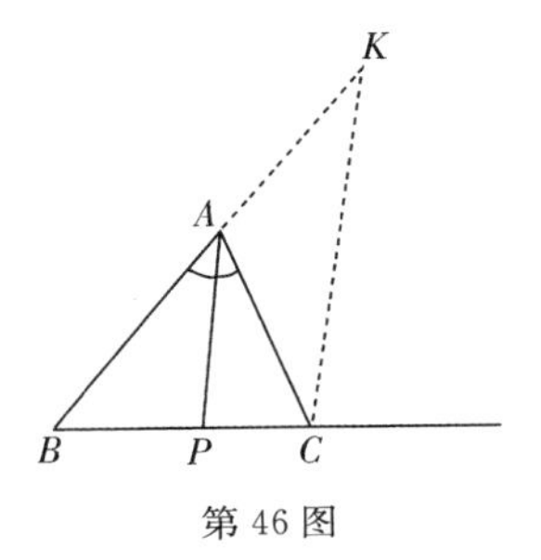

第 46 图

设：$AB:AC=BP:CP$。

求证：AP 平分顶角 A。

证明　在 AB 边的延长线上取一点 K，使 $AC=AK$。于是，由定理有下面的比例式成立：

$AB:AC(=AK)$

$=BP:PC$，

所以 $PA\parallel CK$，

所以$\angle BAP=\angle AKC$

$=\angle ACK=\angle CAP$，

所以$\angle BAP=\angle CAP$。

即 AP 是$\angle A$ 的平分线。

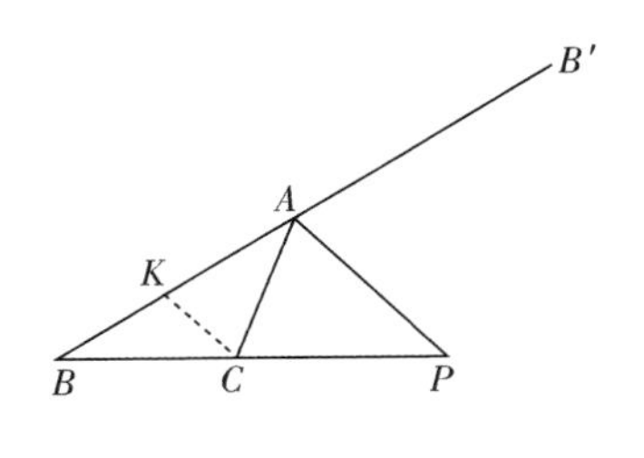

第 47 图

设：$AB:AC=BP:CP$。

求证：AP 平分外角 CAB'。

证明　在 AB 边上取一点 K，使 $AC=AK$。于是，由定理有下面的比例式成立：

$AB:AC(=AK)$

$=BP:PC$，

所以 $PA\parallel CK$，

所以$\angle BAP$ 的补角

$=\angle AKC=\angle ACK$

$=\angle CAP$，

所以$\angle BAP$ 的补角

$=\angle CAP$。

即$\angle B'AP=\angle CAP$。

亦即 AP 是$\angle A$ 的外角的平分线。

这样，也许我们就懂得了，无论是第一问还是第二问内分外分的证明，99％可用相同的式子、相同的语言来表达。

7. 分不同情形讨论问题时，其处理方法的统一性

在解答数学问题时，一般都能用同一种方法一次就处理了该问题的全部情形，但有时也有必要分几种情形来讨论。这种时候，**第一**，要区别情形，就需要确定一定的标准，按照这个标准，要能分出可能发生的一切情形。如果只是盲目地列出许多情形，就不可能知道是不是把一切情形都列完了。

第二，处理各种情形的原则是，首先解决最简单的情形（因其简单，一般地，解决也容易），然后，尽力设法把其他情形归结为已解决的简单情形。

第三，若最简情形以外的情形在 2 种以上，那么，不管它们在形式上有多么不同，它们的处理方法也常常是能够统一的。下面试举一例说明之。

问题　试讨论同弧上的圆周角与圆心角间的大小关系。

有必要区别不同情形来解决此问题。对于圆来说，圆心是最重要的，故以“圆心对于圆周角的位置”这个关系为标准来区别不同情形。于是，可知有下列 3 种情形且只有下列 3 种情形：

（ⅰ）圆心在圆周角的边上；

（ⅱ）圆心在圆周角内；

（ⅲ）圆心在圆周角外。

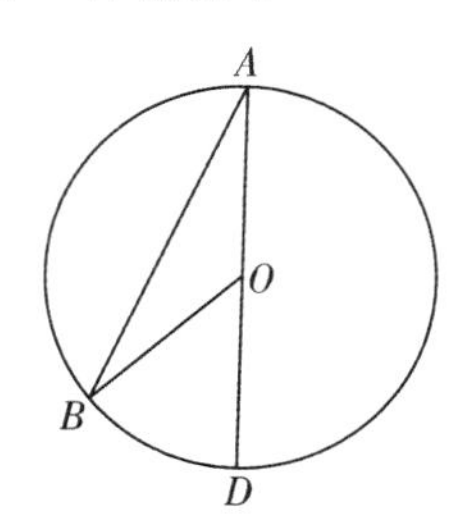

第 48 图

(1) 最简情形的处理方法

圆心在圆周角的一边上的情形为最简情形。

$\angle BOD$ 为圆心角，

$\angle BAD$ 为圆周角。

这种情形，可按如下方法立即得到证明。

由三角形内角与外角的关系的定理，知$\angle BOD=\angle BAO+$

$\angle ABO$，而 $OA=OB=$ 圆的半径，故

$$\angle BAO=\angle ABO,$$

所以 $$\angle BOD=\angle BAO+\angle ABO=2\angle BAD,$$

所以 $$\angle BAD=\frac{1}{2}\angle BOD。$$

(2) 另外 2 种情形

大概谁都会立即注意到，要想把它们归结为第一种情形，应加这样一条辅助线：连接 A 和 O。从而得如下的图：

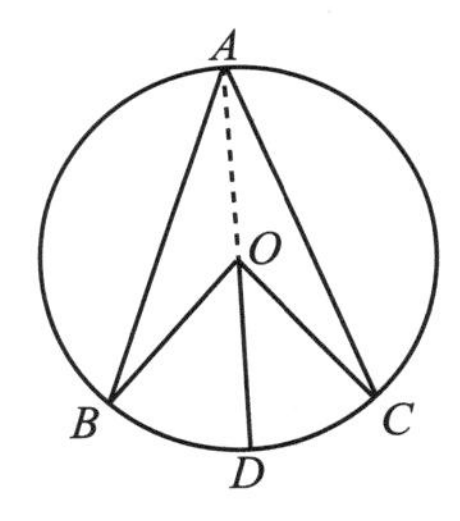

第 49 图

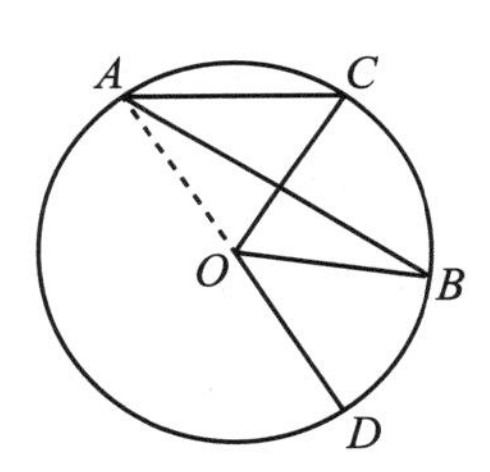

第 50 图

证明 根据第一种情形的证明，可得如下结果：

$$\angle BAD=\frac{1}{2}\angle BOD,$$

$$\angle DAC=\frac{1}{2}\angle DOC,$$

所以 $\angle BAC=\angle BAD+\angle DAC=\frac{1}{2}(\angle BOD+\angle DOC)$

$=\frac{1}{2}\angle BOC$（第 49 图）。

又，$\angle BAC=\angle BAD+(-\angle DAC)$

$=\frac{1}{2}[\angle BOD+(-\angle DOC)]$

$$=\frac{1}{2}\angle BOC(\text{第 50 图})。$$

这时，第49图和第50图从表面上看去很不相同，但是，如上述的那样，在角之间有相同的关系成立，只是$\angle DAC$的符号不同而已。不过，这时在第49图和第50图中，$\angle DAC$的边AD转到边AC的方向(相对于AB来说)正好相反，故自然一个为“和”，而另一个为“差”了。于是，若这时仍利用“代数和”这样的术语的话，两者就可用完全相同的式子、完全相同的语言来表述了。

这个问题的结果，作为一个定理，几乎每本教科书上都有记载，这是论述圆的基本性质的一个重要定理。过去曾作为高中入学试题。当时，我亲自参加了阅卷工作。考生约1 200名，他们的答卷大多未考虑区别不同情形，只是含混地叙述了一种或两种情形。并且，他们的解法也不是从最简的情形逐步地推进到复杂的情形。几乎没有看到有人特别意识到圆心在圆周角内和在圆周角外的情形的关系而进行讨论。有很多考生，虽然能证明圆心在圆周角内的情形，但对圆心在圆周角外的情形，都想用别的完全不同的方法去证明，但又无法做到。总之，考生都仅仅是为迎考而学习，仅仅是追求通过考试，却全然不顾数学的教育效果；仅仅是强记许多问题的解答，对数学的根本精神、思想、方法几乎一无所知，而教师似乎也并没有对他们讲授过这些东西。我看到肩负着我国未来的有为青年的这种情况，不能不为人类和国家的将来而忧虑。我曾将这种情况向文部省报告过，并在杂志上详细地叙述了其实际情况。

8. 由公理数学而引起的数学分支学科的统一

随着近代公理数学的发展，现已知道演绎科学由构成其基础的一组公理而完全确定下来了。今设有确定了两门学科的两组公理甲和乙。若能从公理组甲证明公理组乙全部成立，反之，能从公理组乙证明公理组甲全部成立，则作为演绎科学，这两门学科属于同一范畴。以这种观点来通观代数学和几何学，那么，可以断定，实数代数学和欧几里得几何学是由同一组公理派生出来的，因而作为演绎科学它们是属于同一范畴的。像这样看问题，我们就能知道隐藏在数学各分支间的关系，就能把各分支学科统一起来。这是能够把代数学应用于几何学、把几何学应用于代数学的根本理由，而这一点人们是借助公理数学才开始明白的。

9. 由变量范围的扩大而引起函数的统一性

在实数范围内完全是各别的函数，在复数范围内却成了同类的函数。

例如，实数范围内的三角函数，表示了直角三角形中两边之比，记为

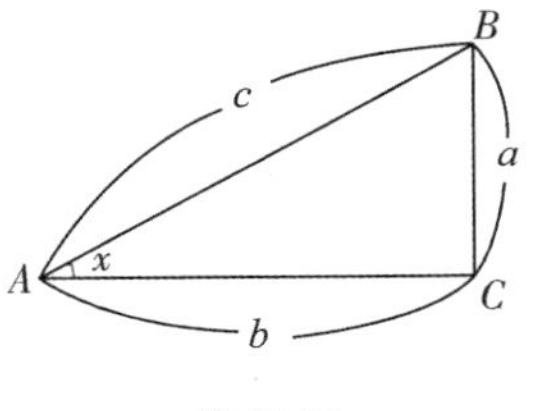

第 51 图

$$\sin x=\frac{a}{c}, \qquad \cos x=\frac{b}{c}。$$

而指数函数 a^x，表示 a 的 x 次幂，这两种函数之间，并没有任何直接的关系。然而，现已弄清楚了，在实数中再加进了虚数的复数范围内，三角函数和指数函数之间，却有下述密切的关系，即甲可用乙来表示，乙也可用甲来表示。换言之，两种函数属于同一类。

（ⅰ）$e^{iz}=\cos z+i\sin z;a^z=\cos\frac{mz}{i}+i\sin\frac{mz}{i},m=\ln a$

（a,z 是复数：$a=p+iq,z=x+iy$）。

（ⅱ）$\sin z=\frac{e^{iz}-e^{-iz}}{2i},\cos z=\frac{e^{iz}+e^{-iz}}{2}$。

但这时的复三角函数、指数函数，在复数 $a+ib$ 变为实数 a

$(b=0)$时，它们就分别为实三角函数和实指数函数。或者说，它们是在用级数表示的实三角函数、指数函数中，以 $z(x+y\mathrm{i})$代替了 x 的函数。

复三角函数、指数函数的定义

变量为实数时的函数：

$$\mathrm{e}^x=1+\frac{x}{1!}+\frac{x^2}{2!}+\frac{x^3}{3!}+\cdots$$

（x 为实数，这个级数对任意的 x 值都收敛）。

$$\sin x=\frac{x}{1!}-\frac{x^3}{3!}+\frac{x^5}{5!}-\frac{x^7}{7!}+\cdots \qquad \text{（同上）。}$$

$$\cos x=1-\frac{x^2}{2!}+\frac{x^4}{4!}-\frac{x^6}{6!}+\cdots \qquad \text{（同上）。}$$

变量为复数时的函数：

$$\mathrm{e}^z=1+\frac{z}{1!}+\frac{z^2}{2!}+\frac{z^3}{3!}+\cdots \ (z=x+y\mathrm{i}，\text{收敛半径 } R=\infty)\text{。}$$

$$\sin z=\frac{z}{1!}-\frac{z^3}{3!}+\frac{z^5}{5!}-\frac{z^7}{7!}+\cdots \qquad \text{（同上）。}$$

$$\cos z=1-\frac{z^2}{2!}+\frac{z^4}{4!}-\frac{z^6}{6!}+\cdots \qquad \text{（同上）。}$$

六、充满在整个数学中的严密化的精神(科学的严密与教育的严密)

严密性是数学的一个突出特点，这是大家公认的。我国有名的大学教授曾强硬地主张，既然数学的生命在于它的严密性，那么即使是中学阶段的数学，也应充分保持其严密性。他们所持的态度是，不管学生的心力达到了什么程度，都要按照大数学家研究结果的原样，强行灌输给年龄不大的学生们，这样就造成了那时的大多数中学生，因感到数学的困难和无用而非常苦恼。曾受过这种教育的现高等学校、专科学校的教授中，还有许多人抱有同样的观点，至今还硬要保持超越了学生心力发展水平的严密性，其结果就是使数学教育没有效果。这实在令人遗憾。这都是因为不了解作为科学的数学和作为教育材料的数学之间的区别而产生的。

对纯数学来说，严密性是至关重要的，但把数学作为一种材料而用于教育时，就应当考虑适合于学生心力发展水平的严密性（我把它称为教育的严密性），以适应教育的宗旨。自不待言，应当尽量满足这种严密性的要求。从教育的角度来看，较之数学的严密性，更应该使学生领悟发明、发现、研究的精神和方法，并应以启发、培养这种精神为主。但那些教授却无视后者，只重视前者，把主次搞颠倒了，致使许多通情达理的人都叹数学无用。这是由那些教授不懂得科学的严密性和教育的严密性之区别而造成的。而所谓科学的严密性，也是随着科学的发展而变化的。过去大数学家认为是严密的证明，在今天却因其不完善而被抛弃了。这种情形屡见不鲜。由此，也许就懂得了，一个教育工作者，若硬要固执地把科学的严密性作为数学教育的生命是愚蠢的。

但是，若从学术的观点来看，则严密性是数学的一大特点。不用说，其严密程度越高，作为一门科学，数学的价值就越大。然而，如前所述，这种严密性是随着人类智力的发展而变化的，即所谓“时间的函数”。人们要求绝对严格的精神，已经推进了数学的研究，由此已使数学（特别是在它的基础方面）在实质上以及面貌上发生了很大的变化。在这种意义上，可以认为，现今以一组不证明的命题、一组不定义的术语为基础的公理数学，才是最严格、最广泛、最抽象的科学体系。

总之，不用说，无论是在科学的严密性的意义上或者在教育的严密性的意义上，对数学而言，逻辑严密、主张严格是整个数学的生命，并且在使今天的数学大厦变得庄严壮观的同时，为使它坚固而不可动摇，严密也是最有力的一个因素。

七、充满在整个数学中的“思想的经济化”的精神

每当有人向我诉说数学难学时，我总是对他作如下的解释。

若仅从理解数学这一点而言，数学这门学科的性质是最容易理解的，特别是在小学、初中、高中以及有关应用方面的大学中所讲授的数学，只要具有普通的能力，无论谁都能容易地理解它，并且也一定能从本质上理解它。为什么呢？因为数学——无论算术也好，代数也好，几何也好——的出发点只是几个谁都熟知的简单明了的事实，加之人所共有且对人类而言是最基本的逻辑思维能力，推导出新的事项（定理、法则等）；由这些新的事项与已知事项合乎逻辑地结合，又进一步推导出更新的事项，反复如此，就逐步地推导出成百上千的定理、法则。所以，数学是用谁都知道的事实和谁都具有的基本的思维能力而构造起来的。故，只要是循序渐进，则应是谁也能理解的。数学的整个体系，在其构成中，不允许有逻辑上的跳跃，不允许加进模棱两可的事项，所以应是没有性质上难以理解的东西。然而，事实上并非如此，抱怨数学难以理解的大有人在。我以为，归根到底不能不说是因为这些人无视数学固有的两大特征。因此，我要在这里说明数学的两大特征。

数学的两大特征

第一个特征 如前所述，数学是由简单明了的事项与逻辑推理的结合而一步一步地构成的，所以，只要学习数学的人注意老老实实地一步一步地去理解，并同时记住其要点，以备以后之需用，

就一定能理解其全部内容。即是说，若理解了第一步，就必然能理解第二步，理解了第一步、第二步，就必然能理解第三步。我把此比作梯子的阶级，在登梯子时，一级一级地往上登，无论多小的人，只要他的腿长足以跨过一级阶梯，就一定能从第一级登上第二级，从第二级而登上第三级、第四级……这时，只不过是反复地做同一件事，故不管谁都应该会做。只要长年累月地不停地攀登，最终一定可以达到"摩天"的高度，一定可以达到连自己也会发出"我竟然也能来到这么高的地方"的惊叹的境界。但若不是这样一步一步地前进，而是企图一次跳过五六级地往上走，则无论有多长的腿，也是做不到的。与此类似，如果是一步步地循序渐进地学习数学，谁都会达到极高的高度。反之，想一下跳过几个阶级，因懒惰或生病缺席而未学应掌握的定理、法则，就直接去学后面的内容，则无论多么聪明的人都绝不可能学好。这是因为，要理解某个定理甲，就一定要用到在甲定理前所学的某些定理和法则。即是说，数学的一大特征在于：若依其道而行，则无论什么人都能理解它；若反其道而行，则无论多么聪明的人都无法理解它。此即我之所谓"数学的第一个特征"。

第二个特征　数学的第二个特征是：为了有助于"人类思想表达的经济化"*，数学使用了比其他任何科学都要多得多的术语和记号。

数学中的定义的意义　一方面，定义是为了正确地规定数学中使用的术语的意义，这是数学的严密性所要求的；但从另一方面看，也是为了把很多思想、概念用几个字就简洁地表达出来。例

---

* 此处"经济化"是指变得简洁、省事。——译者

如，多边形"相似"的数学定义就是：

> 在边数相等的两个多边形中，若它们的内角依次相等，并且对应边成比例，则称这两个多边形相似。

在这个定义中，至少包含了"多边形""顺序(依次)""角相等、边数相等"和"比例"的概念。而这些概念在它们各自的定义中又包含了其他许多概念。故，若不用这些数学术语来表达相似的意义，而要用普通的语言来完整地表达它，那就一定会变得冗长复杂、难以理解，其内容也一定混淆不清。现只用了简单的两个字来表示它，而且赋予其含义以"数学的明确性"和"数学的严密性"，从而易于进行思维活动及构成思想，这首先应归功于这个"定义"。在这个意义上说，定义有非常重大的意义，把它运用于思维活动，非常经济、省事，寥寥数语包含了复杂的思想内容。而将它与既有明确性又有严密性的其他术语结合起来，又进一步创造出新的术语，反复地这样做，逐步创造出含义越来越丰富的术语。简洁地表达丰富的思想，即思想的经济化，这是数学的一大特征。我们可想而知，简单的"积分""极限"中包含了多么丰富的思想。

数学中记号的意义　数学中，如上述那样，在用简洁的"文字"表达具有复杂内容的"事物"或"关系"的同时，还采用简单的"记号"来表示它们。例如用"$\backsim$"表示"相似"，用"$\int f(x)\mathrm{d}x$"表示"积分"，用"lim"表示"极限"。

数学就是研究用这种术语或记号所表示的"事物"间存在的关系以及这些事物所具有的性质，并把它们应用于各种对象。在这种研究中，使用简单的记号，就在种种意义上为处理问题提供了方便和经济性。使用记号来表达思想以及思想活动的过程，比起不用记号只用术语来作讨论记述，远为方便和明确，并且在思想上、时间上或者记述的篇幅上，都远为经济。这在很多情形都是显而易见的。例如，为要记述二次方程的解法，可将其思想活动的过程用记号表示如下：

$$ax^2+bx+c=0,$$

所以

$$a\left(x^2+\frac{b}{a}x+\frac{c}{a}\right)=0,$$

所以

$$a\left[x^2+\frac{b}{a}x+\left(\frac{b}{2a}\right)^2-\left(\frac{b}{2a}\right)^2+\frac{c}{a}\right]=0,$$

所以

$$a\left[\left(x+\frac{b}{2a}\right)^2-\frac{b^2-4ac}{4a^2}\right]=0。$$

而 $a\neq 0$，故

$$\left(x+\frac{b}{2a}\right)^2-\frac{b^2-4ac}{4a^2}=0。$$

所以

$$\left(x+\frac{b}{2a}\right)^2=\frac{b^2-4ac}{4a^2},$$

所以

$$x+\frac{b}{2a}=\pm\frac{\sqrt{b^2-4ac}}{2a},$$

所以

$$x=-\frac{b}{2a}\pm\frac{\sqrt{b^2-4ac}}{2a}=\frac{-b\pm\sqrt{b^2-4ac}}{2a}。$$

若全然不用“+”“-”“x^2”等记号而是用文字来记述这一过

程，显而易见，一定是非常复杂的。

训练人们能自如地运用术语记号进行复杂高难的精神活动，这对人类的发展前进是非常重要的。这样才有可能指望文化的高度发达、科学技术的研究发现，才能够理解和运用更为复杂高难的机械或科学理论。所以，不能只把数学中的记号、术语看作是一种为使用方便而简化了的工具，而非常重要的一点是，要进行能够大量地运用它们的思维训练。

因这些术语、记号在一般学科中不大使用，故，若学习数学的学生把这些术语、记号忘掉了，或者因缺课而根本不知道这些术语、记号，而在下一次数学课中老师又要用到这些术语、记号，则无论这堂课内容多么简单，老师的讲授多么得法，这样的学生也全然无法理解其内容。因而，学习数学的学生，必须非常清晰地记住已学过的术语、记号。若懒于此事，就一定学不好数学。而只要从头开始一直注意此事，学好数学就一定不会有太大的困难了。

例如，P_5^3 这样简单的记号，是由 P 和 5 及 3 结合而成，但我们是把它当作具有如下复杂内容的记号来使用的：

> “从不同的 5 个元素中，每次取 3 个，依顺序排成一排，所有可能的排法的总数，就用 P_5^3 来表示。”

若学生忘记了或不知道 P_5^3 的意义，而在课堂上教师却大量地用这个记号来作论述，那么，无论其论述多么简明易懂，学生都不会懂。可是在数学教学中，每一次课一般都只讲授很少几个新术语、新定理、新公式，所以，每天只需要几分钟，就能做到复习、记住理解数学所必需的术语、定理、公式。故学好数学的秘诀就是每天用少量的时间来复习、记忆学过的重要事项（主要是术语、定理、公式），若遵循此道，则事半功倍，否则就只有永远叹息数学难懂了。

这里，我试举一实例说明，在数学问题的解法中，将数学问题记号化是非常重要的。

问题 三角形的边长成等差级数时，其最大边上正方形的面积，与其中项边上的正方形面积之比，可在什么范围内取值?

求解数学中的实际问题，第一步就是用记号把问题表示出来（即记号化），以使得将问题简化，同时易于抓住问题的要点。

(a) 将所给问题的条件记号化。

(ⅰ) 用记号表示三边成等差数列如下：

$a-d, a, a+d$（或 $a, a+d, a+2d$），$a>0, d>0$。

(ⅱ) 三条线段构成三角形的充分必要条件是：任意两线段之和长于另一条线段，所以

$$(a-d)+a>a+d，即\ a>2d， \quad ①$$

$$a+(a+d)>a-d，即\ a>-2d， \quad ②$$

$$(a-d)+(a+d)>a，即\ 2a>a。 \quad ③$$

这时，在 $a>0, d>0$ 的条件下，②和③显然成立，故若用记号表示上述三边构成三角形的充分必要条件，就为

$$a>2d。$$

(b) 用记号表示所求的两个面积之比如下：

$$\frac{(a+d)^2}{a^2}=\left(\frac{a+d}{a}\right)^2=\left(1+\frac{d}{a}\right)^2。$$

于是，本问题可用数学记号表示如下：

"$a>2d$ 时，求 $\left(1+\frac{d}{a}\right)^2$ 的取值范围。"

将这个表示与问题原来的表述相比较，就知道问题是怎样地简化了，条件和结论是怎样地用简洁的数学式表示出来了。问题虽然是个实际问题，但通过记号化，就化为一个纯粹的数学问题

了。我们将它与哥尼斯堡七桥问题的数学化相对照，就会看到，把实际问题的研究变为简单形式的这种人类精神的伟大作用。

下面具体地解答问题。

由假设 $a>2d$，得$\frac{1}{2}>\frac{d}{a}$，所以

$$\left(1+\frac{d}{a}\right)^2<\left(1+\frac{1}{2}\right)^2=\left(\frac{3}{2}\right)^2=\frac{9}{4}。$$

又由 $a>0,d>0$，有$\left(1+\frac{d}{a}\right)^2>1$ 成立，所以

$$1<\left(1+\frac{d}{a}\right)^2<\frac{9}{4}。$$

于是，可知$\left(1+\frac{d}{a}\right)^2\in\left(1,\frac{9}{4}\right)$，而且其取值范围再也不能比这个范围更小了。关于这一点，说明如下。

因 d 可取得很小，故 $1+\frac{d}{a}$就能取非常接近 1 的值。另外 $2d$ 可取非常接近 a 的值（只要 d 满足 $a>2d$），故$\frac{d}{a}$的值可以非常接近$\frac{1}{2}$，从而$\left(1+\frac{d}{a}\right)^2$可以非常接近$\frac{9}{4}$，所以$\left(1+\frac{d}{a}\right)^2$可以取

$$1<\left(1+\frac{d}{a}\right)^2<\frac{9}{4}$$

中的任何一个值而绝不可能取这个范围以外的任何值。

第二章　重要的数学思想

第一节　“数学的本质在于思考的充分自由”

这个思想是康托尔道破的。但毫无疑问，在康托尔以前，这个思想就支配着许多伟大数学家的头脑。

姑且不谈原始时代和应用第一主义的时代，就是在随着人类智力的发达、数学显著地向前发展的近数百年中，想使人类的精神活动、人类思维的本性得以无限制地发展的思想和冲动，强烈地刺激了数学家们，才使得我们的思维建立起人类几乎不能设想的、无限深邃广大且远远超越了现实的空间来。这个思想，使康托尔有可能在超越了有限的世界中，以数学的严密性建立起集合论，使几何学家有可能研究超越了我们感觉想象的高维空间，使公理数学家有可能建立起抽象的纯数学和种种特异数学来。这个思想，直到遥远的未来，都将永远促使数学无止境地向前发展。

这个思想，也对传统数学的系统化、组织化、严密化等方面产生了很大的影响。举个浅近的例子。数学家想去掉对减法的限制（即不能从较小的数中减去较大的数），去掉对除法的限制（即 a 不是 b 的倍数时，a 就不能被 b 除），去掉对开方的限制（即 a 不是 b 的 n 次方，a 就不能开方）的思想作用的结果，就引出了负数、分数、无理数，由此明确提出了使加、减、乘、除、乘方、开方等“各运算能无限制地进行(思考的绝对自由的要求)的原则”，按这个原则建立起了数系的系统。按照这种观点，应该说这个思想过去、现在以至将来都是数学产生发展所必不可少的最重要也最根本的思想。大科学家庞加莱曾说过，纯数学是人类精神的产物，于是，以研究人们不熟悉的几何学和具有特异性质的函数为目的的数学思维，与日常的观念和自然状态相去越远，就越是能够明确地揭示出人类精神能达到的境界，也越能让人们了解人类精神本身。庞加莱的这个见解，就是上述思想的表露。

第二节　传统思想与数学进步的关系

这里，我要说明的是，与上述情况相反，也存在着阻碍数学进步的思想，因而自然要激起后来的研究者、学者反省并批判它们。也就是说，这里要说明传统的思想与数学进步的关系。

这里，我所谓数学的传统思想，具有非常广泛的含义，它意味着人类自古以来关于数、点、线、面等所持的通常的观点和思想，包括所谓的数学常识、一般人所具有的关于数学的直觉。(实际上，我并不知道用什么语言来确切地表达我的思想，这里姑且采用“传统的思想”一语。我的这个用语到底是指什么，希望读者能从后面所述的种种实例来理解。)不用说，在数学发展的早期，这种思想(即传统思想)和直接经验是构成数学的主要部分的基础。然而，若追踪数学发展的过程，即会看到，一方面，这种传统的思想不断地被提炼，不断地发展，另一方面它又不可避免地要与促使数学发展的思想产生激烈的矛盾斗争。就是说，有时，新思想被传统的思想所束缚,使大数学家的杰出思想和研究工作被白白地抛弃而无人问津;有时,经过了长时期的恶战苦斗,新的数学思想好不容易才战胜了传统的思想,从而在数学领域中开辟了许多新生面;有时,因大数学家发现、论证了当时世人连做梦也没有想到的新事实,一下子冲破了有关这方面的传统思想,使数学的范围迅速地扩大,从而使旧数学得到改造。事实上,若从这个侧面来看,数学的发展史可以看作一部思想斗争史。而且,我们知道,数学的大进步、大飞跃,常常发生在新的数学思想打破了传统思想的禁锢之时。下面,我举出两三个事例来说明这一点,以作为考察数学发展的一个方面的材料。

第一,我要举出传统的思想使数学研究归于失败的例子。作为这方面的一个实例,我们首先看看萨凯里的研究工作。萨凯里曾试图证明欧几里得平行公设,可是却留下一件令人叹息的憾事。

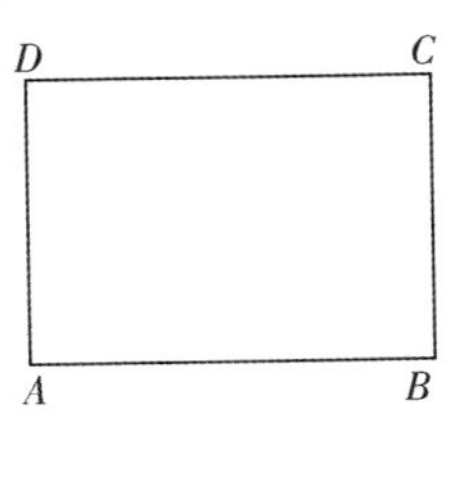

第52图

在直线 AB 上的两点 A,B,分别引垂线 AD 和 BC,并取 D,C 使 $AD=BC$,再连接 D,C。这时,不利用平行公设能立即证明 $\angle C=\angle D$。从而,这时两角或同为锐角,或同为钝角,或同为直角,它们有且只有这3种情况。对应于这3种情况,萨凯里证明了三角形内角和分别小于、大于、等于 $180°$。而由三角形内角和为 $180°$,就能容易地证明平行公设,所以,萨凯里就力图证明上述两个角为锐角或钝角都要产生矛盾。利用直线的无限性,他证明了这两个角为钝角就要产生矛盾,剩下就是要证明这两个角为锐角也要产生矛盾。作为这项研究的结果,他推导出了许多定理,据说能论证100年以后罗巴切夫斯基发现的非欧几何中的大部分重要定理。可是,因为他的那些推证逐渐变得越来越复杂,他就怀疑自己的证明是不是包含了某种矛盾。但最后他终于达到了这样的结论:“在无穷远点相交的两条直线,垂直于过这个交点的同一直线。”萨凯里认为这样的结论与直线的性质是不相容的,他以这种极不充分的理由为根据,断定了上述两个角为锐角的假定是错误的,从而他自以为已证得欧几里得平行公设。

萨凯里的研究方法、证明方法和设想,在他所处的时代,都堪称卓越,若他能坚持到底,当能建立起非欧几何来。但很可惜,他过分囿于当时崇尚欧几里得的思想,囿于欧几里得公理无论如何都是绝对正确的传统思想。他的头脑完全被这种思想所支配,却步于伟大发现的门边,终于功亏一篑,卓越的见识却以失败而告终,真令人遗憾。

其次,我要举出勒让德的例子。大数学家勒让德曾因无人怀疑其正确性的事项、因一种没有经过仔细推敲的几何直观而失败。勒让德也曾试图证明平行公设。在要证明三角形内角和不小于 180°时,他在 $\angle BAC$ 内取一点 P,过 P 作与 $\angle BAC$ 的两边 AB,AC 相交的直线 QPR……然后一步步地论证下去,完成了证明。但是勒让德的这个证明存在漏洞而未得到后世的承认。那么,他的漏洞在哪里呢? 实际上在于假定了“过角内一点,总能作与角的两边相交的直线”。虽然,在传统上,谁都认为这样的事项是正确的,似乎根本不用怀疑;在我国初中、高中的数学中,都把这样的事项当成显然的、自不待言的事实来用,不管是教师还是学生,谁也没有想到要去证明它。但是,它

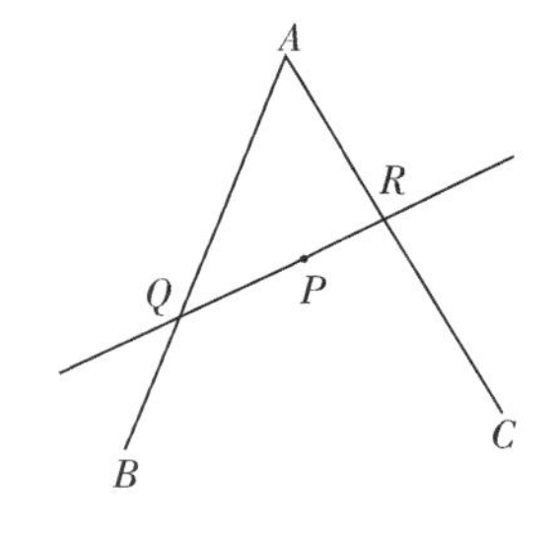

第 53 图

是不是总是可能的呢？传统的思想、几何直观认可的事项果真都绝对正确吗？若仔细地考察一番，我们就不能无条件地答曰："然也！"

即是说，若我们承认欧几里得平行公设为真，则容易证明上面那个命题为真；反之，若上面那个命题为真，也就可以证明平行公设。但我们若要从平行公设以外的公理来证明平行公设，而在证明中要用上面那个命题，那就必须不引用平行公设地先行证明该命题。可是勒让德未经证明就默认了它、引用了它。实际上勒氏证明的漏洞正在此。像勒让德这样的大数学家，尚且会由于拘泥于传统思想、拘泥于几何直观而犯这样的错误，何况一般人呢？由此，我们该知道数学证明是多么困难了吧！*

以上两例都是有关平行公设的。事实上，为了冲破"平行公设是正确的"这种传统思想，经历了两千多年的漫长岁月，其间有许多伟大的数学家都曾为此大伤脑筋。松克说道：在数学中，还不曾有过什么问题像平行公设这样经过了那么多的讨论、那么多的研究，可是却没有得出任何结果。在今天看来，要证明平行公设是完全不可能的。可是当时传统的思想却认定这是可能的。所以，总是企图证明它，自然又总是失败。可以说，在这两千多年中，这种失败的历史，就是传统思想失败的历史。最早怀疑这个传统思想的人是高斯，及至鲍耶和罗巴切夫斯基，才首次发表了与这种思想相冲突的几何学的成熟方案；而后来的数学家又经过多方面的研究，以深刻的论述，好不容易才冲破了传统思想的束缚。作为冲破

---

* 在非欧几何学已得到承认的今天，我们知道上面的命题并不是绝对真的。为什么呢？这是因为，若上面那个命题为真，则欧几里得平行公设就为真，这就使所讨论的几何学只限于欧几里得几何学了。

传统思想束缚的结果，数学在本质上发生了根本性的变化。一旦得到"两千余年间一直被认为绝对正确的公理未必为真"的结论，一方面，就要立即去研究其他的公理，看是否也未必为真；另一方面，否定了诸种公理的新几何学，如非欧几里得几何学，蓬勃兴起。这时，关于公理的本质，达到了与自古以来完全不同的理解，以至最后建立起了今天称为公理几何学、公理数学的纯理论的数学。并且这种情况还进一步波及数学以外的诸学科，对今天的物理学、哲学也产生了一定的影响。于是，在有关这些方面的研究中，发现论证了无数的违背传统思想的事项。

第二，我要叙述传统思想严重地阻碍了数学的进步的例子。前面我们讲的都是有关几何学的例子，在这里讲讲数系方面的例子。

本来，数是由人们生活的需要而产生的，从自然数逐步地到分数，都是与具体的量相联系着而发展起来的，最后发展到开不尽方根的数（无理数），至此，数的发展过程是很自然的，无需赘述。但负数和虚数引入的过程、情况就大不一样了，值得特别注意。负数和虚数发端于方程求解，而绝非人们生活的需要。所以，起初它们并没有与什么量发生关系。负数始于印度数学家婆什迦罗（公元1150年）求解二次方程 $x^2-45x=250$，他得到了 $x=50$，$x=-5$。可是，他把这个负根当作没有意义的东西舍去了。在其后的几个世纪中，谁都不采用负根，卡尔达诺和施蒂费尔等人称负数为虚假的数、不合理的数等，并不把它当作一般的数看待。

在1600年前后，哈里奥特开始把负数当作数来对待，但用负数进行计算始于笛卡尔。对于同一文字，笛卡尔有时把它作为正数，有时把它作为负数。像这样，从发现负数到把负数当作数来使用，其间差不多经过了500年。为什么承认负数是数会有这么大的困难呢？原来“数应该是代表量的”这种传统思想束缚了数学家的头脑，直至笛卡尔出来说明，负数是代表了具有与所给方向相反的方向上的量，把它与量联系起来，负数才好不容易被承认是数。然而，一旦发现了负数与量有这种联系后，负数就被用到彼此有相反性质的种种量上，人们看出了它广泛的用途，知道了使用负数会是多么方便。这种实用上的方便，与由于导入负数而能使数明显地扩张的这种理论上的收获（撤去了减法的限制、方程式解法的一般性）相结合，使得负数成为数系中不可缺少的要素。

虚数也是发端于方程求解。1545 年卡尔达诺在解三次方程时，首先发现了虚数。当然，在那个时代，虚数被当作没有意义的无法说明的东西而抛弃了，第一个想到也可把这种虚数看作方程的正当的根的人，好像是吉拉德。在复数发展的早期，欧拉也曾做过很大的贡献。欧拉对复数进行研究的结果，发现了潜藏于指数函数和三角函数间的重要关系，同时，还解决了“负数有对数吗?”这一当时有名的问题。后来，柯西积极地从事复函数的研究，揭示了复数在分析学的研究中是极为有效的武器。如此，经过欧拉、柯西这些大数学家的工作，复数才初步被数学家承认。尽管如此，在那个时代，仍有许多人反对把复数作为一个数，反对把复数与别的数同样看待；这些人认为，复数只是想象中的数、不可能的数，它本身只是什么也不表示的一个记号。直到后来高斯出来用严密精确的论述，证明了必须承认复数为数学一要素以及复数有广泛的用途，才开始听不到任何反对引入复数的议论了。但对复数的本质，仍有疑惑。经过许多学者的研究，人们弄清了复数能按照与其他数相同的原则来处理，彻底完成了复数的几何说明（高斯、阿尔冈的复数图示法等），复数的实用也越来越多，以及弄清了它与超复数的关系，它的意义才开始得到公认。从发现虚数到它得到一般的承认，中间实际经历了250年。像这样，负数、虚数被发现以后长期不被承认是数，最大的一个原因是“数应该是具体量的代表，它与具体的量之间有密不可分的关系”这样一种传统思想在作祟；只有建立起了与量的关系，找到了实际应用，它们才作为数得到认可。试想，若没有这种传统思想的束缚，更早地承认了负数和虚数是数，数学说不定比现在的状况要进步两三百年。而一旦承认了负数和复数是数，关于负数、复数的研究论文就大量出现，堆积如山，复数的函数理论等成了数学中最重要的部分，占据了数学中最广大的范围。今天，只要看看，若从数学中除去了与负数和复数有关的论文和书籍，数学会变得多么贫乏，也许就会知道它们在数学中的地位了。

一方面是“与量没有关系的负数、复数”，另一方面是“作为与量密切不可分的东西而引入的自然数、分数、不尽根数”，当把两方面都作为同样的数来对待后，“数是什么”的观点发生了很大的变化，促进了从各方面对数的研究，像超复数这样的种种变态数被引入了数学。这正与非欧几里得几何学的建立，使“公理是什么”的观点发生了很大变化是一样的。只要想想这么重要的负数、复数从发现到得到承认，经历了300年、500年这样漫长的过程，皆因传统思想的束缚，大概就会明白，传统思想的影响有多么可怕。

第三，这里，我要举这样一个例子，即某个学者的研究，一下子就冲破了某个数学分支的传统思想。我们可在数学的一个基本概念——函数概念的发展中，找到这方面的适当例子，这就是我曾在第一章第二节中详述的“傅里叶对函数概念的贡献”，这里就不再重述了。

第四，我要阐述一下有关超越了传统的数学思想、超越了数学直观的数学研究。到目前为止，首先，我们举出了由于传统思想的束缚使数学研究遭到失败的实例；其次，举出了传统思想阻碍数学发展的实例；再次，举出了由一个人的研究一举冲破传统思想的实例；这里，即最后，我要叙述不拘泥于传统思想，不拘泥于数学直观，而是积极地进行探索的数学研究的实例。它就是康托尔以数学的正确和严密，对超越了有限的范围从而超出了我们能正确地进行思考的范围的数或量，进行研究讨论的尝试。虽然这个研究的某些方面尚有争论，但大部分得到了一般的承认。这种尝试本身从一开始就超越了传统思想的范围，所以，在这个分支中到处可见与传统思想和数学直观不一致的事项，或者是以传统思想、数学直观看来，简直不能想象的令人惊叹的事项，并且这种事项还在继续不断地被发现着、研究着。

其实，关于超穷数以及集合论的研究，最根本的概念是对应和对等的概念。今有 A，B 两个集合，它们的元素都为有限多个，若能使两集合中的元素一一对应起来，既没有哪个多，也没有哪个少，则称两集合的元素个数是相等的；若一集合的元素多，则说该集合的数目大，这是尽人皆知的。但我们看到，若把这种观点用到无穷多个元素的集合，就会出现很奇怪的现象。今考察 2cm 和 1cm 长的线段上的点数。若利用对应的观点，则由于对应的方法不同，或者是两者的点数相等，或者是 1cm 长的线段上的点比 2cm 长的线段上的点要多，或者要少(在大多数集合论的书中对这一点均有说明)。因而，要研究具有无穷多个元素的集合的元素数目时，必须要对集合为有限时的考虑方法作某些适当的改变，并使之在应用于有限集合时，也能得到与通常情形相同的结果。为此，需要选定合于这些要求的标准，这时，一般都采用如下标准。

首先，若两个集合的元素，能按某种对应方法成一一对应，则称这两个集合是对等的，且称它们有相等的基数(或势)。若 A 与 B 的子集对等，但 B 不与 A 的任一子集对等，则称集合 A 的基数小于集合 B 的基数，而称 B 的基数大于 A 的基数。这样规定的大小的意义，对有限集和无穷集都是适用的，并且可以证明，任意两个集合 A，B 的基数或者相等，或者 A 的大于 B 的，或者 B 的大于 A 的，它们之间的关系必定是且只能是三者之一。我们看到，集合的相等、大小一经如此定义，就将出现种种按传统思想来说连做梦也想不到的新事项。下面仅举几例说明之。

(ⅰ) 在无论多么接近的两个有理数之间，总存在着无穷多个有理数，有理数集合就是这样一个稠密集合。但这个集合却可以与 1，2，3，…这样的有间隙的自然数的集合构成一一对应。像这样的事，按我们的常识是难以想象的。

(ⅱ) 在比较有理数集合与无理数集合时，我们看到，在无论多么接近的任意两个有理数之间，总有无穷多个有理数和无穷多个无理数；而在无论多么接近的两个无理数之间，也总有无穷多个无理数和无穷多个有理数存在，两者均构成处处稠密的集合。所以，若有理数集能与自然数集构成一一对应的话，按我们的数学常识来推测，无理数集同样也能与自然数集构成一一对应。然而，事实却与我们推测的相反，无论用什么对应方法，都不能建立起无理数集与自然数集的一一对应。可以严格证明，无理数集的元素总比自然数集的多。因此，自然数集与有理数集是对等的，但它与无理数集不是对等的，无理数集的基数比自然数集或有理数集的基数更大。

（ⅲ）我们可以设想有理数集与无理数集的并集即实数集，会比这两集中的任何一个要“大”，然而我们可以证明，尽管实数集比无理数集要“大”，但它却与无理数集是对等的，它们之间可建立起一一对应。

（ⅳ）任一线段上的点能与全直线上的点建立起一一对应。按我们的常识这是难以理解的，但事实上是能够做到的。而更令人惊异的是，正方形内及其边上的全部点与它一边上的点之间，也可以建立起一一对应。依我们的常识来看，这是根本不可思议的。然而，伟大的数学家的思索却正确地论证了这些都是可能的，并且进而证明了立方体上的一切点与它的一条棱上的点之间也可建立起一一对应。将它再推广，可以证明，不管取多么短的一条线段，这条线段上的点与整个宇宙间的一切点之间能建立起一一对应。这实在是令人惊异的发现，是按数学常识所无法想象的。

（ⅴ）也许我们会认为，既然这样的一条线段上的点的集合能与宇宙间一切点构成一一对应，那么任一集合都一定或与这一线段上的点的集合对等，或与它的子集对等（即比它“小”），而绝不可能比它“大”。可是，实际上我们却能找到这样的集合，它具有比全宇宙的点的集合更大的基数。全体实函数的集合就是这样一个集合。无论用什么方法都不能使全体实函数与全体实数之间建立起一一对应。前者的元素总是多于后者，而全体连续函数的集合就正好与实数集合构成一一对应。由此容易证明：在函数中，不连续函数的数目比连续函数多得多，它们的数量级的差别是很大的。

（ⅵ）根据集合论的证明现已知道：存在这样的集合，它的基数是比实函数集合的基数还要大的超穷数。并且，一般地任取一个无穷集，总可以利用它作出新的集合，新集合具有比前者更大的基数。从而,超穷数也是无穷多的。

像这样,在超穷数及集合论的理论中,不断出现超越了一般人的想象的事项。也许很多人都会认为,这种超越了有限范围的研究,对通常意义上的数学并没有任何直接的影响。但只要我们仔细地考察一下就会发现,无论在数学的哪个方面都有很大一部分是讨论无穷多的对象的。就连非常简单的自然数,作为一个个具体的数,虽然都是有限的,但若考虑它们全体的集合,则自然数集的元素数目就不再是有限的了。另外,再考虑一线段上的点,虽然线段的长是有限的,但其上点的数目是无穷的。就连数学中最基本的自然数、点、直线等,都需要像这样处理无穷多的对象,其余的就可想而知了。而为了要严格论证有关的这些内容,就不得不借助超穷数和集合论的完整理论。实际上,可以说集合论是整个数学的基础。因此,虽然集合论建立的时间并不长,但不论是对数系的论述,还是对函数论的研究,今天它已成为不可缺少的武器了。例如,由于应用了集合论,积分的概念被显著地推广了,在函数论中也不断地发现性质与常识相悖的东西。例如,发现了存在这样一种奇怪的函数:它在所给的区间到处都有连续点,同时也到处都有不连续点。

除了上述情况以外,我们还将看到,在今天的数学中,仅按传统的观点来看,怎么也难以理解的思想遍及各个方面,并且正在构成今日数学赖以成立的基干。若要举出这方面的一两个例子,那就如后面所述:在几何学中,基于凯莱的距离理论,可把通常意义下的有限长度看作无限长的思想;把满足某个条件的曲线或事物看作直线的思想;在二维空间中建立三维几何学,从而在三维空间中建立四维空间的思想;在欧几里得空间中建立非欧几里得几何学的思想……这方面的例子很多，这些都是以传统观点看来根本无法理解的思想，却为数学研究提供了很大的方便、对其产生了极大的影响。另外，在有关数的方面，如亨廷顿所给出的新加法、新乘法[例如，2 加 3 等于 6，2 乘 3 等于 11，一般地，遵从 $a \oplus b = a + b + 1$，$a \otimes b = a \times b + (a + b)$ 的运算规则的加法、乘法运算]均满足数学的根本原则的思想；又如通过对 0，1，2，3，4，5，6，7，8，9 这 10 个数规定适当的新加法、新乘法，使这些数关于这样的加法、乘法能构成一个封闭的系统*，并且 1，2，4，8 这几个数可分别表示 +1，−1，+i，−i 这几个数的思想，都是传统观点无法想象的。这些思想汇集到一起，构成了新数学的基干，从而促使传统的数学思想发生了根本的变化。

结论　总之，数学起源于人类生活的需要。它一面与外界的量保持着密切的关系，一面又基于大量的经验，同时通过大量的应用而发展，从而逐步形成了关于数学的传统思想。但是，像这样形成的数学思想，尽管从实用角度看并没有什么不合适的，但却是极不完善的，其中混杂着颇多的粗糙成分、错误成分。因而，通过不断地对它们进行去粗取精、去伪存真的加工提炼，使正确的部分得以进一步发展，再加上对传统思想和数学常识达不到的范围进行研究获得的成果，就建立起了今日数学深奥庄严的理论大厦。虽然其间数学研究屡因传统思想的束缚而遭失败，因循的传统思想屡屡成为数学进步的阻碍，但幸运的是，许多伟大数学家经过不懈的努力，从以往的失败中找出了成功之道，清除了所

---

* 所谓加法、乘法的封闭系统，是指此数系中的任意两个数施行加法、乘法后所得的数，仍在这个数系中。

有障碍,遂使数学有了今天这样的面貌。因此,要想理解今天的数学,进而体验一下这座理论大厦之壮美,就必须在接受经过提炼的传统思想、数学直观的同时,学习掌握超越了传统思想的新的数学思想。进一步,若还想研究数学,从而希望对数学的发展有所贡献,那就决不能为传统思想所束缚而无所作为,必须在完全自由地思考的前提下,倾注自己的全部精力和才能,否则恐怕是难以有所建树的。

数学理论在各方面都有所应用并且给予人类精神以最大满足,对建立这一理论大厦做出了贡献的数学家们,我要表示深切的感谢和敬意。同时,切盼今天及将来的数学家们更加努力,以使这一大厦更加光彩夺目,更加美丽壮观;我还切盼想理解数学、品味数学,进而在各方面应用数学的人日益增多。然而,只要看到在历史上,传统思想曾严重地阻碍了数学研究,那么,可以预料,即使在将来,也可能还有伟大的研究者拘泥于当时的传统思想。而且我认为,谁要想掌握数学并把它应用于新的领域,他就必须消化超越了传统思想的数学新思想。这里,我简述了传统思想与数学进步间的关系,以供这些人参考。

最后,无论是谁,只要是阅读了上面这段关于传统思想阻碍了数学进步的叙述,想必就一定会理解康托尔极力宣扬的"数学的本质在于思考的充分自由"的深刻意义了。

第三节 极限思想

使数学真正成为数学,使数学在应用方面和纯理论方面发展成为丰富而正确的科学,进而成为深奥而严格的科学的思想,以及渗透于整个数学中，并且总是在活跃着的思想，就是经过了提炼的极限思想。只要看一看，若从今天的数学中抽去了极限的思想，数学还能保留哪些内容，就能立即明白极限的思想对数学来说该是多么重要了。说得严重一点，这时的数学几乎近于一无所剩了。当然，也许有人会说："没有用极限的思想，现在小学、初中水平上的数学不也是成立的吗?"让我们稍微考察一下其实质性的内容，看看小学、初中的数学果真叫作数学吗？今举我们身边的一个实例说明之。

设从东京到京都的铁路长为 a 公里，从东京到京都列车要运行 b 小时。问：该列车的速度为每小时多少公里？

这类问题在小学、初中的教科书中经常见到，而一般的解答是：

$$a(\text{公里})\div b(\text{小时})=\frac{a}{b}(\text{公里/小时}),$$

即每小时运行$\frac{a}{b}$公里。可是，只要稍微深入地考虑一下即可明白，这个答案与列车的实际速度没有关系。事实上，列车在车站附近的速度非常慢，在车站的速度为 0，而在某些地段又以大于答案的速度运行。准确地说，列车每时每刻的速度都在变化着，上面的答案并不表示实际的运行速度。它是在假定列车从东京到京都均以同样速度运行的条件下所得的结果。然而，这个假定是绝对无法实现的。所以，上面的答案只不过是列车速度的一个大略的估计(平均速度)罢了，没有什么实际的意义。因而，若以初等学校所学的这样的数学为基础进行计算，并用于各种工程(建筑工程也好，造船也好，机械制造也好)问题，必定会造成极大的损失。要想知道每时每刻变化着的速度，则必须用到以极限思想为基础的微积分等数学知识。这是离开了极限思想所根本无法做到的。

这个经过提炼的极限思想，确定了一向被认为是空洞抽象的、难以抓住其实质的无穷大和无穷小的数学意义，使得有可能解决数学中自古以来就存在的矛盾，同时使得有可能建立起严格的微积分理论、函数论、各种几何学等。作为整个数学中最根本、最重要的思想之一的极限思想，正活跃在整个数学之中。

第四节　“不定义的术语组”和“不证明的命题组”的思想

这一思想，是为了满足人类精神的严密性的要求而必然产生的思想，是严密的演绎科学一定要遵循的根本思想。由这个思想而发展起来的纯数学、公理数学，使数学的性质发生了根本的变化，这一思想使数学呈现出这样一种状态，即，使数学给人一种与世人迄今对数学所持的看法完全相反的印象。即是说，与人们迄今的“再也没有什么比数学更真实了”的信条相反，作为上述思想的当然结果，平行公设以及其他公理“是绝对真的”这个性质再也不复存在了，相反，变成“数学工作者研究得到的定理，谁也不知道是真还是不真”了(罗素语)；与人们的“再也没有什么比数学更正确、更明确了”的看法相反，呈现出了罗素所说的“我们在数学中谈论着的东西到底是什么，我们全然不知”这样一种非常奇怪的状况。乍一看，可能会认为，罗素的奇谈怪论是故意愚弄人的。然而实际上绝非如此。凡是了解近代纯数学的人都知道这些话本身是真实的，没有任何一点夸张的意味。然而，使数学成为这个样子的根本思想，以及导致这个根本思想的诸数学工作者长期令人钦佩的研究的成果，不仅绝非两三个人能随意取得，而且也不能随意变更。既然我们自己不会欺骗自己的理性，那么，谁都不得不承认，达到这种状况确实是难以避免的。我将在第三编中阐述其理由并作详细说明。

第五节　构成了近代数学基干的集合及群的思想

这两者是构成数学基础的主要思想。它们虽然都是最近若干年才发展起来的，但极为多产，被运用到几乎是彼此毫无关系的许多数学分支上；它们是使纯数学和应用数学像今天这样发达和严密的最大源泉。实际上，正像有人所说的那样，如果没有这两种思想观点，那么，近代数学连一页纸也写不满。此话毫不过分。对于数学来说，集合和群的思想是基本的思想，鉴于它们的重要性，我打算用专著对它们作详细论述。

第六节　其他新思想

与以上第一至第五节所述的根本思想有关的，乍看起来很奇怪的种种新思想、新事态在纯数学中产生出来，使得作为一门科学的数学有了非常显著的进展，同时，还显著地扩大了人类精神活动的范围（扩大到了高维空间、空虚的空间、超穷的世界），下面举几个这方面的例子。

一、把有限长看作无限长的思想

这个思想肇始于凯莱。凯莱根据这个想法，在欧几里得空间中建立起了非欧几里得空间；在有限的空间中，建立起了无限空间。

在叙述这个思想的大要之前，我先简要叙述将要用到的线性变换的性质。

设平面上任一点的坐标为(x,y)，将它们代入

$$x'=\frac{l'x+m'y+n'}{lx+my+n},\quad y'=\frac{l''x+m''y+n''}{lx+my+n},\qquad ①$$

把所得的x'，y'作为新点的坐标，这时，从所给的点集$P_1(x_1,y_1)$，$P_2(x_2,y_2)$，…的集合，相应地就得新点$Q(x'_1,y'_1)$，$Q_2(x'_2,y'_2)$，…的集合，所以①式就有把甲图变为乙图的作用。而且由①式，从平面上所给的直线，就能得另一条新的直线。故称①式为线性变换的公式。

由这个变换公式，平面上的直线必定变为直线，并且，一直线上的四点的复比不变。另外，通过给变换式中的常数l,m,n,l'，m',n',l'',m'',n''以适当的值，可将一个圆的内部变换为同圆的内部，并同时使这个圆周上的点变为同圆周上的点。不仅如此，还可使如下条件得到满足：

> 设半径为1的圆内有两条直线a,b，对这个圆和直线a同时施行上述的变换。可以适当地确定l,m,n,l'，m',n',l'',m'',n''的值，使圆周与原圆周重合，使直线a与直线b重合，并且使直线a上的A点与直线b上的B点重合。

我们利用这些性质来建立起新的几何学。

建立新的几何学　今作一半径为1的圆，设圆内的所有点为新几何学的点，圆内的全部线段为新几何学的全部直线。这时，设连接圆内任意两点A,B的直线与圆周的交点为P,Q。若这时相

对于 B 点而言，P 在 A 的另一侧，则$\dfrac{AP}{BP}:\dfrac{AQ}{BQ}$恒为正，且大于 1。而随着 A 或 B 趋近于圆周（A 趋于 Q，B 趋于 P），这个比逐步增大；当 A 或 B 达到圆周上时，这个比变为无穷大，并且，此比例式是 A,B,P,Q 四点的复比。所以，对于线

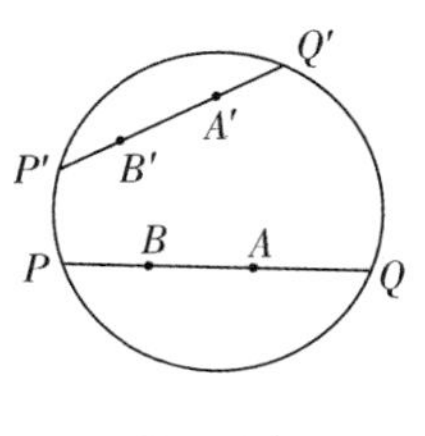

第 54 图

性变换来说它是不变的，因而 $\ln\left(\dfrac{AP}{BP}:\dfrac{AQ}{BQ}\right)$的值对于线性变换也是不变的，并且此式的值随着 AB 相互接近而趋于 0（因 $\ln 1=0$），当 A 或 B 中有一个到达圆周上时，它的值就为无穷大。因而，若我们规定用上式的值表示 A,B 两点间的距离，则在上述线性变换下，无论使直线怎样移动，这两点的距离总是取相同的值；并且，在通常意义下为有限长的线段 PQ,AQ,BP，按新的计算方法，就变为无限长了。所以，在新几何学中的线段 PQ，按测量距离的新方法，就成为无限长的直线了。而且，按照这个规定，A,B 两点重合时，它们距离为 0，故这个规定与我们通常的距离概念并不矛盾。所以，我们要规定以 $\ln\left(\dfrac{AP}{BP}:\dfrac{AQ}{BQ}\right)$的值来表示 A,B 间的距离。类似地，若适当规定角的大小，则可知，在新几何学中，除平行公设以外，欧几里得几何学的全部公理都成立（可参阅拙著《几何学原论》）。

而在这种新几何学中，“过一点可引无穷多条与已知直线不相交的直线”。即如第 55 图，若过直线 PQ 外任一点 M，作 PP'，QQ'，则过 M 点在$\angle PMQ'$，$\angle QMP'$内部所引的无穷多条直线 RMR'，SMS'，…（无限直线）都不与直线 PQ（无限直线）相交。就是说，对这种几何学来说，过一点可引无穷多条直线与已知直线平

行。所以，这种几何学是非欧几里得几何学（罗巴切夫斯基几何学）。这样，我们在欧几里得的有限平面内，建立起了非欧几里得的无限几何学。并且在这种场合，我们可把圆内的部分看作现实的世界，把圆周上的部分看作无穷大的世界，把圆外的部分看作空虚的世界。这样一来，我们就能实现用眼睛看到无穷远的世界和空虚的世界了。

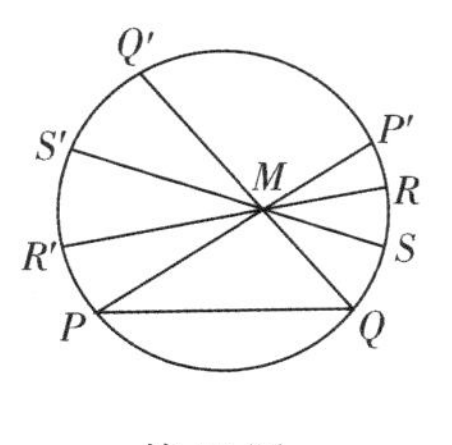

第 55 图

这种距离测定的新方法之所以产生出了这种奇怪结果，其根源仅在于把尺子的长度看作是随场所而变化的，而这是现实世界中普遍存在的事实。实际上，即使是同一时间，若地点不同，或者即使是同一地点而时间不同，物体都必定要随温度的变化而膨胀或收缩。而“不管时间和地点，尺子（测量标准）的长度绝对不变”这样一种通常采用的测定方法，才是与现实世界的事实相违背的。像这样的事情，值得我们研究工作者仔细地玩味。

二、庞加莱的非欧几里得空间

庞加莱所构想的非欧几里得空间也是非常有趣、极其深刻的。

我们首先设想这样一个空间，即脱离了我们所居住的这个空间的一个全新的空间：它在一个很大的球内，其中的温度随位置而变化，球心温度最高，而在球的外部则为 0；今设球的半径为 a，P 点到球心的距离为 $r(r<a)$，P 点的温度为 t，则 t 由下式表示：

$$t=c(a^2-r^2) \qquad (c \text{ 为常数})。$$

因而，与球心等距离的一个球面上所有点的温度相等。然后，我们假定这个空间中的居民及物体，当他们移动时，其容积随温度的变化而变化，并且与温度成正比例地增减；温度趋于 0 时，容积变为无穷小。

我们假定在具有这种性质的空间中，存在类似人类的理性生物。我们设想一下，这种生物到底会建立起什么样的几何学来。

第一，若从这个空间以外的人来看，这个空间是有限的；而在这个空间中的人来看，它却是无限广阔的。

因为，若这个空间中的人向这个空间的边界走去，则随着他向着边界前行，温度便逐渐下降，他的体积就会逐渐变小，他的步子就要逐渐变短。随着他接近球的边界，他的步子就变得无限短了，所以，即使他不停地走，最后都不可能到达边界。于是，就像我们认为我们居住的空间是无限广阔的一样，他也认为他的空间是无限广阔的。

第二，随着他离开球心远去，他身体逐渐变小，但他本身却察觉不了这一点。

因为，我们想要知道物体的大小，就要把它与其他物体比较。即通过与基本的测量标准物比较后，才知道该物体的大小。然而，现在他带着标准物前进时，他自己与标准物同时以同样的比例变化，所以，他就察觉不了自己在变小的事实。

第三，在这个空间中，两点间的最短距离线是圆。

这一点以及第四、第五的说明或证明均从略。欲知其详者，请见拙著《数学的基础》第一卷(《几何学原论》)。

第四，通过这个空间中任一点的最短线有一条且仅有一条。

第五，这个空间中的直线，是与这个球面成直角的圆周；这个空间中的平面是与这个球面成直角的球面。而当它们过球心时，都变成通常的直线、通常的平面了。

第六，在这个空间中，过一点且平行于已知直线的直线有无穷多条。

即如第 56 图，若过直线 PQ(圆弧)外任一点 M 作直线 PP'，QQ'(圆弧)，则过点 M，在 $\angle PMQ'$，$\angle QMP'$ 内所作的无穷多条直线 RMR'，SMS'，…(无限直线)都不与 PQ 相交，即在这个空间中，过一点可引无穷多条直线与已知直线平行。

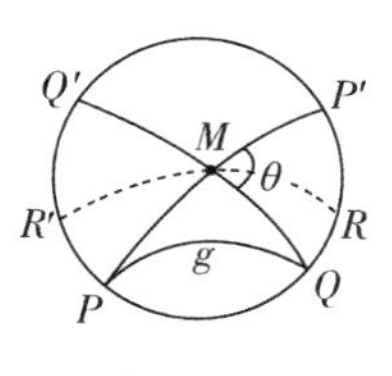

第 56 图

因而，这个空间中的居民在建立几何学时，若有谁像欧几里得那样，把“在一平面内，过已知直线外一点只能引一条直线平行于已知直线”作为公理的话，大家一定会讥笑这种愚蠢行为。实际上，这个空间中的居民所建立的几何学，即是我们所谓的罗巴切夫斯基几何学。对他们来说，这种几何学恐怕最容易理解，也显得最为自然，欧几里得几何学反倒会难以理解并且显得很不自然吧！

非欧几里得空间和欧几里得空间的关系　我们上面所说的那个空间，看上去与我们居住的这个空间很不一样，好像真是一个想象的空间。但只要我们稍微深入地思考一下，就会看出这绝不是一个假想的空间，也许就是我们所居住、所了解的空间。这是件很有趣的事，不妨在此稍加说明。

我们前面所考虑的球是个非常大的球(但是有限的)。试想象把我们的地球放置在距球心很近的地方。这时，过球心的最短线是通常的直线，而在它附近的最短线，只要离它很近，就非常接近于直线。并且，其差别程度，即使能从学术理论上区分，也不能实际地区分出来。因为，今天无论用多么精密的仪器都无法测量出角的$\dfrac{1}{1\,000}$秒以下的差别。同样，因两条主平行线所成的角 θ，随

着 M 点和线 g 向球心靠近会变得任意小。所以，当充分靠近球心时，即使是有两条主平行线存在，我们也几乎不能区分它们，即是说它们几乎是重合的。因而，我们就认为只有一条平行线存在。而这时的点 M 及线 g 必须离球心比较近的要求，是相对于球的半径而言的。所以，即使点 M 和线 g 离球心有相当的距离，但只要球非常大，θ 就总会是很小的，而且会变得区分不出来。因此，只要我们的地球和那个球的空间之间有上述关系，则尽管我们的地球是非欧几里得空间的一部分，我们在地球上观测的结果还是与欧几里得空间中所得的结果相同。所以，欧几里得几何学与非欧几里得几何学是一致的，并且能应用于这个空间（即那个球的非欧几里得空间）的测量，而丝毫不会产生不适合的情况，或者说即使产生了不适合的情况，我们也发现不了。故在我们能观测到的范围内，似乎完全区分不出我们是住在欧几里得空间还是住在非欧几里得空间。因此，通过构想出上述的空间我们就会明白，虽说乍一看非欧几里得几何学与我们眼见的情形不一致，但要排斥它、否定它却是不行的。

这样，若从数学的角度，可把我们居住的空间看作欧几里得空间，也可看作非欧几里得空间。而作为一个实际问题，要确定我们居住的空间到底是属于哪个空间，数学是无能为力的，这只能由天文学、物理学等自然科学来解决了。数学只是说明了，它无论作为哪种空间，在理论方面和经验方面都没有任何抵触。然而，近年来，与牛顿从物理学的角度把我们居住的空间看作欧几里得空间相反，爱因斯坦从物理学的角度把它看作非欧几里得空间（但，是看作黎曼空间），由此创立了相对论。现已知道，由相对论原理导出的力学比牛顿力学更符合天体观测的结果。这一点对数学工作者来说是极为有趣的。

三、把一般的曲线看作直线的思想

这个思想也是很自然地从第四节的思想衍生出来的，若让这种思想得以发展并应用它，特别是把它应用于展开面上的几何学、直圆柱面上的几何学、直圆锥面上的几何学等，那么，就能得出很有趣的新几何学来，并且我们一定会对一个广阔的数学领域的开拓而感到惊异。

例如，在直圆柱面上的这种几何学中，有 3 种直线：第一种是有有限长度的闭合直线，其长度皆相等，且相互平行；第二种是与欧几里得平面上的通常直线一样的直线，它们都无限长，且相互平行，并且第一种直线和第二种直线是相互正交的；第三种是长度无限并呈现螺旋形的直线。认为通常所说的直线仅仅是一种直线的人，若知道出现了这样的变态直线，以及把这样的(曲)线看作直线是正当合理的理由，一定会对今天数学的发展变迁感到惊异。

另外，在这个空间中，过这个面上的两点，一般可以引无穷多条直线；而且，连接所给两点的无穷多条线段，其长度各不相同。因而，这个空间中，直线就未必表示了两点间的最短距离。

对于直圆锥面上的这种几何学，还存在自己与自己相交，因而具有重点的那种奇怪的直线。这种几何学虽然有这样的变态直线，但是若取这空间的一个适当小的部分，则在这个范围内，它有一个令人惊异的性质，即欧几里得几何学的全部定理都成立。

在这样的数学出现之际，大概谁都会提出这样一些问题：“到底何谓直线?”“何谓几何学?”“何谓数学?”我打算在第三编的“数学的科学基础”中,对它们作初步的解答。

四、使得特异几何学、特异数系、特异运算能够出现的思想

近年来出现了很多新的几何学、数系、运算方法,它们具有很多与通常的几何学、数系、运算的观点(即通常的数学的公理、法则)不同的奇异性质,它们使得只把通常的几何学、数系、运算看作几何学、代数学的人大为惊异。而使得这些几何学、数系和运算能够成立并确保它们作为一门科学的那些思想和根据,又正好证明了人类精神活动的伟大。特别是,这些具有按常识无法想象的极为奇怪的性质的数学内容,却意外地有大量的应用,就更令人惊异了。应该说,这恰恰是展示了人类研究精神的伟大力量(我打算在第三编中对这一点作若干说明)。

第七节　高维空间的思想,二维空间、四维空间

大家都知道,我们是居住在三维空间中的。今假定在二维空间、四维空间中,住着与人类有同样理性的生物,那么,他们会建立起什么样的几何学呢?他们会有些什么观念呢?在他们的空间中,会发生什么与我们的空间中不同的现象呢?这里,我仅举几个简单的例子,权作想象那种空间的面貌的材料吧!

今设二维空间(面)中有一圆形的线作为障碍物,其内有个生物,他不可能越过这个障碍物而走到外边去。这时,若不是二维空间而是三维空间,则圆内生物不穿过圆周,就能经无穷多条道路(三维空间中的道路)从圆内任一点 B 到圆外任一点 A 了。即是

说，在二维空间做不到的事，在三维空间中却能很容易地做到。类似地，在三维空间中，球内的人不可能不通过球面而到球外来。但若在四维空间中，却可以不通过球面而经由无穷多条别的道路，走到球外（当然，可以从数学上证明这一点）。

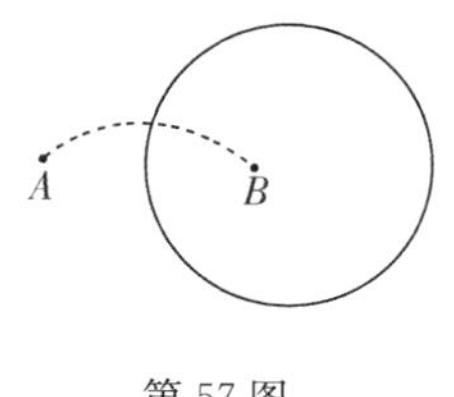

第57图

由此推知，四维空间中的生物，应能不打破箱子就可取出置于密闭箱内的东西。如果阅读有关四维空间的书籍，定能看到四维空间中的各种各样有趣的事情，这在我们的三维空间中是绝不可能发生的。

通常的几何学教科书中都有这样一个定理："若两个三角形的两边及夹角相等，则这两个三角形全等。"但在二维空间中却不得不除掉这个定理，或者至少得附加某种条件，即相等的两边及夹角的位置顺序相反时，上述定理不成立。这是因为，这样两个三角形在平面内无论怎样运动也不能重合，而在三维空间中，要把三角形翻一面后，它们才能重合。在一般的教科书中，是用使它们重合的方法来证明这个定理的，所以这是在默认了所论的空间是三维空间这一条件下作出的证明。在只把平面作为整个空间的几何学中，这种证明是行不通的。希尔伯特在他著名的《几何基础》一书中，把这个定理作为公理，他证明了，由平面几何的其他公理不能证出这个定理。

于是，既然这个基本的定理受到了限制，那么不用说，由它导出的许多定理在形式和内容上都一定会因此而发生一些变化。

像这样，在二维空间中不能证明的命题，在三维空间中却能证明；由此推想，在三维空间中不能证明的某些命题，能在四维空间中得到证明。所以,可以想象在维数不同的空间中建立几何学时,会产生种种不同的事项,而且应能把这些应用到其他学科的研究中去。

第八节　超穷数的思想

在无限的世界中建立起来的严密的数学　在以往的数学中,一般用到的无穷大(如下述)与我们想象的"通常的数"在本质上完全不同。毋宁说无穷大不是数,而是变量的一种变化状态。

当变量 x 具有能比任何有限数都大的性质时,就称"该 x 的极限是无穷大"。

本来,人们能在其中正确地进行思考的范围是有限的。虽然口头上说是无限,却难以抓住其实质。然而,康托尔却在这种无限的世界中考虑称为超穷数(即超越了有限的数的意思)那样的数,并以数学的严密性和正确性,详细论证了存在无穷多个大小不同的超穷数,同时还详细地讨论了这种超穷数具有什么性质,以及与通常的有限数的根本性质相比较,它们有什么相同的性质,有什么不同的性质,等等。他在无限的世界中建立起了一种严密的数学,把我们的思想扩张到了这个无限的世界。

这种超穷思想的根本是对应和对等(等价)的概念。只要稍微深入地考察一下就会看到,它也包含着我们想象不到的种种令人惊异的现象。下面,仅举一两个这方面的例子。

首先,将两个有限集合,比如 5 个梨子和 5 个橘子的集合对比,无论让哪个梨子和哪个橘子对应,即无论对应的物品和对应的方法怎样变化,总是不多不少地恰好彼此一个对应一个。而若取

5个梨子和6个橘子，则无论怎样变化对应方法，总要剩下一个橘子。所以，对有限集合来说，不管对应方法如何，元素多的集合总是多，而元素相等时则总是相等。

然而，对无穷集合来说却未必如此了，即是说，由于对应方法不同，会出现种种意想不到的事情。例如，1cm长的甲线段上的点和2cm长乙线段上的点，都有无穷多个。第一，若把1cm长的线段重叠到2cm长的线段上(让两者的一个端点相互重合)，并让它们相互重叠的点相对应，则立刻可知2cm长的线段上还剩下1cm长的线段没有被重叠上，这1cm长的线段上的全部点，都是乙比甲线段多的点。可是，第二，若如第58图，连接甲、乙两线段的A，C点所成的直线，与连接B，D点所成的直线交于M，对AB上的任一点P，让MP与CD的交点Q与它对应，而对CD上的任一点Q'，让MQ'与AB的交点P'与之对应。这样，我们看到，线段AB和CD(即甲和乙)上的点之间是一一对应的，不多也不少，即是说，我们看到了1cm长的线段和2cm长的线段上的点之间是一一对应的、不多也不少这样一种奇怪的现象。

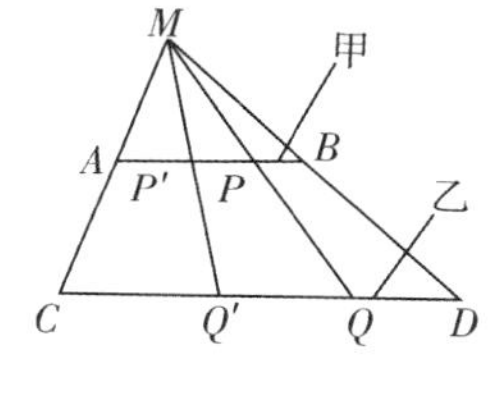

第58图

第三，若在线段AB上取一点B'，设直线AC和直线$B'D$的交点为M，那么，与前述的"第二"一样，作为线段AB的一部分的AB'上的点与线段CD的点之间可构成一一对应，不多也不少。于是我们看到了，比乙线段短的甲线段上，有比乙线段还要多的点，多出的这部分就是线段BB'上的点。即是说，若依这种对应方法，短的线段上的点比长的线段上的点多得多。从而，如上所

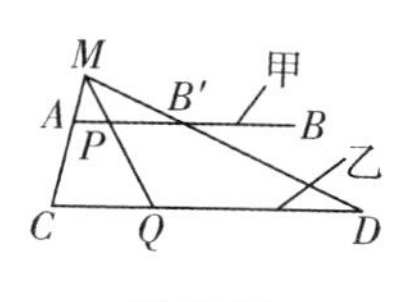

第59图

述，由于对应方法不同，可以说甲的点比乙的点少，也可以说甲的点比乙的点多，还可以说甲的点与乙的点一样多。因此，我们要想确定两个集合点数的相等与多少关系，就必须先确立一种规则。这时，常用如下的规则。

“无论用什么方法，只要两个集合的元素之间能建立起一一对应，那么就称这两个集合的超穷数相等。若无论用什么方法都不能在两个集合之间建立起一一对应，并且甲集合的元素总比乙集合多，那么就称甲集合的超穷数比乙集合的超穷数大，乙集合的超穷数比甲集合的超穷数小。”

按照这个定义，甲线段上的点的超穷数与乙线段上的点的超穷数相等。

若我们再进一步研究图形的点的对应，就会看到下述那种令人惊异的事情。其大要如在第二节“传统思想与数学进步的关系”中所述，1cm 长的线段上的点，能与全宇宙的一切点之间建立起一一对应，故 1cm 长的线段上的点的超穷数与整个宇宙中的点的超穷数相等。不仅如此，康托尔还证明了，具有比全宇宙的点的集合的超穷数还大的超穷数的集合存在，并且还证明了对任一无穷集合 M，都可以作出具有更大超穷数的集合来。从而，就可以知道，有无穷多个大小不同的超穷数。在这里我们看到了，显然，研究超穷数的道路已经打开。

大概我们都已明白了，上述的非欧几里得空间也好，超穷数的世界也好，高维空间也好，都明显地扩张了我们的思想范围，为我们提供了研究的辅助资料。

第九节　数学家头脑中的空间

通过上面的叙述，也许懂得了，在数学家的头脑中，存在着本质各异的许多种几何学、分析学以及与此对应的许多空间。在一般人的头脑中只有唯一的现实空间，与此相对的是，在数学家的头脑中却展现出丰富的、呈现着各种各样令人惊异的珍奇现象的空间。这足以使人想象，数学家居住的空间该是多么广阔、多么深邃、多么美妙。我以为，想到庞加莱之所谓"合于数学家想法的新奇数学越是脱离社会实际，就越是表明人类精神能达到什么水平的好范例"，数学家就不能不感到极大的幸福。另外，法国诗人诺瓦利斯也曾高唱"纯数学是一门科学，同时也是一门艺术"。并且还说，"既是科学家同时又是艺术家的数学工作者，是大地上唯一的幸运儿"。对于诗人这些道出了真实情况的赞誉，我要表示一个数学工作者的谢意。

为了说明这些话的真实性，下面，我再叙述数学的神秘性及其隐藏着的美。

第十节　数学的神秘性和数学的美

一、在千变万化之中确实存在的万世不变的数学理论的特征

以大家都承认其正确性的极少几个公理为基础，并以人人都具有的逻辑思维导出的所谓数学，就是发现并论证在形状、大小、位置千变万化的几何图形以及大小不同的无穷多的数中所存在的共通的确定不变的规律，并将它们整理成定理、法则的形式。

与此相对，宗教的根本特性在于相信在变化莫测的人生中，存在一个至高无上、万古不变的主宰（信仰者称之为神或者佛或者上天），皈依于他，与他融合为一体，企图以此来解脱尘世的悲、愁、忧、苦。而这个神佛的种种属性中，最根本的是在无穷无尽的千变万化之中俨然存在的万古不变的形象。然而，仅仅是由于一种信仰，才能信了他的存在，所以，不用说，有很多人是不相信这一点的。而数学却不同，它不是以信仰而是用严格的论证证明了在千变万化的现象中，确实存在以万古不变的面貌出现的规律，所以，任何人都不得不承认它。这里，我们以几个浅近的例子说明之。

且看几何图形中最简单的一种图形——三角形。三角形的大小是千差万别的，形状和位置也是千差万别的，并且一个一个的内角的大小也是千差万别的。在这样的千差万别无穷变化之中，存在所有三角形共同具有的万古不变的性质，这就是“三角形内角和是确定不变的，任一三角形的内角和都为 180°”。这个性质，无论经过多少亿年以后，任取一个三角形来，都是满足的，不会变化。我以为，只有这样的性质，才使得具有该性质的“事物”是高贵的、有尊严的。不仅如此，这个 180°的角是无穷多个角中最特殊的一个，即它的两边在同一直线上（其余的角的两边，都在不同的两条直线上）。而直线是无穷多种线中最简单、最整齐的一种线，是讨论其他各种线的性质的基础。所以，所有三角形的内角和是固定不变的，并且还等于具有上述性质的角。

若把这些事实深深地铭刻在头脑中，并综合地考虑所有的事项，那么，难道还不会感到，就连三角形这样的简单图形，其性质中也隐藏着某种神秘的东西吗？当然，这要看我们用什么眼光来看待事物了。

这里，我顺便再加一个例子。我们考察所有的凸多边形时，定会看到，不管其大小、形状、位置、内角、外角各自怎样千差万别，但“凸多边形的外角和等于 4 直角（即 360°）”是一确定不变的性质，这不也是值得惊叹的吗？这个 360°的角有这样一个特征，即其大小等于射线绕端点转动一周所得的角。

如此看来，三角形的 3 个外角的和与 1 000 边形的 1 000 个外角的和都一样大，不管各图形的形状、大小、位置怎样千变万化，它们的（外角）大小之和都等于绕一点转动了一周的角的大小。这不是实在有点不可思议吗？至少，不是存在着足以触动我们感情的某种东西吗？

像这样看起来，似乎无论在数学的哪一个方面，都会有能打动我们神秘的美感的东西。例如，所有三角形内角和都相等，都等于 2 直角（180°）；与此类似，所有凸四边形的内角和也都相等，且都等于 4 直角（360°）；同样，任何凸五边形的内角和也都相等，且都等于 6 直角（540°）。

边数相同的任何凸多边形，内角和都相等。而若边数不同，则内角和的大小就会像 2 直角、4 直角、6 直角……那样地表现出不同，但其不同并不是无规则可循的，凸多边形的所有内角和，不管边数多少，都满足下述定理：

凸多边形的内角和，等于边数的 2 倍乘以直角，再减去 4 直角。

按这个定理，可立刻知道任一个凸多边形的内角和。例如凸 1 000 边形的内角和为（2×1 000－4）直角。这个定理在所有教科书中都有记载，也不难证明。这里，我只是希望能注意到这样一件事，即，存在着贯穿于形状、大小、位置等千变万化的无穷多的凸多边形中的固定不变的规律。因我自己是被深深地打动了，所以我要以激动的心情，极力宣扬这种在千差万别中存在着万世不变的法则的事实，宣扬数学证明了这种存在、证明了这些法则，使大家都承认它的正确性。

二、极其复杂的运算结果得到最简单的数 1

（ⅰ）对于著名的欧拉公式 $e^{-2\pi i}=1$，若仅仅把它看成一个数学表达式，就不会引起对它的任何兴趣；但若考察一下表示了这个关系的要素和运算的性质，就不能不惊异这个关系的高度的神秘性和极度的不可思议。e 是理论上常用到的对数（自然对数）的底，π 是圆周率，它们都是很重要的数，而且都是很重要的超越数。另外，1 是实数中最基本的一个数，1 和 i 是复数的最基本的单位，而 2 是紧接在 1 后面的一个原始的数，像这样一些构成数学的基础并在数学中有重要意义的数 1，2，e，π，i 之间，有表达式如此简单的关系式存在，不是真有点不可思议吗？

从另一面来看，π 是 3.141 59…，e 是 2.718 28…，都是由无限不循环小数构成的超越数，而负数 −2 和虚数 i 是人类最具有想象力的许多伟大数学家在几百年中都未能抓住其实质的“奇异”的数，把这个 −2，i 和 π 的积作为 e 的指数的幂，实在应该说是对复杂奇怪的数施行了复杂奇怪的运算。试问，其结果到底等于什么呢？令人非常惊奇的是，这个结果是最简单、最原始的数 1。

于是，如果全部用数字写出 $e^{-2\pi i}=1$，则为

$$(2.718\cdots)^{-2\times 3.141\,59\cdots\times\sqrt{-1}}=1。$$

在看到了这一点之后，我们还能不惊异于数学的神秘性吗？

还能不感叹发现、说明、论证了这类事实的人类精神的伟大吗？

（ⅱ）$\int_0^{\infty} e^{-x} dx = 1$。

这个积分也是经过复杂运算，结果得到一个最简单的数的好范例。从这个例子，我们也能感觉到，人们千方百计创造出的幂运算、积分运算与 0，1，∞ 这些基本的数之间潜藏着某种神秘的关系。

在这个积分中，x 取 0 与∞之间的一切数，从而，在 x 的取值范围中，像 $x=5.2918\cdots$这样的无理数是无限地、稠密地存在着的。以这样的数为指数的幂，即

$$e^{-5.2918\cdots}=(2.71828\cdots)^{-5.2918\cdots},$$

运算是极其复杂和非常困难的。另外，这个积分还可写作

$$\int_0^{\infty} e^{-x} dx = \lim_{\Delta x \to 0} \{ e^{-\alpha_0 \Delta x} + e^{-\alpha_1 \Delta x} + \cdots \} (\alpha_0, \alpha_1, \cdots, \text{一直到} \infty),$$

这也是极为复杂的。

像这样，经过极其复杂的运算，结果却得到最简单、最重要的数 1，这对于想要究明事物内部奥秘的人来说，确实是极为有趣的。

若以上述的眼光来看数学，则映入我眼帘的几乎都是带有神秘色彩的智慧的艺术品。

三、看起来全然无关的事物之间潜藏着数学上的同一的关系

第一个例子。在前面讨论过的连续点集合中，曾把具有某种特殊性质的两点称为连续点集合的主点对。我们可以用这个点对把连续点集合分成如下 3 类：

第一，根本没有这样的主点对的连续点集合；

第二，有一组且仅有一组这样的主点对的连续点集合；

第三，有无穷多组这样的主点对的连续点集合。

这时，不存在只有 2 组、3 组……主点对的连续点集合。因为，可以证明，有 2 组或 2 组以上的主点对的连续点集合，必有无穷多组主点对。

众所周知，按过一点能引已知直线的平行线的条数，可把几何学分为 3 类：

第一，过所给的点，与已知直线平行的直线一条也不能引出的几何学——黎曼几何学；

第二，过所给的点，能引一条且只能引一条已知直线的平行线的几何学——欧几里得几何学；

第三，过所给点，能引无穷多条已知直线的平行线的几何学——罗巴切夫斯基几何学。

这时，不存在仅能引 2 条、3 条……平行线的几何学。因为，可以证明，在能引 2 条平行线的几何学中，必能引出无穷多条平行线来。

像这样，一方是连续点集合，另一方是几何学，两者没有什么关系。然而，关于主点对和平行线，两者却有完全一致的关系。

第二个例子，我曾对相等和不等的公理组作过详细研究，发现了其中也存在有趣的关系，故拟在此作一简述。

有关相等、大小的 29 种公理组（这样的公理组有 29 种且仅限于 29 种），在其形式上呈现出整齐和谐，令人感到很美。此外，在公理组的相互关系上，很多地方是美与真兼而有之。特别是对特异公理组的研究，我发现了，这当中出现的 3 种公理组与欧几里得、黎曼、罗巴切夫斯基 3 种几何学之间有着明显的联系。另外，由相等、大小的公理组确定了顺序的集合，在元素的分类与连续点集合的元素(点)的分类之间,也发现了有同性质、同形式的密切关系。而一旦发现了乍一看似乎全然无关的事物之间,进而在法则定理与法则定理之间隐藏着的这种密切不可分的关系,我们就不能不为之而深深感动。

对此,我曾抒发过如下感慨。

在变幻无穷的宇宙中,存在着确定不变的法则、规律;在具有千姿百态的宇宙万物之间,实际存在着超越了这种差别的万古不变的性质;进而,在这许多不变的法则、性质中间,在表面上看来完全无关的法则、性质之间,隐藏着密不可分的关系。看到了这一点,我们也就不能不惊叹宇宙万物的神秘了。正是通过宇宙万物中潜藏着的这种令人惊叹的神秘关系,我们才在心灵深处感受到了真正的神的形象、美的本质、艺术的芬芳。正是在科学的深处,我们才发现了宗教的、艺术的本质,从而就压抑不住对宗教、艺术和科学的兴趣了。这时,我们才从心底感到无比喜悦,并情不自禁地使人类理性得以发扬。

四、数学的美

在有关数学理论、图形的研究中,只要我们注意到这个方面,那么无论在公式、定理,还是在法则中,我们到处可以感触到数学的美。而且我认为数学美可以分为形态美和神秘美。

在数学中,在数学理论、图形之中或者数学理论和图形的相互关系之中,到处可见表现了这些关系的定理和公式所呈现出来的简单、整齐、对称、谐和的美。这种美可称为形态美。

关于它的神秘美,我们前面已经作了若干叙述。发现在数学中深深地潜藏着的美,从科学深处发现看起来不同的事物在本质上的一致性、看起来无关的事物间深刻的联系、极其复杂的运算的结果为一最简单最原始的数等，就自然而然会在心中萌生一种由神秘感所激发的快乐美好的感情。我实在形容不出陶醉在这种神秘美中的心理状态来。总之，我认为数学的形态美，视觉的因素相当强，而神秘美是由内心深处来体验的，即心理因素非常强。

法国大科学家庞加莱曾说过："能够作出数学发现的人，是具有感受数学中的秩序、和谐、对称、整齐和神秘美等能力的人，而且只限于这种人。"因而可以说，促使能够感受数学美的心力得以发展，对人类发现能力的发展关系甚大。因此，教育工作者在对学生进行教育时，应该十分注意培养和发展学生感受数学美的能力。

为此，下面举几个初等的例子，以增强实感。

1. 直线上的点列和 3 类几何学的全体构成连续的一一对应

直线上的点全体能与实数的全体构成一一对应(连续的对应)，这是大家熟知的(即只要以直线上的任意一点为原点，并让它与 0 对应，让此点左边的点连续地与负实数对应，右边的点连续地与正实数对应便可)。

另外，3 类几何学都有代表了这些几何学的常数(characteristic constant，特征常数)，而由每一个这样的常数就决定了一种几何学。据此可以知道，当这个常数是 0 时，就为欧几里得几何学；常数为负数时，就为罗巴切夫斯基几何学；常数为正数时，就为黎曼几何学，并且一个常数对应一种几何学。于是，我们就能在全体实数和 3 类几何学的全体以及直线上点的全体之间，建立起连续的一一对应。像这样，表面上看起来无关的这 3 种事物的集合，存在着这种密切的关系。我想，这足以使探究事物之间内在联系的人非常感兴趣。

某一部分是彼此矛盾的这 3 类几何学，看起来是完全不同种类的几何学，孰料它们相辅相成，构成了一大几何学系统，任少一个，完整的系统就会产生缺陷。尤其是从古至今也许直到遥远的将来都是我们最常用的欧几里得几何学，只不过占据了这个系统的唯一一点，这确实是未曾想到的。看到科学发展到如此壮观的水平，对促成了这种发展的伟大的人类精神，不能不肃然起敬。

2. 自然数的得出以及它奇特整齐的性质

我们看到，即使在有关自然数的初等数学中，也存在种种令人惊叹的性质。本来，自然数就是像下述那样得出的：1 加上 1，取名为 2，2 加上 1，取名为 3……它是计数物品的一种方便的手段。但它却表现出种种意想不到的有趣的性质和关系，这使我们感到极有兴味的同时，还使我们产生了不可思议的感觉（并不是在构造自然数时使之具有所说的性质，而是偶然地具有有趣的、美的、令人惊异的种种性质。这特别吸引人）。

那个很多人都熟知的幻方，就是把从 1 到 9 的自然数，像右边那样排列起来，不管是把它按横排还是纵列相加，或者按对角线的方向相加，都得同一个数 15。请看，这不是表现出了似乎不可思议的性质吗？

8	1	6
3	5	7
4	9	2

另外，下面的数列是把自然数排列成等边三角形和正方形，它们之间也表现出很有趣的关系，亦令人感叹不已。

（ⅰ）

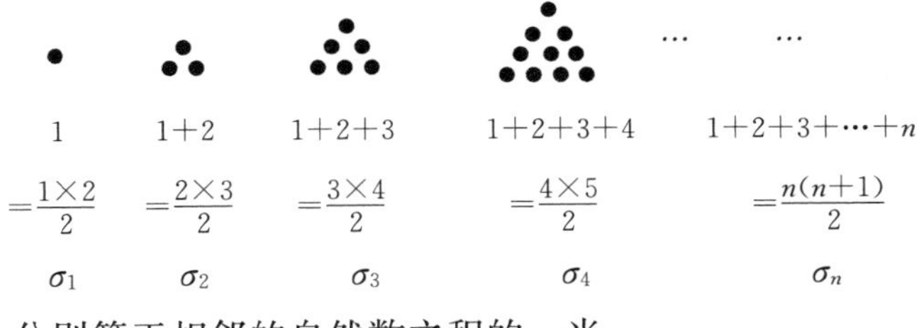

分别等于相邻的自然数之积的一半。

（ⅱ）

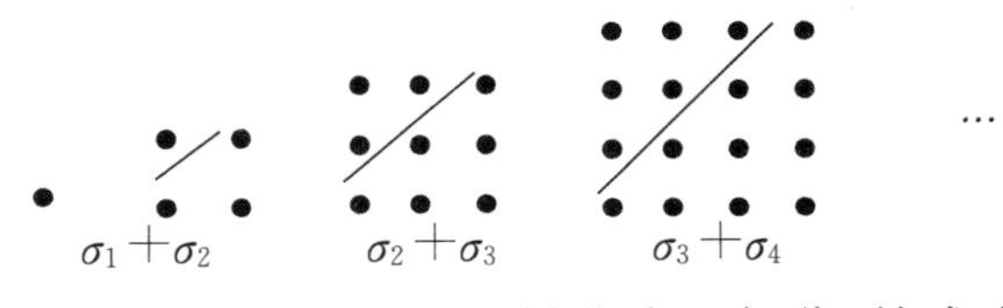

若把这些正方形像上面那样分成两部分，就成为两个等腰三角形。从而，每边有 n 个点的正方形，就由相邻的两个等腰三角形 σ_{n-1} 与 σ_n 的和组成，并且，上述（ⅰ），（ⅱ）的数的 n 项和分别如下：

（ⅰ）$\frac{1\times 2}{2}+\frac{2\times 3}{2}+\frac{3\times 4}{2}+\cdots+\frac{n\times(n+1)}{2}$

$$=\frac{1}{2}[1\times 2+2\times 3+3\times 4+\cdots+n\times(n+1)]$$

$$=\frac{1}{6}n(n+1)(n+2);$$

（ⅱ）$1^2+2^2+3^2+\cdots+n^2=\frac{1}{6}n(n+1)(2n+1)$

$$=\frac{1}{6}[n(n+1)(n+2)+(n-1)n(n+1)]。$$

这里，顺便再举几个有很美的级数和形式的例子。

$1\times 2\times 3+2\times 3\times 4+\cdots+n(n+1)(n+2)$

$$=\frac{1}{4}n(n+1)(n+2)(n+3);$$

$$1\times2\times3\times4+2\times3\times4\times5+\cdots+n(n+1)(n+2)(n+3)$$

$$=\frac{1}{5}n(n+1)(n+2)(n+3)(n+4);$$

$$1^3+2^3+3^3+\cdots+n^3=(1+2+3+\cdots+n)^2$$

$$=\frac{1}{4}n^2(n+1)^2;$$

$$\frac{1}{1}+\frac{1}{1+2}+\frac{1}{1+2+3}+\cdots+\frac{1}{1+2+3+\cdots+n}$$

$$=2\left(1-\frac{1}{n+1}\right),$$

从而 $S_\infty=2$(S_m：m 项的和)。

3. 在三角学中被认为是特别美的几个公式

三角学里有关三角形和圆的边及角的公式中，本来具备简单、整齐、和谐美等要素者就极多，下面举出一些来。

a,b,c 表示三角形的 3 条边；A,B,C 表示三角形的 3 个内角；

R 表示三角形外接圆的半径；

r_1,r_2,r_3 表示 3 个旁切圆的半径；

A_0 表示三角形内接圆的面积，A_1,A_2,A_3 表示 3 个旁切圆的面积；

r 表示内切圆半径。

（ⅰ）$\sin 2A+\sin 2B+\sin 2C=4\sin A\sin B\sin C$；

（ⅱ）$\frac{1}{\sqrt{A_0}}=\frac{1}{\sqrt{A_1}}+\frac{1}{\sqrt{A_2}}+\frac{1}{\sqrt{A_3}}$；

（ⅲ）$\frac{a}{\sin A}=\frac{b}{\sin B}=\frac{c}{\sin C}$；

（ⅳ）$r_1r_2r_3=r^2\cot^2\frac{A}{2}\cot^2\frac{B}{2}\cot^2\frac{C}{2}$；

（ⅴ）$S=\sqrt{s(s-a)(s-b)(s-c)}$

$\left(S\text{：三角形面积，}s=\frac{a+b+c}{2}\right)$；

（ⅵ）$S_1=\sqrt{(s-a)(s-b)(s-c)(s-d)}$

（S_1：圆内接四边形的面积，a,b,c,d：四边形的边长，

$s=\frac{a+b+c+d}{2}$）；

（ⅶ）$r=\frac{s}{S}$，$r=(s-a)\tan\frac{A}{2}=(s-b)\tan\frac{B}{2}$

$=(s-c)\tan\frac{C}{2}$；

（ⅷ）$2r+2R=a\cot A+b\cot B+c\cot C$；

（ⅸ）$\tan A\tan 2A\tan 3A=\tan 3A-\tan 2A-\tan A$；

（ⅹ）$a\cos A+b\cos B+c\cos C=4R\sin A\sin B\sin C$；等等。

如前所述，数学所讨论的宇宙，远比现实的所谓宇宙宏伟雄大；通常所说的宇宙只是三维空间，而数学则建立起了仅把三维空间作为一部分的四维空间、五维空间直至 n 维空间。而且，集合论的超穷数的空间，远远超过了通常的无穷大的空间，它们都远比我们现实的宇宙更具有庄严美、雄伟美。数学是一座远远地超越了我们想象的无比华丽的宫殿，站在这个无比庄严、宏伟的宇宙中的数学家们，以崇敬赞叹的目光远眺着它的壮观、它的美妙。若庞加莱的观点是正确的，那么他们（数学家们）是能够感受到这种数学美、宇宙美的人，所以，他们可以被称为爱因斯坦所谓的有宇宙宗教性的人。

结论　总之,数学工作者以严密伟大的精神开拓了无限深远广大的思想的空间,他们在其中寻求自己信念的满足和人间的真正幸福。亚里士多德曾说过:“人间最高的幸福,只有在人的意念深处才能找到。”应该说数学家享有获取这种最高幸福的荣誉是当之无愧的。我们从事数学研究的人,在人生中无论贫苦与否,只要矢志不渝地在这条研究的道路上走下去,恐怕给予神的荣誉、真正的幸福就要归于我们这些凡人了。

第三章　整个数学中使用着的重要的研究方法、证明方法

第一节　研究方法、证明方法

研究数学、发现数学的新事项，从而把数学推向前进的方法，以及学生解决数学问题或者用于寻求数学问题的具体证明方法的方法，是因研究内容不同、问题不同而千差万别的，若要一一细分，就会有无穷多种。然而，一项伟大的数学研究得以完成，与其说是遵照这样的方法达到的，不如说大多是经过长时期的深思熟虑后，才得到应称为“灵感”的一种神秘的发现启示，并基于由此所得出的一种构思而完成的。有关数学研究、数学发现的这种精神活动的状态、构思、着眼点的依据，我打算在第二编中详述。这里只想略述与它们有关的最平常但却是最有效的方法。这是最深最广地贯穿到整个数学中、到处都在使用着的方法，但在一般的书中，都仅仅是叙述了由上述精神及方法所得的结果，所以很多人都没有注意到这种方法。

一、在学校的数学教学中，找出对学生所提出的问题的解决方法或证明方法的方针、方法

这就是：要联想与问题所给的条件和问题要求的事项（即假设

和结论)密切相关的已知定理、法则,并把问题归结于这些已知的定理和法则。一定要锻炼这种思考方法。这好像是再自然不过的了,不值一提。但若我们刨根问底地找一找解决数学问题的方针,那么就会知道,最后就要归结为这个极为平凡的人类的精神活动的法则。这里,我举出发现初等几何、初等代数的定理和法则的例子,来说明本法则的应用。

1. 初等几何学定理的发现

圆内接四边形的相对角的大小之间有什么关系呢?

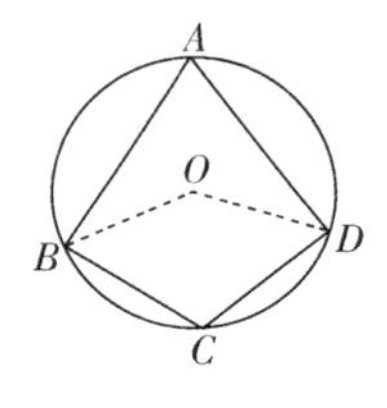

第 60 图

作为发现这个关系的初等方法之一,可以以实测为基础,大致作出一个推测,然后从理论上证明这个推测是正确的。但若应用上述那种思考方法,那么,圆内接四边形对角间的大小关系问题,就归结为找出圆周角的大小关系。所以,就联想到已学过的定理中,关于圆周角大小的定理。然而,只要想一想有关内容就会知道,无论哪本中学教科书中,已学过的与此有关的定理只有一个,即“圆周角等于同弧上的圆心角的$\frac{1}{2}$”。故很自然,为了作出圆心角,必然要引两条辅助线 BO 和 DO。这样一来,利用上述的已知定理,即得

$$\angle A=\frac{1}{2}\angle BOD(\text{劣角}),\angle C=\frac{1}{2}\angle BOD(\text{优角})。$$

从而,可立即发现关系

$$\begin{aligned}\angle A+\angle C&=\frac{1}{2}(\text{劣角 }BOD+\text{优角 }BOD)\\&=\frac{1}{2}\cdot 4\text{ 直角}=2\text{ 直角}。\end{aligned}$$

即,所求的关系为:

"圆内接四边形的相对角之和为一定值——2 直角。"

换言之,"圆内接四边形的两对角互为补角"。

这样,运用这种方法,在发现新定理的同时,还可得到另外的好处,即发现了它的证明方法,得到了引出两条辅助线的很自然的途径的启示。

2. 诸种方程解法的发现

为了利用本方法去发现诸种方程的解法,我们首先求出最简单的一元一次方程的解(这立刻就能求出),然后,**采取设法将其他方程都归结为一元一次方程的方针**即可。

即是说,第一,要想找到二元一次方程组的解法,根据把它归结为一元一次方程这个大原则,就须把两个变元化为一个变元,于是立即就会产生"消去一个变元"的想法。进而,从简单且适当的实例(例如 $x+3y=5$,$x+5y=7$ 之类)中受到启发,很容易发现加减法、代入法等实际消元的方法。接着就会发现,对三元、四元……方程组,可用消元法逐一消元,依次归结为……三元、二元、一元方程来解。

第二,要想找出分式方程的解法,根据设法把它归结为已知的整式方程来解的大原则,必须把分式化为整式,于是会立即有去分母的想法。

第三,要想找出二次方程的解法,根据把它归结为一次方程的解法这个大原则,为了把二次式化为一次式,就一定会有把二次(一般地高次式)分解为一次式乘积的想法。

第四,要想找出无理方程的解法,则根据把它归结为有理方程的解法这个大原则,必须要将无理式有理化,于是,会有乘方若干次将根号去掉的想法。

由上面的例子，我们可以看到，对发现解决问题的方法、发现事物与事物之间存在的关系、发现证明方法等，本原则、本方针具有很大的效力。

二、在解决一般问题之际，一般问题包含了多种情形时的解决方法

在解决一个一般问题时，若其讨论、证明能用一个完全一样的方法完成，当然就用一个方法。但若这个问题包含了种种情形，并且不同的情形必须采用不同考察、研究方法时，往往要用到下述那个很平凡的方法，并且屡屡有效。

原则　首先解决最简单的情形，然后用把复杂情形、一般情形归结为这个最简情形的方针来解决复杂情形、一般情形。

1. 初等几何定理及其证明方法的发现

我把上述原则运用于初等几何学定理的发现及其证明方法的发现，以具体地说明我的意思。

问题　圆周角的大小与对应的（即同弧上的）圆心角的大小之间有什么关系吗？如果有，请找出这种关系来。

这个问题，在第一章第二节第五小节“统一建设的精神”中已引用过。但在这里它也是一个合适的例子，故这里再从另一种观点略述它。

这个问题出现了几种不同的情形，难以用同一方法来处理。故若首先以圆心的位置与圆周角的关系为标准，看看能够发生的全部情形有哪些，则得如下 3 种：

（ⅰ）圆心在圆周角的一边上；

（ⅱ）圆心在圆周角内；

（ⅲ）圆心在圆周角外。

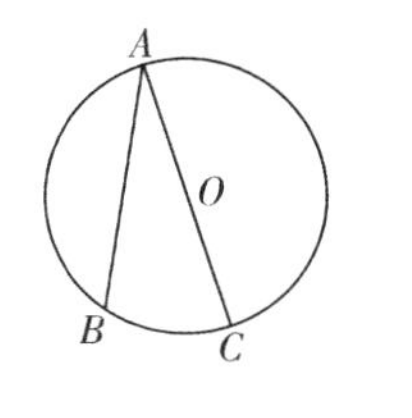

第 61 图

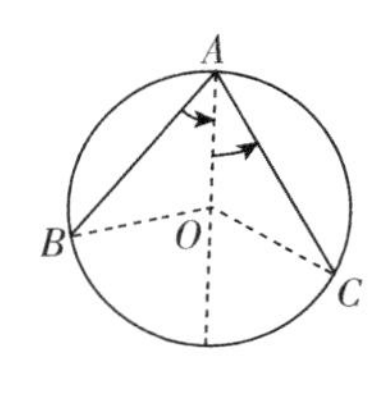

第 62 图

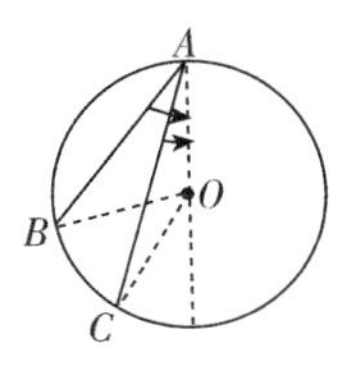

第 63 图

这时，按上述原则，首先解决最简单的情形（ⅰ）（因其简单，故可立即解决，得同弧上的圆心角是圆周角的 2 倍）。然后，在考虑情形（ⅱ）时，再根据这个原则，设法将它归结为（ⅰ）的情形。而因为情形（ⅰ）时，圆周角一边要过圆心，故为了在情形（ⅱ）时也合于这一点，自然就会导致“只要作连接 A，O 的辅助线即可”的想法。只要引出这样一条辅助线，（ⅱ）就归结为两个（ⅰ）的情形，这时就能立即解决本问题。我们知道，这时，也有与情形（ⅰ）同样的关系成立。最后，从图上看，情形（ⅲ）似乎显得与情形（ⅰ）或（ⅱ）很不相同，但从本质上看，（ⅱ）和（ⅲ）仅仅是圆心的位置在角内与角外的差别。故不管图如何，都可按照在这类情况常用的处理方针，用与（ⅱ）完全一样的思想、方法，把它（即（ⅲ））归结为（ⅰ）的情形。并且不难明白，结果与情形（ⅰ），（ⅱ）的一样。于是，遵照上述原则，就导致很自然、很简明地发现了如下定理。

定理　圆周角等于同弧上的圆心角的$\frac{1}{2}$。

按照这种方法，还有另一个优点，即，能找到作出完成证明所需要的辅助线这样一种最自然的途径。

2. 对高等数学的应用，复变函数的级数展开法的研究及其发现

为把复变函数展开成级数，作为第一步，首先考虑 $f(z)$ 的正

则区域的最简情形(即单连通域),由此,正如一般书中所述的那样,得泰勒级数:

$$f(z)=a_0+a_1z+a_2z^2+\cdots。$$

其次,作为第二步,考虑 $f(z)$ 的正则区域为两个同心圆围成的复连通域的情形。这时,解决它的思想方针就是设法使它归结为第一步的情形,即设法使这时的环状区域变为前面所述的单连通域,这只要用两条直线把两个圆周连接起来即可。然后,把与泰勒级数相同的考虑,施于这种情形,便可得第二种情形的泰勒级数,即洛朗级数:

$$f(z)=\cdots+a_{-3}z^{-3}+a_{-2}z^{-2}+a_{-1}z^{-1}+a_0+a_1z+a_2z^2+\cdots。$$

再次,作为第三步,取 $f(z)$ 的正则区域为两条平行线所围成的带状区域。解决它的方针,就是设法把这种情形归结为已知的第二步的情形,即要想法(用适当的变换)使这个带状区域归结为第二步中环状区域的情形,由此,再利用第二步的结果。这样,我们就可得周期函数的傅里叶级数展开:

$$f(z)=\sum_{m=-\infty}^{\infty}a_m e^{m\frac{2\pi iz}{\omega}}=b_0+b_1\cos\frac{2\pi z}{\omega}+b_2\cos 2\frac{2\pi z}{\omega}$$

$$+\cdots+i\left\{c_1\sin\frac{2\pi z}{\omega}+c_2\sin 2\frac{2\pi z}{\omega}+\cdots\right\}。$$

即使对这样高深的问题,研究事物的方法也是一样的,即首先解决最简单的情形,而对于有关的复杂情形,则是设法把它归结为已解决了的情形,再利用已知的结果,这样一步步地解决。这个很浅显但很有力的解决问题的方针、研究方针,下自初等数学,上至高等数学,常常被用到并且总是奏效。我以为,每当我们追忆先人伟业之时,应当深省贯穿于使他们成就了这些辉煌业绩的精神、思想和方法的根底中的精髓,从中努力吸取我们去开拓未知领域所需要的养料。

三、先解决两三种最简单的情形，对它们进行综合概括，再去解决全部情形的方法

另外，当有很多情形发生时，开始只解决两三种简单的特殊情形，然后把它们综合起来，从而解决一般情形、全部情形的方法，也是常用的有效方法。下面举两个这方面的例子。

1. 复变量线性函数的几何意义的研究

我们首先说明复变量 Z 的线性函数

$$Z=f(z)=\frac{az+b}{cz+d}\qquad(ad-bc\neq0)^{*}\qquad ①$$

(其中 a,b,c,d,z 是复数)的几何意义。

今在上式中以 $x+y\mathrm{i}$ 取代 z，分别以 $a_1+a_2\mathrm{i}$，$b_1+b_2\mathrm{i}$，$c_1+c_2\mathrm{i}$，$d_1+d_2\mathrm{i}$ 取代 a,b,c,d，并整理，则上式变为

$$Z=\varphi(x,y)+\mathrm{i}\psi(x,y),$$

其中 φ,ψ 是 x,y 的有理函数。这时，若令 $X=\varphi(x,y)$，$Y=\psi(x,y)$，则与自变量 $z=x+\mathrm{i}y$ 对应的函数值就为 $Z=X+\mathrm{i}Y$。这时，我们的讨论题目就是：要用几何方式表示出自变量 $z=x+\mathrm{i}y$ 与函数 $Z=X+\mathrm{i}Y$ 的关系。换言之，在以 (x,y) 为坐标的点描绘了某个图形时，以与 (x,y) 对应的 (X,Y) 为坐标的点究竟会描绘出一个什么样的图形？这就是我们面临的课题。

---

* 若 $ad-bc=0$，则 $f(z)=\dfrac{a\left(z+\dfrac{b}{a}\right)}{c\left(z+\dfrac{d}{c}\right)}=\dfrac{a}{c}=$ 常数。我们不讨论这种情形，故将它除外。

在碰到这样的问题时，我们确实希望一下子就完全处理好上述的一般情形。但就一般情形来说，内容非常复杂，难以下手。在这种情况下，首先要试一试两三种特殊的情形，由此找出头绪，抓住完成研究的规律性东西。这是遇到这类情况时研究工作者通常应采取的方法。因而，我们首先研究下列3种特殊情形：

简单情形一　　$Z=f(z)=z+b$

这就相当于①式中 $c=0,a=1,d=1$ 时的情形，这时，$Z=z+b$ 为 $X+\mathrm{i}Y=(x+\mathrm{i}y)+(b_1+\mathrm{i}b_2)=(x+b_1)+\mathrm{i}(y+b_2)$，故如下关系成立：

$$\begin{cases}X=x+b_1,\\Y=y+b_2。\end{cases}\text{（与平面解析几何中坐标轴平移的公式相同）}$$

若按高斯、阿尔冈的复数的几何意义的规定，则 $z=x+\mathrm{i}y$ 表示直角坐标系中以(x,y)为坐标的一个点。于是若设 z 即(x,y)在一条直线 α 上运动，那么，与它对应的函数 $Z=X+\mathrm{i}Y$ 的点(X,Y)会在什么样的线上运动呢？由平面解析几何的知识即知，会在一条平行于 α 的直线 β 上运动。又，若(x,y)在圆周 α 上运动，则与它对应的 $Z(X,Y)$在平行地移动圆周 α 所得的圆周 β 上运动。总之，$X=x+b_1$，$Y=y+b_2$ 的几何关系，就表示了(x,y)，(X,Y)所描绘的线之间总是保持平行移动的关系，故复函数

$$Z=z+b$$

中的 Z 和 z 的关系，从几何上说，就是平行移动的关系。

简单情形二　　$Z=az$

这相当于①式中 $b=0,c=0,d=1$ 的情形。类似于情形一，令 $Z=X+\mathrm{i}Y$，$z=x+\mathrm{i}y$，$a=a_1+\mathrm{i}a_2=r(\cos\alpha+\mathrm{i}\sin\alpha)$，则

$$\begin{cases}X=r(x\cos\alpha-y\sin\alpha),\\ Y=r(x\sin\alpha+y\cos\alpha)。\end{cases} \quad ②$$

但按这种情形的原样来看还是比较复杂，难以抓住它的本质，故似有必要再把它分为两种更简单的情形。

（ⅰ）$r=1$ 的情形。

这时，

$$\begin{cases}X=x\cos\alpha-y\sin\alpha,\\ Y=x\sin\alpha+y\cos\alpha,\end{cases}$$

这与平面解析几何中坐标轴旋转 α 角的公式相同。今设 $z=x+\mathrm{i}y$，$Z=X+\mathrm{i}Y$ 表示的点分别为 P，Q，则 Q 点相当于将 P 点绕原点旋转了 α 所得的点。从而，代表函数 z 的图形，就是把代表了自变量 z 的图形，按原样绕原点旋转 α 而得到的图形。故可知从几何上说，Z 和 z 的关系就相当于旋转移动。

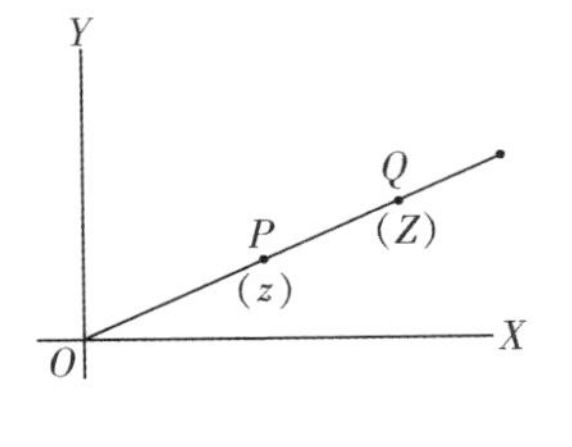

第 64 图

（ⅱ）$\alpha=0$ 的情形。

这时，

$$\begin{cases}X=rx,\\ Y=ry。\end{cases}$$

从而，$X^2+Y^2=r^2(x^2+y^2)$，进而 $\overline{OQ}^2=r^2\,\overline{OP}^2$，故从原点到 Q 的距离，是从原点到 P 的距离的 r 倍。所以，这时 Z 和 z 的关系从几何上说，就是相似的关系。

仅仅利用这两个最简情形来处理一般情形、所有情形的方法

为了研究②的几何意义，我们首先讨论了两种特别情形、简单情形，即（ⅰ）$r=1$，（ⅱ）$\alpha=0$ 这两种情形。虽然这只是两种特别情形、简单情形，但只要把它们综合起来，就能处理一般情形和所有情形了。我以为，这一点是有志于从事研究工作的人应特别潜心体会的重要事项。即是说，

$$Z=az\cdots\cdots\begin{cases}X=r(x\cos\alpha-y\sin\alpha),\\Y=r(x\sin\alpha+y\cos\alpha),\end{cases}$$

只不过是把上面两种特别情形

$$\text{(a)}\ \begin{cases}X=rx_1,\\Y=ry_1,\end{cases}$$

$$\text{(b)}\ \begin{cases}x_1=x\cos\alpha-y\sin\alpha,\\y_1=x\sin\alpha+y\cos\alpha,\end{cases}$$

结合了起来。因为，由（ⅰ），（ⅱ）消去 x_1，y_1 就得 X，Y 和 x，y 的关系式，而且它与 $Z=az$ 是同一关系式。我们从几何上考察一下（ⅰ）和（ⅱ）的结合。首先由（ⅱ）将 (x, y) 绕原点旋转 α 而得 (x_1, y_1) 的图形；再由（ⅰ）将 (x_1, y_1) 的图形相似地放大（或缩小）r 倍，就得所求的 (X, Y) 的图形。

故，从几何上说，$Z=az$ 就表示了旋转移动和相似变换的综合移动。

简单情形三

$$Z=\frac{1}{z}$$

这相当于在①式中，$a=0$，$b=1$，$c=1$，$d=0$ 的情形，为了像前面那样讨论这种情形，令

$$Z=R(\cos\Theta+\mathrm{i}\sin\Theta),$$

$$z=r(\cos\theta+\mathrm{i}\sin\theta),$$

则由 $Z=\dfrac{1}{z}$，可得关系

$R=\frac{1}{r}$（半径互为倒数的移动），

$\Theta=-\theta$（对称移动）。

从几何上来解释，它表示了 Z 和 z 的关系是由半径互为倒数的移动以及对称移动的结合所构成的移动。

一般情形

上述情形一、二、三虽然都是 a,b,c,d 取非常特殊的值 0 或 1 的情形，但若把 3 个这样的简单情形结合起来，则无论 a,b,c,d 取任何实数值或虚数值，都能明快地解决之。由此，就足以使我们明白这个方法确实极有效力了。

为了说明这一点，只要看看能不能将一般的线性函数

$$Z=\frac{az+b}{cz+d}$$

变为上述 3 种情形的某种结合即可。事实上，只要通过简单的计算，就可得

$$Z=\frac{az+b}{cz+d}=\frac{(bc-ad)/c^2}{z+d/c}+\frac{a}{c}。 \quad ③$$

于是，若令

$z'=z+\frac{d}{c}$，　　（平行移动）

$z''=\frac{1}{z'}$，　　（半径互为倒数的移动，对称移动）

$z'''=\frac{bc-ad}{c^2}z''$，　　（相似移动，旋转移动）

$Z=z'''+\frac{a}{c}$，　　（平行移动）

则由它们，依次把 z''',z'',z' 代入 Z 的式子中，立即就可得作为 Z

和 z 的关系式③。这样，我们就知道了，用几何方式表示 Z 和 z 的关系，就相当于依上面的顺序施行上述 5 种移动。

中学阶段把虚数、复数作为没有实际用途的东西，几乎没有怎么讨论它们，高斯、阿尔冈为了建立起复数与几何图形间的关系，约定 $z=x+\mathrm{i}y$ 和以 (x,y) 为坐标的点对应。我们能看到，由这个简单的约定，导出了令人惊讶的结果。本例只是表明了它的一部分。但作为这个极为简单的约定的结果，我们已经看到，像 $f(z)=z+b$，$f(z)=az$，$f(z)=\frac{1}{z}$ 这样最简单的复函数，从几何上讲，表示了平行移动、旋转移动、相似移动、对称移动、半径互为倒数的移动等重要的基本关系，并且还能用来研究许多重要的复函数的许多重要性质和应用。而且，如果我们注意到这个基本思想仅仅在于“用 (x,y) 为坐标的点来表示被当作虚无的、无用的东西而抛弃了的数 $x+\mathrm{i}y$”这样一个极为简单的想法，那么，应该说，本例所强调的是，我们要深入地考虑，科学研究工作者到底应该把他的注意力放在什么地方。

但复数和图形之间的关系，不仅限于上述约定，其他任意的约定，只要有一定的规则可循，就会具有大家都能一致采用的性质。而后世的学者们，也许能在两种约定之间再作出进一步的约定，从而建树更令人惊叹的成就。一想到这些，就会产生无限的感慨：学海无涯，后来者大有用武之地。所以，凡有志于科学研究的人，在崇敬前辈科学家创造的伟大业绩之时，应该奋发起来，一定要有开拓科学新领域的自觉性。

上述的研究方法，可以有效地用于很多场合。下面，举两个这方面的著名例子。

2. 解析几何中坐标变换公式的研究

在这个研究中，一般是用上面叙述的方法。就是说，一般的坐标变换是原点和坐标轴的方向同时都要改变的变换，但一次就要求得同时完成这种变换的公式是很困难的。于是，我们采取这样的方法：第一步，首先求出坐标轴的方向保持不动、仅仅是原点位置改变的公式（因只是一个方面有变动，故能容易地求得）；第二步，求出让原点保持不动，而仅仅改变坐标轴的方向时的公式；然后把两者结合起来，求出一般公式。

（1）特别情形

将原点 O 移到 $O'(a,b)$ 时。

（ⅰ）$\begin{cases}X=x-a,\\Y=y-b,\end{cases}$ 或 $\begin{cases}x=X+a,\\y=Y+b。\end{cases}$

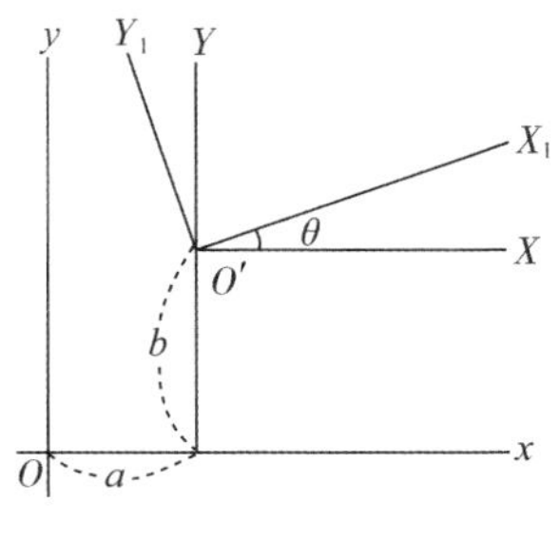

第 65 图

（2）特别情形

在 O' 点将坐标轴旋转 θ 角时。

（ⅱ）$\begin{cases}X=X_1\cos\theta-Y_1\sin\theta,\\Y=X_1\sin\theta+Y_1\cos\theta。\end{cases}$

（3）一般情形（直角坐标系）

将原点 O 移到 O'，同时坐标轴旋转 θ 角时。

在这种情形，只要把（ⅰ），（ⅱ）结合起来便可，由

$$\begin{cases}x=X+a,\\y=Y+b,\end{cases}\qquad\begin{cases}X=X_1\cos\theta-Y_1\sin\theta,\\Y=X_1\sin\theta+Y_1\cos\theta,\end{cases}$$

消去 X,Y，则立即得(x,y)与(X_1,Y_1)的关系式：

$$\begin{cases}x=X_1\cos\theta-Y_1\sin\theta+a,\\y=X_1\sin\theta+Y_1\cos\theta+b。\end{cases}$$

这就是原点位置和坐标轴方向同时变换时的公式（在一般的解析

几何学教科书中，都有这个公式）。

3. 导数中的自变量、因变量的变换公式的研究

第一，将自变量和因变量互换时的导函数关系式。

众所周知，若 y 是 x 的函数，则反过来 x 也是 y 的函数，并且这时有如下关系成立：

$$\frac{\mathrm{d}y}{\mathrm{d}x}=\frac{1}{\frac{\mathrm{d}x}{\mathrm{d}y}}。$$

微分这个基本的函数关系式，就能逐步求得高阶导函数的关系：

$$\frac{\mathrm{d}^2 y}{\mathrm{d}x^2}=\frac{\mathrm{d}\left(\frac{1}{\frac{\mathrm{d}x}{\mathrm{d}y}}\right)^{甲}}{\mathrm{d}x}=\frac{\mathrm{d}\left(\frac{1}{\frac{\mathrm{d}x}{\mathrm{d}y}}\right)^{乙}}{\mathrm{d}y}\frac{\mathrm{d}y}{\mathrm{d}x}=\frac{-\frac{\mathrm{d}^2 x}{\mathrm{d}y^2}}{\left(\frac{\mathrm{d}x}{\mathrm{d}y}\right)^2}\frac{\mathrm{d}y}{\mathrm{d}x}{}^{*}=-\frac{\frac{\mathrm{d}^2 x}{\mathrm{d}y^2}}{\left(\frac{\mathrm{d}x}{\mathrm{d}y}\right)^2}\frac{1}{\frac{\mathrm{d}x}{\mathrm{d}y}}$$

$$=-\frac{\frac{\mathrm{d}^2 x}{(\mathrm{d}y)^2}}{\left(\frac{\mathrm{d}x}{\mathrm{d}y}\right)^2}。$$

类似地可得

$$\frac{\mathrm{d}^3 y}{\mathrm{d}x^3}=\frac{\frac{\mathrm{d}^3 x}{\mathrm{d}y^3}\frac{\mathrm{d}x}{\mathrm{d}y}-3\left(\frac{\mathrm{d}^2 x}{\mathrm{d}y^2}\right)^2}{\left(\frac{\mathrm{d}x}{\mathrm{d}y}\right)^5}。$$

若有必要，照此可求得更高阶的导函数。

应用　把它们应用于有关导函数的某些式子。要想把一个导函数的式子化简或者变形时，常常用到这些变换。这里，试举一例

---

* $\frac{\mathrm{d}x}{\mathrm{d}y}$是把 x 看成 y 的函数并且是 x 对 y 求导，故$\frac{\mathrm{d}x}{\mathrm{d}y}$是 y 的函数，从而甲变形为乙。

说明之。试把

$$3\left(\frac{\mathrm{d}^2 y}{\mathrm{d}x^2}\right)^2-\frac{\mathrm{d}y}{\mathrm{d}x}\frac{\mathrm{d}^3 y}{\mathrm{d}x^3}-\frac{\mathrm{d}^2 y}{\mathrm{d}x^2}\left(\frac{\mathrm{d}y}{\mathrm{d}x}\right)^2=0$$

中的自变量由 x 变为 y。

只要把上面的公式代入此式，即能容易地得到

$$\frac{\mathrm{d}^3 x}{\mathrm{d}y^3}+\frac{\mathrm{d}^2 x}{\mathrm{d}y^2}=0。$$

借助这样的变形，就可把所给的微分方程变为更简单的形式，从而容易求解，或者即使不能把所给的式子化简，但将所给式子变形，往往会使方程变得易解。

第二，只变换因变量。y 是 x 的函数，且 y 是 z 的已知函数 $\psi(z)$ 时，因 $y=\varphi(z)$，故反之 z 是 y 的函数，而 y 又是 x 的函数，于是 z 就是 x 的函数的函数，从而也是 x 的函数。所以

$$\frac{\mathrm{d}y}{\mathrm{d}x}=\frac{\mathrm{d}y}{\mathrm{d}z}\cdot\frac{\mathrm{d}z}{\mathrm{d}x}=\varphi'(z)\frac{\mathrm{d}z}{\mathrm{d}x}。$$

而

$$\begin{aligned}\frac{\mathrm{d}^2 y}{\mathrm{d}x^2}&=\frac{\mathrm{d}}{\mathrm{d}x}\left[\varphi'(z)\frac{\mathrm{d}z}{\mathrm{d}x}\right]=\frac{\mathrm{d}}{\mathrm{d}x}\varphi'(z)\cdot\frac{\mathrm{d}z}{\mathrm{d}x}+\varphi'(z)\frac{\mathrm{d}^2 z}{\mathrm{d}x^2}\\&=\frac{\mathrm{d}}{\mathrm{d}z}\varphi'(z)\left(\frac{\mathrm{d}z}{\mathrm{d}x}\right)^2+\varphi'(z)\frac{\mathrm{d}^2 z}{\mathrm{d}x^2}\\&=\varphi''(z)\left(\frac{\mathrm{d}z}{\mathrm{d}x}\right)^2+\varphi'(z)\frac{\mathrm{d}^2 z}{\mathrm{d}x^2}。\end{aligned}$$

所以

$$\frac{\mathrm{d}^2 y}{\mathrm{d}x^2}=\varphi''(z)\left(\frac{\mathrm{d}z}{\mathrm{d}x}\right)^2+\varphi'(z)\frac{\mathrm{d}^2 z}{\mathrm{d}x^2}。$$

以下，类似地可得出求$\frac{\mathrm{d}^3 y}{\mathrm{d}x^3}$，$\frac{\mathrm{d}^4 y}{\mathrm{d}x^4}$，…的公式。

第三，只变换自变量，y 是 x 的函数，x 又是 t 的函数时，试用

以 t 为自变量的导函数表示$\frac{\mathrm{d}y}{\mathrm{d}x}$,$\frac{\mathrm{d}^2 y}{\mathrm{d}x^2}$,…。

y 是 x 的函数,x 是 t 的函数 $\varphi(t)$,故最终 y 是 t 的函数,因而下面的关系式成立:

$$\frac{\mathrm{d}y}{\mathrm{d}t}=\frac{\mathrm{d}y}{\mathrm{d}x}\frac{\mathrm{d}x}{\mathrm{d}t}。$$

所以

$$\frac{\mathrm{d}y}{\mathrm{d}x}=\frac{\frac{\mathrm{d}y}{\mathrm{d}t}}{\frac{\mathrm{d}x}{\mathrm{d}t}}=\frac{1}{\varphi'(t)}\frac{\mathrm{d}y}{\mathrm{d}t}。$$

而

$$\frac{\mathrm{d}^2 y}{\mathrm{d}x^2}=\frac{\mathrm{d}}{\mathrm{d}x}\left(\frac{\mathrm{d}y}{\mathrm{d}x}\right)=\frac{\mathrm{d}}{\mathrm{d}t}\left(\frac{\frac{\mathrm{d}y}{\mathrm{d}t}}{\frac{\mathrm{d}x}{\mathrm{d}t}}\right)\frac{\mathrm{d}t}{\mathrm{d}x}=\frac{\frac{\mathrm{d}^2 y}{\mathrm{d}t^2}\ \frac{\mathrm{d}x}{\mathrm{d}t}-\frac{\mathrm{d}^2 x}{\mathrm{d}t^2}\ \frac{\mathrm{d}y}{\mathrm{d}t}}{\left(\frac{\mathrm{d}x}{\mathrm{d}t}\right)^2}\frac{1}{\frac{\mathrm{d}x}{\mathrm{d}t}}$$

$$=\frac{\frac{\mathrm{d}^2 y}{\mathrm{d}t^2}\ \frac{\mathrm{d}x}{\mathrm{d}t}-\frac{\mathrm{d}^2 x}{\mathrm{d}t^2}\ \frac{\mathrm{d}y}{\mathrm{d}t}}{\left(\frac{\mathrm{d}x}{\mathrm{d}t}\right)^3}=\frac{\varphi'(t)\frac{\mathrm{d}^2 y}{\mathrm{d}t^2}-\varphi''(t)\frac{\mathrm{d}y}{\mathrm{d}t}}{[\varphi'(t)]^3}。$$

要求更高阶的导函数,只要继续按这个方法做即可。

第四,同时改变自变量和因变量的变换。这时,只需依次施行第二、第三两种情形的变换。实际上,经常出现的情况是需同时施行自变量和因变量的变换。特别地,常常要求从直角坐标变换为极坐标,或从极坐标变换为直角坐标。故这里举一个这方面的例子。

例 试用(ρ,θ)表示曲率半径的公式

$$R=\frac{\left(1+\left(\frac{\mathrm{d}y}{\mathrm{d}x}\right)^2\right)^{\frac{3}{2}}}{\frac{\mathrm{d}^2 y}{\mathrm{d}x^2}}\qquad(x=\rho\cos\theta,y=\rho\sin\theta)。$$

在第三的公式中以 θ 代替 t，则得

$$\frac{\mathrm{d}y}{\mathrm{d}x}=\frac{\frac{\mathrm{d}y}{\mathrm{d}\theta}}{\frac{\mathrm{d}x}{\mathrm{d}\theta}},\frac{\mathrm{d}^2y}{\mathrm{d}x^2}=\frac{\frac{\mathrm{d}x}{\mathrm{d}\theta}\frac{\mathrm{d}^2y}{\mathrm{d}\theta^2}-\frac{\mathrm{d}y}{\mathrm{d}\theta}\frac{\mathrm{d}^2x}{\mathrm{d}\theta^2}}{\left(\frac{\mathrm{d}x}{\mathrm{d}\theta}\right)^3}。$$

将它代入 R 的表达式中并整理，即得

$$R=\frac{\left[\left(\frac{\mathrm{d}x}{\mathrm{d}\theta}\right)^2+\left(\frac{\mathrm{d}y}{\mathrm{d}\theta}\right)^2\right]^{\frac{3}{2}}}{\frac{\mathrm{d}x}{\mathrm{d}\theta}\frac{\mathrm{d}^2y}{\mathrm{d}\theta^2}-\frac{\mathrm{d}y}{\mathrm{d}\theta}\frac{\mathrm{d}^2x}{\mathrm{d}\theta^2}}。\qquad ①$$

而 $x=\rho\cos\theta, y=\rho\sin\theta$（$\rho$ 是 θ 的函数），由此可得

$$\frac{\mathrm{d}x}{\mathrm{d}\theta}=-\rho\sin\theta+\cos\theta\frac{\mathrm{d}\rho}{\mathrm{d}\theta},$$

$$\frac{\mathrm{d}y}{\mathrm{d}\theta}=\rho\cos\theta+\sin\theta\frac{\mathrm{d}\rho}{\mathrm{d}\theta},$$

$$\frac{\mathrm{d}^2x}{\mathrm{d}\theta^2}=-\rho\cos\theta-2\sin\theta\frac{\mathrm{d}\rho}{\mathrm{d}\theta}+\cos\theta+\frac{\mathrm{d}^2\rho}{\mathrm{d}\theta^2},$$

$$\frac{\mathrm{d}^2y}{\mathrm{d}\theta^2}=-\rho\sin\theta+2\cos\theta\frac{\mathrm{d}\rho}{\mathrm{d}\theta}+\sin\theta+\frac{\mathrm{d}^2\rho}{\mathrm{d}\theta^2}。$$

将它们代入①便得

$$R=\frac{\left[\rho^2+\left(\frac{\mathrm{d}\rho}{\mathrm{d}\theta}\right)^2\right]^{\frac{3}{2}}}{\rho^2+2\left(\frac{\mathrm{d}\rho}{\mathrm{d}\theta}\right)^2-\rho\frac{\mathrm{d}^2\rho}{\mathrm{d}\theta^2}}。$$

这即为所求。这样，用直角坐标 (x,y) 表达的公式，就由极坐标表示出来了。这个变换由两步组成。第一步是把 x,y 的导函数 $\frac{\mathrm{d}y}{\mathrm{d}x}$，$\frac{\mathrm{d}^2y}{\mathrm{d}x^2}$ 变换为以 θ 为自变量的函数 $\frac{\mathrm{d}x}{\mathrm{d}\theta}$，$\frac{\mathrm{d}y}{\mathrm{d}\theta}$，$\frac{\mathrm{d}^2x}{\mathrm{d}\theta^2}$，$\frac{\mathrm{d}^2y}{\mathrm{d}\theta^2}$；第二步是用以新

变量 ρ,θ 表示的$\frac{d\rho}{d\theta},\frac{d^2\rho}{d\theta^2}$来表示$\frac{dx}{d\theta},\frac{dy}{d\theta},\frac{d^2x}{d\theta^2},\frac{d^2y}{d\theta^2}$。

第二节　论证方法的本质，推理方法

有关这些方法的一般知识是人所共知的，故不赘述，我只打算谈谈这些方法的根本之点和特异之处。

一、数学归纳法的本质

用逐次法即用数学归纳法进行推理的根本特征，在于它使无数的三段式论证法凝聚在一个单一的公式中，而使这一公式包含了那无数的三段式论证法，即为如下所述。

(ⅰ) 若某个定理对 1 是真的，那么，对于 2 也是真的；
(ⅱ) 而这个定理对 1 是真的；　　(A)
(ⅲ) 故这个定理对 2 也是真的。

(ⅰ) 若这个定理对 2 是真的，那么对 3 也是真的；
(ⅱ) 而这个定理对 2 是真的；
(ⅲ) 故这个定理对 3 也是真的。

…………

…………

在这些论证中，每一个三段式论证法的结论，都用作了下一个三段式论证法的大前提，而所有这些三段式论证法的大前提，都可用如下的一个单一的公式表达：

“若定理对 $n-1$ 真，则对 n 也真。”　　(B)

故在用这个逐次法进行的推理中，对于无限地继续进行这种三段式论证的情形，只要说明“第一个三段式的小前提(A)”和“包含了各个三段式的所有大前提的(B)这一一般命题”成立就足够了。

如果不是证明某个定理对一切(自然)数为真,而只是要证明它对某一确定的有限数,比如 6 为真,则只要作出 5 个三段式论证就足够了;而若是要证明对于 10 这个定数为真,则只要反复作 9 次三段式论证就足够了。但像这样作,不管怎样进行,都只能在一个有限的范围内,绝不能证得对一切自然数都能适用的普遍定理。然而,却只有用这种普遍的定理才能建立起科学来。可是,要想得到这样的普遍定理,就必须进行无穷多次三段式论证,这就要求逾越以形式逻辑为唯一手段的分析学者无论怎样也逾越不了的鸿沟。而使它成为可能的,就是数学归纳法。

这种用逐次法进行无限推理的方法,不是由试验得来的。试验只是向我们表明,关于开头的 10 个、100 个数,这个方法是正确的,但试验绝不可能达到无穷多个数。这个推理方法与几何学的约定不同。几何约定是只要既适合于甲又适合于乙时,就规定下来了,然而,它是以十分可靠、十分权威的面貌出现在我们面前的。实际上,这个方法是一个天才的综合判断的典范。

如果是这样,那么,这个综合判断为什么能以不带任何疑点的彻底的明确性而出现在我们的面前呢?这是因为,这个判断无非就是肯定了这样一种人类精神的能力,即“既然一种行为一次是可能的,那么自然就会想到,这一行为也能无限地重复”。用这个逐次法进行的推理,虽然与应用于物质科学* 的普通归纳法具有某些类似之点,但在本质上是根本不同的,即是说,应用于物质科学

---

* 这里,“物质科学”的原文是“物的科学”,是相对于所谓“思维科学”而言的。——译者

的归纳法常常是不确切、不可靠的。为什么呢？这是因为，它是以在我们之外存在着宇宙的普遍法则这种信念为基础的，而数学归纳法与此相反，它是必然由我们提出的、而实际上只不过是对我们自己的精神本身的一种肯定。

本来，三段式论证法没有把任何新东西添加到所给的事项上的作用，不能使我们得到任何本质上的新东西。所以，为了找到新的前进道路，并保持不断的前进，除了所给的少许条件以外，参与这种进程的数学推理本身就必须具有一种创造力，从而使这种推理与三段式论证法具有不同的内容。数学归纳法就是这样一种推理方法。这种归纳法，具有同一作用能无限反复的特点。这个特点，使得有可能从特殊推进到一般，从而建立起具有一般性的定理、法则来，因而能使数学成为一门科学。

上面的叙述，大多基于庞加莱的观点和原话。

二、数学定理、公式等的证明的本质

几何学以及其他数学定理、公式等的证明，很多都取与上述方法（数学归纳法）性质完全相同的途径。例如，在证“三角形内角和为 180°”时，我们任作一个三角形 ABC，从它的一个顶点 C 作 AB 边的平行线 CD，则因

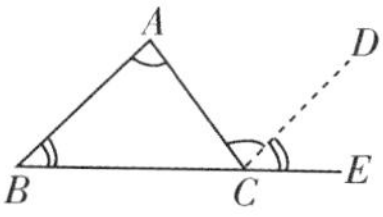

A D B C E

第 66 图

$\angle ABC=\angle DCE$（平行线定理），

$\angle BAC=\angle ACD$（平行线定理），

故$\angle B+\angle A+\angle C=\angle DCE+\angle ACD+\angle ACB=\angle BCE=2$ 直角。从而可知这个三角形的三个内角和为 180°。

然后，再取另一任意$\triangle A'B'C'$。这时，可用与上面完全相同

的证明方法得到同样的结论。这就是说，不管两个三角形的形状、大小、位置怎样不同，都总可以用同一种观点、同一种方法、同一个理由得到同样的结论，这恰好与用数学归纳法证明公式，例如

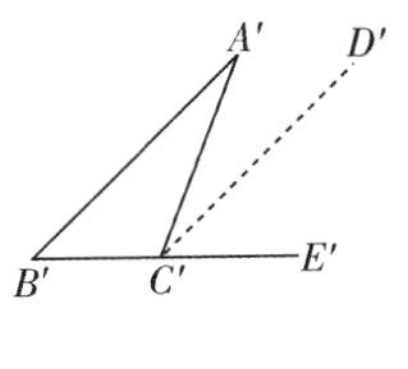

第 67 图

$$(a+b)^n=a^n+C_n^1a^{n-1}b+C_n^2a^{n-2}b^2+\cdots+C_n^ra^{n-r}b^r+\cdots+C_n^nb^n$$

对 n 的任何值都成立一样。

这个方法也与数学归纳法一样，就其基础来说，无非就是肯定了这样一种人类精神的能力，即“既然一种行为一次是可能的，那么自然就会想到，这一行为也能无限地重复”。(这时，即使讨论的对象是无穷多个三角形，它们的形状、大小、位置尽管非常不同，但其证明的本质是完全一样的，故我们将其称为用同一方法进行的推证。)从而，这个方法与前述的数学归纳法一样，具有能够无限重复这一特点。这个特点使得能从特殊推进到一般，进而使得具有一般性的定理、法则能够建立起来，使数学能成为一门科学。

三、排中律与数学中悖论的关系

所谓排中律是一个逻辑定律，即“甲不能既是乙同时又不是乙”。因而，在决定甲是不是乙时，能够发生的全部情形只有两种，即“甲是乙”或“甲不是乙”。故为了说明甲是乙，可从正面说明甲是乙，也可从反面否定，即只要否定了“甲不是乙”便可。这在数学的证明中到处用到，过去也一直认为这是显而易见的，几乎是不容置疑的。然而，今天对此却有了不同的看法。现在有一个派别(新直觉派)认为，乱用排中律是在数学中造成悖论的重要原因。我打算在第二编第四章“数学中的悖论”中对此作详细的讨论。

四、数学中的变换方法与事物本身不变的形态

无论在数学公式、定理的证明中，还是在公式、定理的研究中，不改变所给数学式子或所给条件的值，只改变它的形态，或者通过引入新条件、新关系，将所给式子或条件变换为具有新形态的式子或条件，以此达到我们预期的目的，这类情况是非常多的。这种变换的方法、变换的思想，在数学中到处都表现出来，到处都使用着，是极为重要的方法和思想。例如，在初等代数、初等几何中，就到处可看到这方面的例子。如将三角形变为等积(面积)的平行四边形，将平行四边形变为等积的矩形，再把矩形变为等积的正方形；又如将高次方程变为等价的一次因式的乘积形式再求解，等等，都是这方面的例子。

另外，在解析几何中，若要研究方程所表示的图形的性质，而所给方程原来的形式又太复杂，讨论起来很不方便时，就利用坐标变换将其化简；与此类似，在方程式讨论中，所给的方程 $\varphi(x)=0$，照它本来的形式不便讨论，就引入某个辅助未知数 y: $p=\psi(x)$，从而把 x 的方程 $\varphi(x)=0$ 变成形如 $X(y)=0$ 的 y 的方程，以讨论 $X(y)=0$ 代替讨论 $\varphi(x)=0$ 来达到我们的目的；此外，还有通过导函数的自变量、因变量的适当变换，改变导函数的形式，从而化简微分方程或微分式，使之易解，以及置换群的思想，等等。所有这些都是“将所给式子或条件变形的方法”，这是数学研究中必不可少的方法。

而另一方面，我们也发现了存在着这样的数学性质、数学公式，即在这种变换中，它们始终不变而总是保持着固定的形式。这就导致了不变性质、不变式的思想，诱使我们涉足这方面的新研

究。这种变换的思想、方法和不变的实体的存在，越发使数学变得深奥神秘起来。所以，若以这种眼光来看待数学，就会感到，在一般人看不出任何意义的初等数学的内容中，也有潜藏于数学理论和图形里的某些崇高的东西存在。

我以为，可把数学中的变化与不变分为两类：第一类，如我们在第二章第十节所述的几个例子那样，我们照 n 个图形的原样考察它们时，在这些形状、大小、位置都千差万别的图形中，确实存在着固定不变的性质；与此相对，第二类是为了研究的方便，人为地从无穷多的变化之中，选出具有固定不变形态的事项，例如，在解析几何中，对于表示二次曲线的二次方程

$$ax^2+2hxy+by^2+2fx+2gy+c=0,$$

无论施行什么坐标变换，无论 a,h,b,f,g,c 怎样变化，

$$a+b,h^2-ab$$

的值却始终保持不变。此外，像这样的无限变化之中确实存在的不变性，在数学中到处可见。在这样的千差万别之中，存在着保持固定不变的形态的事项，这个事实，不是会使我们产生通过数学能通观宇宙的真相之感吗？

苏东坡面对奔流不息的江水和永不休止地圆缺交替变化的月亮，曾在《赤壁赋》中唱道：

逝者如斯，而未尝往也；

盈虚者如彼，而卒莫消长也。

其实，宇宙万物，若既从变化的方面去看它，同时又从不变的方面去看它，那就会看到如苏东坡所说的那种情形了。即从一方面去

考察它，会看到它是瞬息万变的，而若从另一方面去考察它，则会看到这种变化的内部，却俨然存在万世不变的实体。

五、利用不能解决的材料，而使它成为能够解决的方法（变不能为可能的方法）

在分部积分中有这方面的适当例子，故举出一例以说明之。

例 1 试求 $\int \mathrm{e}^{ax}\cos mx\mathrm{d}x$，$\int \mathrm{e}^{ax}\sin mx\mathrm{d}x$。

这个例子及其解法，在哪本书中都可看到，但都只是记述了它的解法，至于该解法的教育意义（一般问题的研究方针、方法）却全然没有说明。故我在这里给出它的解法的同时，还要阐述这个解法对研究事物及对发现新法则的意义。我在课堂上讲授这个例子时，总是向学生强调指出这一点。

首先，为了解决这个问题，将分部积分法用于所给的积分，则得

$$\underbrace{\int \mathrm{e}^{ax}\cos mx\mathrm{d}x}_{\text{甲}}=\cos mx\cdot\frac{\mathrm{e}^{ax}}{a}-\int\frac{\mathrm{e}^{ax}}{a}\ \frac{\mathrm{d}}{\mathrm{d}x}(\cos mx)\mathrm{d}x$$

$$=\frac{\mathrm{e}^{ax}\cos mx}{a}+\frac{m}{a}\int\underbrace{\mathrm{e}^{ax}\sin mx\mathrm{d}x}_{\text{乙}}。\qquad ①$$

故，要求甲的积分，只要求出乙的积分就可以了。但乙也是未知的积分，而它与甲是极为类似的，即仅仅是以 $\sin mx$ 取代了甲中的 $\cos mx$ 而已。因而再试对乙用一次分部积分，则得如下关系式：

$$\underbrace{\int \mathrm{e}^{ax}\sin mx\mathrm{d}x}_{\text{乙}}=\frac{\mathrm{e}^{ax}\sin mx}{a}-\frac{m}{a}\int\underbrace{\mathrm{e}^{ax}\cos mx\mathrm{d}x}_{\text{甲}}。\qquad ②$$

这个关系式表明：要求乙，则只要求得甲即可。从而，将①和

②结合起来考虑，则说明

“为求甲，只要求得乙便可，而为求乙，又只要求得甲便可，结果就是：为求甲，只要求得甲便可。”

这样，我们看到，结果是一种循环论证。用这个方法是不能解决问题的。

不仅限于数学，在一般的研究中，在不能直接解决甲时，就用某种方法把它转换为求乙，而乙也是未知的时，再通过变换把它归结为求丙，这样逐次地变换，最后达到一个已知的事项，从而求得问题的解决。这是一个研究事物的重要方法，常常被用到，而且往往是有效的。然而，本问题用这个方法却变成了一种循环，这表明这个方法解决不了这个问题。这时研究者一定不要立即将它抛开，而应多方考虑，利用上面的关系①，②，看能不能解决这个问题。现在转变研究的方针，放弃“为求甲只要求出乙便可”这样的设想，而应去考虑①，②两个关系的本质。即是说，①，②这两个式子是包含了甲、乙这两个未知数的等式，故只要把它们看作关于甲、乙的一次方程组，则从①，②立即就求出甲、乙来了，这是初中生都能做到的。这就是说，放弃了“为求甲只要求出乙便可”这样的思考方针，代之以把它们看作“未知数的两个方程”这样的思考方针，则一下子就能求两个积分。于是，得下面的结果：

$$\int e^{ax}\cos mx\mathrm{d}x=\frac{e^{ax}}{a^2+m^2}(a\cos mx+m\sin mx)+c_1,$$

$$\int e^{ax}\sin mx\mathrm{d}x=\frac{e^{ax}}{a^2+m^2}(a\sin mx-m\cos mx)+c_2。$$

实际上，这是利用同一材料，仅因处理材料的观点不同，一个导致失败而另一个导致成功的好例子。我以为，研究事物的人，应深入地考虑这样的事项。

例 2　试求$\int \sqrt{a^2+x^2}\mathrm{d}x$。

今设$\sqrt{a^2+x^2}=u,x=v$并代入分部积分公式$\int u\mathrm{d}v=uv-\int v\mathrm{d}u$,则得

$$\underbrace{\int \sqrt{a^2+x^2}\mathrm{d}x}_{\text{甲}}=x\sqrt{a^2+x^2}-\int x\frac{\mathrm{d}}{\mathrm{d}x}(\sqrt{a^2+x^2})\mathrm{d}x$$

$$=x\sqrt{a^2+x^2}-\underbrace{\int \frac{x^2}{\sqrt{a^2+x^2}}\mathrm{d}x}_{\text{乙}}。\qquad ③$$

所以,这时若求得了乙便求得了甲,因而问题就解决了;但乙的积分是未知的,并且这个积分至少看上去比所给的积分更复杂。因此对乙这个积分,如前那样再施行分部积分,却并不能如前例那样得到形如

$$\text{乙}=f(x)+k\text{甲}\qquad(k:\text{常数},f(x):\text{已知的函数})$$

的关系式,而是变为"k 甲"中的"甲"与上述的甲和乙都不同的更复杂的积分。所以,不能像前例那样,用二元一次方程组来解决问题。因而,在普通的意义上,这个积分不能用前例的方法来求解。如果这样,这时我们不是应该完全放弃这个研究方法了吗?可是我仍认为,一个研究工作者在这样的情形下也不要马上就死了心,而应该再三考虑。即是说,不能的事就听任它不能了吗?!考察一下,利用这个不可能的事项,能不能求得所给的甲这个积分呢?若把考虑转到这个方向上来,则只要像下述那样考虑即可。

若研究一下前例解法的基础,则知:前例用了两次分部积分,

求出了包含甲、乙两个未知积分的两个关系，然后，把它们看作联立方程求解。但这时，两个关系式①，②不一定只限于用分部积分法来求得，而是不管用什么方法，只要求出了包含有两个未知积分的两个关系式（方程）即可。对于本例，其中一个就利用上面的③式，故无论用什么方法，只要求出另一个包含有甲、乙的关系即可。只要考虑到了这一点，我们就能没有什么困难地求出所要求的积分了。

因为我们要建立起$\int \sqrt{a^2+x^2}\mathrm{d}x$ 和$\int \frac{x^2}{\sqrt{a^2+x^2}}\mathrm{d}x$ 的关系，故自然谁都会想到把$\int \sqrt{a^2+x^2}\mathrm{d}x$ 变形，以使分母中出现$\sqrt{a^2+x^2}$，即

$$\int \frac{\sqrt{a^2+x^2}\cdot\sqrt{a^2+x^2}}{\sqrt{a^2+x^2}}\mathrm{d}x=\int \frac{a^2+x^2}{\sqrt{a^2+x^2}}\mathrm{d}x。$$

这样一来，立即可得

$$\begin{aligned}\int \sqrt{a^2+x^2}\mathrm{d}x &=\int \frac{a^2+x^2}{\sqrt{a^2+x^2}}\mathrm{d}x\\ &=\int \frac{a^2}{\sqrt{a^2+x^2}}\mathrm{d}x+\int \frac{x^2}{\sqrt{a^2+x^2}}\mathrm{d}x\\ &=a^2\int \frac{1}{\sqrt{a^2+x^2}}\mathrm{d}x+\int \frac{x^2}{\sqrt{a^2+x^2}}\mathrm{d}x。\end{aligned}$$

而$\int \frac{1}{\sqrt{a^2+x^2}}\mathrm{d}x$ 是已知的积分（在我的讲义中，是按第一，置换积分法，第二，通过有理化的积分法，第三，分部积分法的顺序安排的，因此$\int \frac{1}{\sqrt{a^2+x^2}}\mathrm{d}x$ 是在第二中已学过的基本的积分），于是得

$$\int \sqrt{a^2+x^2}\mathrm{d}x=a^2\ln(x+\sqrt{a^2+x^2})+\int \frac{x^2}{\sqrt{a^2+x^2}}\mathrm{d}x。 \quad ④$$

③,④这两个关系式就是以$\int \sqrt{a^2+x^2}\mathrm{d}x$和$\int \frac{x^2}{\sqrt{a^2+x^2}}\mathrm{d}x$为未知量的二元一次方程组。故解之,即可同时求出两个积分:

$$\int \sqrt{a^2+x^2}\mathrm{d}x=\frac{1}{2}\left[x\sqrt{a^2+x^2}+a^2\ln(x+\sqrt{a^2+x^2})\right]+c_1,$$

$$\int \frac{x^2}{\sqrt{a^2+x^2}}\mathrm{d}x=\frac{1}{2}\left[x\sqrt{a^2+x^2}-a^2\ln(x+\sqrt{a^2+x^2})\right]+c_2。$$

以上叙述使我们看到了,这两个例子给研究工作者提供了一种在研究之际的思考方法和教训,并使我们知道了怎么用细致的思考方法,利用不可能的事项,把不可能转化为可能的人类思维方法,使我们明白了这些玄妙的不可思议的事情。同时,由以上两例,我们还发现了求不定积分的一个法则,即,若通过分部积分法,把求积分甲归结为求积分乙而积分乙并非已知时,我们就采取这样一种思考方法:设法找出表示了甲和乙之间关系的另一关系式(只要能找出,无论用什么方法都可以),然后连同前面那个"把求积分甲归结为求积分乙"的式子,作成关于甲、乙的联立方程组,从而解方程组求出甲、乙。这是一个很有力的积分方法。

我们看到,若像上面所述那样来处理积分,则这种处理方法就教给了我们许多东西:研究工作者进行研究时的精神准备,把不可能转化为可能的方法和实例,发现求积分的新法则,等等。这些都是研究工作者极感兴趣、对他们极为重要的事项。

六、当数学问题不能解决时,照原样利用不能解决的问题而产生极大效果的方法和思想

我们通过一个例子来说明这种思想。

试求椭圆$\frac{x^2}{a^2}+\frac{y^2}{b^2}=1$的弧长。

将 $y=\frac{b}{a}\sqrt{a^2-x^2}$，从而$\frac{\mathrm{d}y}{\mathrm{d}x}=\frac{b}{a}\cdot\frac{-x}{\sqrt{a^2-x^2}}$代入弧长的公式

$s=\int_a^b\sqrt{1+\left(\frac{\mathrm{d}y}{\mathrm{d}x}\right)^2}\mathrm{d}x$，则得

$$s=4\int_0^a\sqrt{1+\frac{b^2x^2}{a^2(a^2-x^2)}}\mathrm{d}x=4\int_0^a\sqrt{\frac{a^4-(a^2-b^2)x^2}{a^2(a^2-x^2)}}\mathrm{d}x$$

$$=4\int_0^a\sqrt{\frac{a^2-e^2x^2}{a^2-x^2}}\mathrm{d}x\left(\text{其中 } e=\frac{\sqrt{a^2-b^2}}{a}\text{，为离心率}\right)。$$

故只要求出$\int_0^a\sqrt{\frac{a^2-e^2x^2}{a^2-x^2}}\mathrm{d}x$，本问题就解决了。

又，若利用离心角 ϕ，则因 $x=a\cos c\phi$，$y=b\sin\phi$，故

$$s=\int_{\overset{\frown}{AB}}\sqrt{(\mathrm{d}x)^2+(\mathrm{d}y)^2}=\int_0^{\frac{\pi}{2}}\sqrt{a^2\sin^2\phi+b^2\cos^2\phi}\mathrm{d}\phi$$

$$=\int_0^{\frac{\pi}{2}}\sqrt{a^2-(a^2-b^2)\cos^2\phi}\mathrm{d}\phi$$

$$=a\int_0^{\frac{\pi}{2}}\sqrt{1-e^2\cos^2\phi}\mathrm{d}\phi。$$

所以，要求本问题的解，只要求出$\int\sqrt{\frac{a^2-e^2x^2}{a^2-x^2}}\mathrm{d}x$ 和$\int\sqrt{1-e^2\cos^2\phi}\mathrm{d}\phi$中的任一个就可以了。这两个积分形式上都比较简单。前者是分母中含有 x 的二次式的平方根式的积分。因为我们已经求得了分母是 x 的一般二次式的平方根式的积分$\int\frac{px+q}{\sqrt{ax^2+bx+c}}\mathrm{d}x$，所以理所当然地会认为，能够求出比这更进一步的积分$\int\sqrt{\frac{px^2+qx+r}{ax^2+bx+c}}\mathrm{d}x$

的特别情形$\int\sqrt{\frac{a^2-e^2x^2}{a^2-x^2}}\mathrm{d}x$。特别是在后者$\int\sqrt{1-e^2\cos^2\phi}\mathrm{d}\phi$中，变量只有$\cos^2\phi$，故谁都会认为更能容易地积分出来。于是很多人都煞费苦心，力图求出这两个积分，但是他们的努力都未能获得成功，均以否定的结果而告终。这都表明了这两个积分不能用当时已知的函数（代数函数、三角函数、反三角函数、指数函数、对数函数）表示出来（若一定要求出它的话，那就只有用无穷级数表示了）。

这样，许多人的努力，若从求出所给的积分的要求来看，是失败了，但是，作为这种努力的报偿，它取得了远比求出这个积分更有意义的成果。这就是：显然$\int_0^x\sqrt{\frac{a^2-e^2x^2}{a^2-x^2}}\mathrm{d}x$的值是随$x$而变化的，故将它看作$x$的函数，并且推导出了这个函数的种种性质。因这都是由研究椭圆弧长而发生的，所以将它称为椭圆函数或椭圆积分。随着对这种函数一般情形的进一步研究，对一般椭圆函数的各种研究就大量地出现了，因而关于椭圆函数的著作大量出版，弄清了这个新函数的各种性质和在各方面的应用，椭圆函数论遂成为数学的一大分支。

数学研究以失败而告终时，把这个未解决的事项按它的原样看作一个新的函数，由此而开拓了数学的一大新领域。前面的例子难道不正是这样一个好例证吗？

七、因确定了某个数学问题不能解决而使数学大大地向前发展了的事实

我们可从平行公设研究的失败中看到这一点。众所周知，欧几里得平行公设是：

在同一平面内的两条直线与第三条直线相交时，若这第三条直线的同一侧的两个内角和小于 2 直角，则前两条直线在上述内角和小于 2 直角的一侧相交。（公理甲）

一般公理都是简单明了的，所以，大家都会立即承认其正确性。但欧几里得的这个公理与公理的这个性质显著不同，它文字较长，其意义也相当复杂，确实不像一个公理。所以，后世的数学家们认为它必定能得到证明，或认为必须加以证明。几乎所有的数学家都企图作出这个证明，但均以失败而告终。

普莱费尔后来把这个公理改写为：

过直线外一点能引唯一的一条直线与这条直线平行。

由这个公理能容易地得到今天普遍使用着的如下公理：

过直线外一点，能引一条且只能引一条直线与这条直线平行。（公理乙）

平行公设证明失败的历史，从欧几里得以后一直延续了两千多年的漫长岁月。而且，因为问题看上去似乎不难解决，很多人都曾着手去解决它，这种研究也因此涉及了许多方面。我将在第三编对此作详细的说明。

高斯、鲍耶、罗巴切夫斯基等人看到，平行公设使这么多人如此长时间的努力均化为泡影，于是就考虑到平行公设大概是不能由其他公理证明的吧！并且他们还力图证明平行公设确实不能由其他公理证明。这样，当时人们就已判断非欧几里得几何学是成立的。由于此后许多数学家多方面的深入研究，今天我们已经确知，平行公设是不能证明的（欲知其详，请见拙著《几何学原论》）。

这样，平行公设的研究结果，与许多数学家的预料相反，最后得到一个否定的结论，即确认了它是不能被证明的。其间，耗时约两千年，在这两千年中，很多数学家的努力都化为泡影。这样长期的努力虽然以一个否定的结论而告终，但正是由于这一点而促使数学大大地向前发展了，它对数学的贡献，远比一个肯定的结论要大上千百倍。即是说：

第一，证明了与平行公设相矛盾的公理能成立，并且，这时新建立起了两种非欧几里得几何学。

第二，因为平行公设失去了它是绝对真的根据，于是，推及几何学其他公理的研究，知道了所有这些公理亦不存在绝对真的根据。于是，用与它们矛盾的命题为公理的新几何学就陆续地产生了，出现了像非阿基米德几何学、非笛沙格几何学等这样的新几何学。另外还弄清楚了，从理论上讲可以建立起无穷多的新几何学，并且根据同样的道理，建立起了许多新的数系。即，出现了像四元数那样的乘法交换律在一般情况下不成立的数系，还有本身不为0其乘方却为0的交互数的数系，以及其他看起来很奇怪的各种数系。另外还出现了亨廷顿的数系，即，合于如下新加法、新乘法的数系：对于加法和乘法运算，以定义 $2+3=6$ 来取代 $2+3=5$，以定义 $2\times3=11$ 来取代 $2\times3=6$，而且这些新加法、新乘法与通常的运算一样，都满足交换律、结合律、分配律3大法则。

第三，因为弄清了过去一向都确信其真的公理却未必是真的，因而引起了“公理到底是什么”的研究，克服了许多困难，弄清了公理的本质。同样，也研究了定义的本质，发现了它和公理的本质一样有和过去显著不同的东西。这就导致罗素对“数学到底是什么”的问题，作了如下奇特的回答：

Mathematics is the science in which we never know

what we are talking about, nor whether what we say is true.

（数学是这样一门科学：我们全然不知道我们在数学中谈论着些什么，也不知道我们说的是不是真的。）

请看，罗素所说的数学的这个特点，与许多人迄今对数学所持的观点不是完全相反吗？很多人认为再也没有什么比数学更正确、更明了的了。与此相反，罗素说“我们全然不知道我们在数学中谈论着些什么”。另外，与人们认为再也没有什么比数学定理更正确了相反，罗素说“在数学中，我们所说的到底真不真，我们也是全然无知的”。若数学真的像这样的话，它不就是一门令人吃惊的科学了吗？实际上，罗素的这句话，使人感到他是不是有意在捉弄人呢？然而，只要我们仔细地考察一下就会知道，这句话道出了作为一门科学的数学的精髓。对于了解最近发展起来的纯数学，特别是了解数学的本质、数学的基础是什么的人来说，罗素这句话，的确是真的，它没有丝毫的夸张，没有丝毫的诡辩。由这点，我们可以想象，今天数学的面貌、数学的本质发生了多么大的变化，而使数学达到这般境界的原因，实际上正在于平行公设的研究。

总之，对平行公设的研究，虽然其结果是失败了，但以这个失败为契机，“弄清了数学的基础、数学的本质”“使许多新数学勃兴起来”“明确了必须要区别纯数学与应用数学”“对数学教育改革提供了科学的根据”，等等，使人类获得了许许多多的东西。

八、似乎能解决但并不容易解决的问题对数学的作用

像上述的椭圆函数、平行公设这样的问题，就是我所谓的“好像立即能解决，实际上却不易解决的问题”。这些问题都是比较基

本的，因而从表面上看，似乎是谁都能解决的简单问题，所以给很多人提供了动手（解决问题）的机会。但它实际上又比想象的困难得多，并不是很容易解决的，所以又使很多人苦恼。这些人因无力解决这些问题，就将它们放弃了。但这些问题毕竟有看起来很容易解决的形式，又会有人把它们拾起来，去研究它们，设法解决它们。它们永远都具有吸引研究工作者的魅力。从全局上看，学术界应好好感谢这种长久地吸引人的魅力。因为头脑相当发达的人（数学家）长期地辛苦工作，几乎不可能是毫无所得。长期的深思熟虑，必定会产生灵感，而灵感是使过去的思想、成果产生一个大飞跃、大发展的因素。即对个人而言，伟大的研究工作者的成功，大都是对问题经过多年的一而再、再而三的思考后，才取得的。在这个意义上，我以为，“似乎能解但并不能解（或不易解）”的问题在科学的发展上有重要的意义。我认为，三等分任意角的方法、哥尼斯堡七桥问题、排中律问题都属于这一类。

九、三等分任意角问题的意义

三等分任意角的作图题，自古以来就是著名的作图问题，很多人都研究过它。从表面上看，这是个初等问题，因此会认为只在初等几何学的范围内就能很容易地解决它。很多人都认为，既然二等分、四等分任意角的方法都已知道了，那么自然，取乎其中的三等分也必然能够做到。所以，他们就绞尽脑汁试图解决它。然而，与人们预想的相反，它看起来好像是能解决，但实际上怎么也解决不了。在几千年中，它始终都是让人苦苦思索的问题。这个问题的解决，是比较近代的事，而且是在初等几何学之外完成的。这个问题的解决，是通过下述的方法完成的：把几何学的问题化为代数方程的问题，研究代数式（或 n 次整函数）的性质，弄清代数方程的根能够作图的条件，从而确定本问题能不能够作图（欲知其详者，请看林氏著《不能作图的问题》）。正如大家所知道的，最后是得到了“不能作图”的结论。

不过，我要在这里提请研究工作者和学生注意的是，这个问题的解决方法，是借助代数学的力量，而乍一看这个代数学好像与问题本身并没有什么关系。也就是说，初等几何学问题的解决，是借助几何学以外的代数学的力量才得以完成的。像这样窥破了研究的事项和表面上看去与它无关的事项之间隐藏着的关系，由此解决了千古疑问，使学术、技术大大地向前发展了的例子是很多的。当然，要窥破这种隐藏的关系，非具慧眼不可。这是以后的研究工作者应留心注意的。正是在这个意义上，我希望研究工作者们专门考究考究，能不能作图与代数学到底是如何联系在一起的。

注意　一般地，说能不能三等分一个角，是指“只用圆规和直尺能不能完成这个作图”。前面概略地说明了，在这个条件下，不能三等分一个角。若还允许用其他的仪器，则可以三等分任意的角。只允许用直尺和圆规，实际上就是在作图中只能作出任意的直线和以任一点为圆心，以任意长为半径的圆。所以，若用到直线和圆以外的曲线，就能三等分任意角。而且适用于这个目的的曲线很多，它们都叫“三等分线”。

这样，学习、研究“在所给条件下，这个事是否可能呢?”在教育上是极其重要的。有很多数学以外的实际问题，就属于这类问题。例如，平时常说“仅有这点资金，建造合于某个条件的房屋”“以某种材料建造具有某种性质的船舶”等，实际上都是指在某种限制条件下制造某物。所以，在数学中进行这方面的训练，领会这方面的研究方针、方法，启发培养这方面的能力，是极为必要的。

十、实际的方法与数学的方法的区别

上面，是以数学的精确性来叙述有关作图法问题的，但若要作为一种实用上的处理方法，就完全是另一回事了。因为实际的事项，都只是一个近似值，所以，尽管不能以数学的精确性来完成三等分任意角的作图，但可用种种不同的近似法来完成。其中最简明的是，为了要三等分一个角(例如 $52°32'$)，把所给的角的度数除以 3，即得 $17°30'40''$，然后用量角器画出这个度数的角就可以了。若不能被 3 除尽时，则取到所需的小数位数便可。而在用量角器画出时，不可避免地有一点误差。所以用这个方法得到的结果只是近似值。然而，在实用上近似值就足够了，当然，这时往往需要知道近似值的误差范围。

第一编的结论

以上，我叙述了贯穿在整个数学中的精神、思想和方法的主要内容，而这种精神、思想和方法之间又是不能截然分开的。即是说，通过精神活动产生思想，为了实现思想而研究出方法，作为其结果，就得出了许多数学定理、法则和公式；而在实际中，由于这些思想、方法促进新精神的活动，新精神的活动又进一步产生出新思想、新方法来。它们就这样互为因果地生长发展，从而建立起了深奥宏大的数学大厦。数学之所以有今天这种面貌，就是因为三者相互融合、浑然一体。正如前面所述，有人就科技工作者的必修学科向某个有名的大物理学家请教，据说，后者的回答是：第一是数学，第二是数学，第三还是数学。因此，我们可以想见，数学是任何一门科学技术的基础中都必不可少的重要因素。但这位物理学家所说的数学，与其说是一般人所谓的数学知识，还不如说是指潜藏于数学的根基中之我所谓的数学的精神、思想和方法（数学中锤炼出来的精神，由研究数学而迸发出来的思想，由数学的技巧而想出的方法）。无论在数学研究、科学研究还是在技术研究中，各研究工作者所需的数学知识本身，出人意外地少，只不过占所学的一百个定理中的三四个而已。与此相反，在那些学者、科技工作者的研究工作中，经常活跃着的、最感需要的，实际上是数学之科学的精神、思想和方法。唯有这些精神、思想和方法的启发、锻炼、体验，才是不仅在数学，而且在一切科学技术中，不！在人生的各方面筹划各种事业飞跃发展所绝对必须的，这一点已为许多事例所证实，应是很清楚了。

第 二 编

由前述思想引起的数学的发展进步情况

——作为人类最高智慧结晶的近代数学的意义

第一章　发展变化中的近代数学的面貌

第一节　数学发展的状况

看来，不管在东洋还是在西洋，除专家外，大多数人对于数学的发展或多或少抱有错误的想法。在他们看来，数学和与之有密切关系的其他学科如物理学和化学等很不一样，数学中的定理和公式一经证明，则即使逾越数千年也仍然是正确的，绝不会被改变和废除；数学与随时代的进步而不断更新的自然科学有着显著的不同，它的发展变化是很少的，尤其在基础方面，几乎没有什么发展和变化，只不过是向着更好的方面缓慢地发展罢了。我在年少时就听到一位小学校长讲过这样的话，他说："虽然其他学科随着时代的进步而变迁，但是不管时代怎样进步，数学中的 2 加上 3 等于 5 却是千古不变的真理，不会随着时代的变迁而改变。事实上，这就是数学特别值得崇敬的地方。"此外，我国某大学一位有名的数学教授曾经讲过的一句话，我至今记忆犹新。他说："数学是自古以来一直为人们研究的学科，能够研究的东西差不多都研究过了，已是山穷水尽，再也没有什么可以研究的了。"我们由此可以了解，在不远的过去，我国的人上自大学教授下至小学教师，是如何理解数学的。然而，这些话果真符合事实吗？不！事实是，进入

19 世纪以后，数学突然取得了长足的进步，在 19 世纪这一个世纪内写成的数学论著，其数量之多大体相当于 19 世纪以前各个世纪所写数学论著的总和。也就是说，在 19 世纪短短的 100 年内，成就了堪与过去两千多年的漫长岁月匹敌的业绩。进入 20 世纪以后，数学更是突飞猛进，它的活动与发展情况大大超过了 19 世纪。头 15 年内的数学论著的总量，超过了 20 世纪以前的著作总量的 1/6。要是按此比例发展下去，20 世纪这 100 年内的著作量，将要超过 20 世纪以前的著作总量。单从这一点上也可以看出，数学研究是何等的兴旺发达。就连在数学研究方面特别后进的我国，发表数学研究成果的刊物，也有《东北数学》杂志及《日本数学杂志》(*Japanese Journal of Mathematics*)两种，前者每年陆续发表国内外论文约 600 页，后者发表约 400 页(第二次世界大战时曾一度停刊)。

在欧美的文明国家中，几乎没有哪个国家没有数学学术刊物。少则两种，多则达五六种。我们假定全世界有 30 种发表数学论文的杂志，每种杂志平均一年发表 500 页，则全世界每年的发表量就要高达 15 000 页。而且这里谈到的，仅仅是登载新研究成果的杂志，如果再把数学教育和介绍方面的杂志与著作计算在内，其数量之大一定会令人吃惊的。所以，迫切需要有一种杂志，专门介绍和论述这些论文的梗概，以及对它们进行评论。这种杂志也已经发刊了，其中最有名的是《数学进展》(*Fortschritte der Mathematik*)，它刊载每年发表在各种数学杂志上的各种研究论文的极其简要的梗概，以及少量颇有权威性的著作的介绍文章，其页数每年仍在 1 000 页以上。单从这一点，人们也可以了解到数学的兴旺发达及关于数学的著作如此众多的情况了，从而明白那位大学教授的话是不正确的。

数学不仅在论文数量上异常庞大，而且在质量上也取得了不同寻常的进步和发展，与此同时，数学的面貌也发生了很大的变化。正像在自然科学界发明了人们做梦也没有想到的飞机、收音机、电视、无线电通信、汽车、人造卫星和电子计算机等而使世人惊讶不已一样，数学领域里也勃兴了许多毫不逊色的珍奇的新数学。我们想象不到的理论、看起来似乎违背常识的事项接连不断地被发现、论证，使旧数学的面貌为之一新。然而数学是阶梯式的学问，要有一定的预备知识才可能懂得，可惜绝大多数人就连其梗概也搞不清楚，这里不妨举一个例子。自从出现两种与欧几里得几何学相对立的非欧几里得几何学以来，又相继兴起了非阿基米德几何学、非勒让德几何学和非笛沙格几何学等新的几何学，它们都否定了原有几何学的公理和定理，提出了与这些公理和定理相矛盾的主张。例如，甲主张直线是无限的，与此相反，乙却主张直线有限；甲主张三角形的内角和为两直角，而乙却主张三角形的内角和大于两直角，或者小于两直角。还有，普通几何学中规定，两直线或者完全不相交，或者仅交于一点。然而，有的几何学却允许两直线交于两个或两个以上的点，在有的几何学中甚至还允许一条直线和自身相交。

在代数方面也出现了四元数和交互数(这个数系统有着十分奇特的性质，其中任意一个数 a，其自身不为 0 而自乘却恒为 0；并且当 a 不为 0，b 不为 0 时，$a\times b$ 却为 0)等新的数系。这些新的概念，都否定了普通的数系统的基本性质，提出了与这些基本性质相矛盾的主张。例如，甲肯定乘法的交换律成立，与此相反，乙却否定交换律的一般成立；甲主张一次方程一般只有一个根，与此相反，乙却允许一次方程可以有无穷多个根。而且这些奇异几何学和奇异代数学，仍然能够在理论上创造出形形色色的东西来。今日的数学实在出乎那位小学教师的预料，竟允许存在2加3等于6的加法、2乘以3等于11的乘法的数系统(由亨廷顿创立)。在这些数学中，普通数字中使用的基本法则(结合律、交换律、分配律等)依然成立。当了解这些情况以后，恐怕那位小学教师就要为数学今昔的巨大变化惊讶不已了吧！那么，如前所述，在今日的纯理论数学中，种类繁多的代数学和几何学同时并存，多种多样互相矛盾的数学分支同时成立，这究竟是什么原因呢？而且，尽管包含了许多如此矛盾的内容，却仍然要作为科学基础的数学，其本质究竟是什么呢？我们在原来数学的意义上去理解这些问题是无法想通的。为此，我感到迫切需要从历史的角度探讨从远古发展起来的数学的最新意义。

第二节　数学基础方面的根本变化

上面讲过，数学在基础方面的发展，完全改变了数学的外貌和本质，同时自然地引出了"数学是什么"的问题。我们在前面已经讲过，罗素曾经用简单的几句话，表达了这种变化的状态。罗素说明的数学特征和大多数人对数学的看法是怎样背道而驰的呢？大多数人认为，没有什么东西比数学更正确明了的了。与此相反，罗素却认为我们根本不知道数学讲的究竟是些什么东西，也就是说，我们完全不知道数学中使用的"数"与"直线"等，究竟指的是什么东西。还有，人们认为数学定理是最正确不过的东西，而罗素却说："我们完全不知道我们得到的那些数学定理，究竟是真的还是假的。"换句话说，数学研究的对象是什么，以及它的研究结果是真是假，都是不清楚的。这就是所谓数学的两大特点。假如真是这样，数学岂不成了一门稀奇古怪的学问?! 的确，乍一听罗素的这些话，会使人产生一种他似乎在愚弄人的感觉，但是回过头来仔细地推敲一下，就会发觉，这些看法确实表达了今日的纯学术数学的真髓。凡是了解最近发达起来的纯数学，尤其是知道数学的本质和数学的基础的人，就能懂得罗素的这一番话的确是正确的，既无任何的夸张，也无丝毫诡辩的成分，而且还能够知道数学的变化情况。然而，这种变化并不是数学家随意杜撰出来的，因为我们既然看重人类的理性，就必然会得出这个结论，所以这种变化是必然的。这样一来，我们就会发现迫切需要解决下面一系列重大问题："一方面说数学包含着互相矛盾的几何学和代数学，一方面又说数学仍然是一门严整的学问，这话有什么根据?""我们应该怎样解释近代的数学，数学的哲学情况怎样?""为什么数学必须进行这种根本性的改变?""这种变化了的数学，它的本质究竟是什么?"等。

在本编里我只打算说明近代数学变化发展的具体情况，论述近代数学的意义，而把其他问题的解决全部放在第三编中去论述。

第三节　考察近代数学较传统数学有显著变化的3个方面

一、**传统数学**(大部分处理数和量)

距今50年，或者最多100年以前，数学常常被说成是研究数或量的学问。这种定义曾经为许多书籍引用过，对于那个时期的数学来说，这个定义大体上可以表示出数学的范围和内容。就是现在，且不说小学、初中和高中，就是在各种专科学校和大学里，因为一般讲授的数学，几乎依然局限于数和量的讨论，所以人们似乎觉得数学的范围就限于数和量，但是最近急速发展起来的数学，无论如何也不是这种狭义的学问。现在我把数学变化的情况分成3个方面来论述。

二、既非数亦非量的，或较数与量有着更广泛意义的内容进入了数学领域

和原来的数学相比，在今天既非数也非量的，或者把数和量作为特殊情形包含在内的更广泛的内容进入了数学领域。而且这些内容构成了纯数学的基础，给予了数学绝对的严谨性，确保了数学的一般性和普遍性，是纯数学之所以成立的至关重要的保证。虽说它们既不是数也不是量，但是如果把它们从数学中排除出去，那么数学将大大失去它特有的严密性、一般性和多产性，数学的基础就会变得薄弱，内容也必然会变得极其贫乏。要是我们拿建筑物作比，则承认新要素就能使数学变成宏大壮丽的宫殿；如果排斥它们，则数学在瞬息间就会变成破败衰朽的茅屋。因此，假如我们不想破坏这座坚固的宫殿，不使它变成不蔽风雨的破房子，我们就要有盛情欢迎这些新要素“贵宾”的雅量。

这些新要素有着各种各样的形式。我想至少可以举出其中的5个新要素，它们已经分别成了数学的一个分支，甚至发展到能用一部专著论述的程度。

1. 射影几何学

尽管它还是几何学，却完全不用线段长度、角度大小、面积多少等与量有关的概念，用到的仅仅是直线及点的位置概念，利用截

面(section)和射影(projection)的概念去建立几何学。像这样完全离开量的观念去建立几何学,自然难免叫人生疑。然而人所共知,施陶特和克雷莫纳等人,仅仅利用位置的概念,就建立起了庄严美丽的几何学。

2. 逻辑代数学

我们在前面已经说过,这门学科是论述所谓"概念运算"及"命题演算"的学问。在这里,用 a,b 等文字表示概念或命题,就相当于代数学中用 a,b 等文字表示数或量。当概念 a 含于概念 b,或者由命题 a 可以推出命题 b 时,我们就记为 $a<b$。对于概念或命题之间的其他关系,也分别用适当的记号予以表示,并进一步规定概念和命题的计算,即规定概念和命题的加法和乘法等运算的意义。我们仍用普通的代数记号"+"和"×"表示命题的加法和乘法,并定出各种运算法则,利用它们去研究思维法则和逻辑法则。这样的研究不仅本身趣味无穷,而且比原来的逻辑法则更加进步,甚至发展到了把原有逻辑法则作为特殊情形的一般性研究(关于这些情况,将放在其他章节中详述)。我们看到,一方面,没有数量关系的学科进入了数学;另一方面,兴起了群论和集合论,它们以较数和量要广泛得多的内容为其研究对象,这些学科又构成了数学各分支的基础。可以毫不夸张地说,学习今日的纯数学及理论数学要是没有群论和集合论的知识,就将寸步难行,这些学问已经成了数学的根基。那么,究竟什么是群论和集合论呢?下面我来略略通俗地介绍它们。

3. 群论

设有一组施于一个或一个以上对象的运算 $a,b,c,\cdots$(运算就是手续,一般而言,就是施加于某个对象或某个对象的集合,使其产生某种变化的动作)，如果这组运算具有下述性质，就说它们构成一个群。

(ⅰ)该组中的运算互不相同。即任取组中两个运算，当它们施加于同一对象的集合时，不会产生完全相同的变化。

(ⅱ)依次施加组中多个运算的结果，仍是该组中的一个运算。所得结果只与运算及运算的顺序有关。

(ⅲ)对于组中的任何运算 a，皆存在着逆运算 a^{-1}(所谓逆运算 a^{-1}，就是当依次施加运算 a 和 a^{-1} 于某对象时，该对象仍恢复到原来状态的一种运算)。

例如，设以 a，b，c 这 3 个元素的各种排列为运算，则一共有 6 种运算。现在如果我们把 a 换为 b，b 换为 a，c 换为 c 的运算，即把 abc 顺序换为 bac 顺序的运算，用 $\begin{pmatrix} a & b & c \\ b & a & c \end{pmatrix}$ 表示的话，则把 abc 变成各种不同的顺序的运算有 $\begin{pmatrix} a & b & c \\ a & b & c \end{pmatrix}$，$\begin{pmatrix} a & b & c \\ a & c & b \end{pmatrix}$，$\begin{pmatrix} a & b & c \\ b & a & c \end{pmatrix}$，$\begin{pmatrix} a & b & c \\ b & c & a \end{pmatrix}$，$\begin{pmatrix} a & b & c \\ c & a & b \end{pmatrix}$，$\begin{pmatrix} a & b & c \\ c & b & a \end{pmatrix}$ 6 种。这 6 种运算都满足上面的性质(ⅰ)，(ⅱ)和(ⅲ)。所以，我们称这 6 种运算的一组构成群。

虽然群论是研究满足上述定义的一组运算的性质的学问，但是乍一看，它们似乎与数学没有任何关系。然而，拉格朗日和伽罗瓦等人首先把群的概念用到代数方程的研究中去，开辟研究方程式的新途径，终于借助群论解决了方程式中的千古难题。后来，群的概念逐渐用于几何学、函数论、数论及微分方程等各数学分支，成为在纯数学中到处都可以看到其应用的学问。

4. 集合论

当我们把“确定的”而且“能互相区别的”有限个或无限个对象(不

管是有形的还是无形的)的整体,看成一个新的对象时,就称这个新对象为一个集合。例如大阪市市民全体,就是一个集合的例子。

所谓集合论,就是研究满足上述定义的集合,特别是无穷集合的性质的学问。集合论是由康托尔创立的。康托尔曾经详细地研究过无穷集合的本质,他发现含有无穷多个元素的集合,也有着各种各样的类别,有着各种各样构成集合的方法,并进一步发现了无穷集合的许多令人耳目一新的性质。这些成就,强烈地吸引了许多数学家的注意力,他们的工作大大改变了连续、不连续和积分等概念。而勒贝格在此基础上建立起了较原有的积分概念更一般的结果,使实变函数论产生了根本性的变化。

5. 拓扑学

拓扑学主要是研究图形的那些在连续变形下不发生变化的性质的学问。例如,不管将球面怎样连续地变形,或将球面上的圆连续地变形,在球面性质中的所谓"球面上的圆,把球面分成两个部分"这一性质,绝不会因为球面的变形而改变。这类性质,就是拓扑学的研究对象。很明显,这样的性质不再与数及量发生任何关系。

如上所述,在今天,因为非数亦非量的研究对象进入了数学的大多数领域,它们占有举足轻重的地位,所以,包含了这一切的数学,理所当然地必须改变其原来的定义。

三、即使仍然是研究数和量的数学学科,也有着与原来学科根本不同的性质

——非欧几里得几何学、非阿基米德几何学

我们在上面讲的,是从外部加进了和原来的数学有着完全不

同性质的因素的情况，即非数亦非量的研究对象引起了数学的变化。接下来我们要讲，即使仍然是研究数和量的数学，也有着与原来的数学根本不同的性质。我们同样可以举出实际例子，说明在旧数学内兴起的各种新学科提出了和原来数学相矛盾的主张，结果使得数学的意义发生了变化。

前面已经介绍了有关这类新的特异几何学、特异数系统的几个实例。如今在数学中同时并存着许许多多其主张互相矛盾的分支。但是，我们无论从理论上或从经验上，都找不出任何理由、任何根据去判别这些学科的主张哪个是真的，哪个是假的，反而能够证明这些主张有着密切的关系和共存亡的命运。结果，我们不得不承认，它们都有着同等的资格和权威，承认它们都是数学的正统分支。不仅如此，不管这些流派的主张多么奇特，它们却明显比以前的学科更能适用于现实世界，单是这一点就能够确保它们的存在价值。这样一来，人们自然要问，包括其主张如此互相矛盾的各流派的数学究竟是什么东西？显然这种问题无论如何也不可能在原来的数学意义上予以回答，这就是不得不变更数学意义的第二个理由。

四、即使仍然使用原来的几何学和代数学的基本概念及基本命题，其意义却完全两样

对于原来的几何学、代数学中的基本概念和基本命题，现在普通人的看法和数学家特别是和纯数学家的看法是大不相同的。比如说，对于几何学中的点、直线和平面，代数学中的加法和乘法，普通人的理解和纯数学家，尤其是和公理数学家的理解差异很大。希尔伯特在《几何基础》一书中使用的点、直线和平面，都是极其抽

象的概念，并不指示任何具体的、明确的对象。他认为，凡是满足给定的欧几里得几何学 21 个公理的东西，不管它们是什么，都可以当作点、直线或平面。因而可以用圆当点，用圆的某个集合当直线；也可以把一个圆周围住的部分当作全平面，把在这个圆内所画的适当的椭圆弧当作直线。同样，也可以把抽象几何学的概念具体化，比如可以给人的集体、都市的集合这类对象冠以点和直线的名称。总而言之，凡满足欧几里得几何学全部公理的东西，几何学的全部定理对于它们都成立。因此，欧几里得几何学对于各种各样奇怪的点和直线都同样有效。由此可见，即使在和原来几何学有着相同的术语、公理和定理的几何学中，公理数学家处理的内容和原来的内容也是大不一样的。

在公理数学家看来，数、加法和乘法等，都有着完全相同的性质。比如下述加法和乘法：

$a \oplus b = a + b + 1$，　　例如 $5 \oplus 3 = 5 + 3 + 1 = 9$；*

$a \otimes b = a \times b + (a + b)$，　　例如 $5 \otimes 3 = 5 \times 3 + (5 + 3) = 23$。

尽管与普通的加法和乘法有很大的差异，但是它们都满足普通代数学的一切原则，从而满足普通代数学的法则和定理。在公理数学家的加法和乘法的意义中，就包含着上面那种异样的东西（如亨廷顿的加法和乘法）。

我们看到，即使这些分支与原来的数学有着相同的外观和形式，但是在内容方面却发生了很大的变化，这是不得不变更数学意义的第三个理由。

总而言之，现今的数学在上述 3 个方面都发生了巨大的变化，

---

* $\oplus$和$\otimes$是新运算的加法和乘法符号；$+$和$\times$是普通的加法符号和乘法符号。

它们在外观、内容、本质和范围方面，都变得和原来的数学显著不同了，在某种意义上说，甚至已经变得面目全非。因此，不言而喻，数学的意义也应当作相应地变更。

第四节　数学发展的4个方向

我们在前面三节中，叙述了近代数学的发展状况和变化形式。那么，数学的这种令人惊奇的发展，究竟是朝着什么方向进行的呢？让我们先看一看纯数学的发展方向吧。纯数学从原来的数学出发，朝着两个相反的方向发展着。其中一个方向人们知道得比较清楚，即从整数循序演进到分数和无理数，从加法和乘法循序演进到微分法和积分法。这些发展使得原来的概念和内容逐渐一般化和普遍化，内容逐渐变得高级、深奥和复杂。这就是所谓朝高等数学方向的发展。另一个方向则不大为人所知：数学逐渐变得抽象，向着所谓逻辑简明性(logical simplicity)的方向演进。从逻辑学角度看，全部的几何学(一般地，任何数学)都能归结为构成它们的基础的少数公理和术语。这个公理组还可以进一步尽量精选，去掉非独立的公理以减少公理数目，进而把数学的本质归结为很少的几个术语和命题，可以使数学的结论显著地简单化。今日的公理数学已经抽象到极点，比如通过研究公理组，我们发现实数代数学(中等学校的代数学)和欧几里得几何学，都属于同一种抽象数学，我们由此就可以使数学显著地简单化。数学的这种抽象化和简单化，就是朝所谓基础数学方向的发展。

数学中最容易理解和最明了的部分，不一定是最简单和最原始的东西，而应该认为是介于最简单和最复杂之间的东西。正如最容易看见的东西，并不是最大的和最小的东西，也不是很远的和很近的东西，而是介于它们之间的东西一样，最容易理解的概念，并不是非常复杂的和非常简单的概念，这就是介于高等数学和初等数学之间的原来的数学发展得最快的道理。

现在我们举一个例子，说明逻辑上简单的东西不一定容易理解。比如在椭圆几何学中，直线都是有限长的，而且任何两条直线有交于且仅交于两点的特征，如果把这些特征与欧几里得几何学中的直线无限长、两直线交于一点或不相交的特征相比较，前者显然比后者在逻辑上简单。虽然如此，但要实际去构想和理解具有这种特征的椭圆几何学，那就要比欧几里得几何学困难得多。又如，我们把负数的计算法则规定为$(-a)\times(-b)=ab$，$(-a)\times b=-ab$，这在逻辑上看是极其简单的，但是要真正理解隐藏于它深处的本质，那就连成年人也会感到极其困难，更何况正处于身心发育阶段的幼稚儿童！

随着人类智慧的增进，如同为了扩张我们的视野以弥补视力之不足，人们发明了显微镜和望远镜以洞察极小和极远的目标那样，为了增强我们的理解能力和推理能力，也需要两方面的机械，其中一种引导我们进入高等数学，另一种引导我们进入基础数学。如同显微镜和望远镜使我们看到了未知的世界、知道了许多令人惊奇的现象和事实一样，高等数学和基础数学的发展，使我们知道了在思维领域中，存在着我们连做梦也没有想到也不可能想到的事体。就像显微镜和望远镜使我们看到了物质世界中的奇观一样，高等数学与基础数学使我们看到了思维世界中的奇观。这一切不能不使我们感慨人类智慧深奥无穷的力量。

以上介绍的是纯数学方面的发展情况。至于在应用方面，数学更是日新月异地进步发展着，应用数学的范围一天天地不断在扩大。

除了这3个方面指示着数学现在和将来的发展状况及发展方向外，还有一部分数学工作者把他们的注意力，放在研究过去的数学发展状况上。因此，可以说现今的数学正朝着下图所示的4个方向发展着。

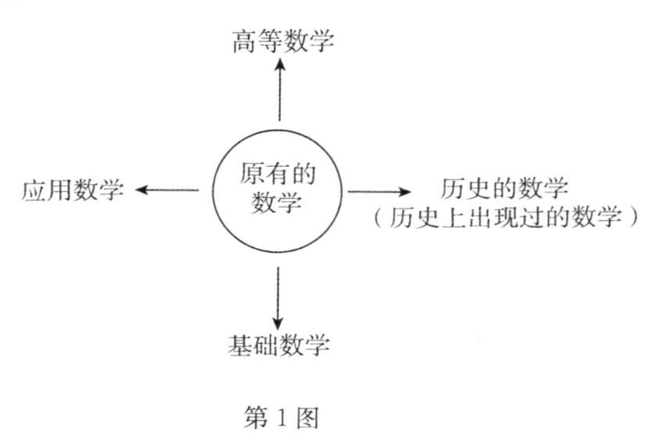

第1图

第五节　全数学的概观

我们在第三节中说明了原有数学的外观、内容和本质在近世经历的巨大变化，在第四节中指出了数学最近的发展方向。现在，在我们考察这些数学的意义之前，先通观一下全部的数学。

为此，我们把整个数学分为3个大分支，再把每一个大分支分成若干个小分支。其中属于基础数学和历史的数学的内容不大为人所知，所以关于这些分支，我打算讲讲它们的特征或一两个足以引起人们兴趣的例子。

下面列出了这张区分表。虽然表中的区分是一目了然的，但是，各分支之间总是多多少少有些关联交叉，自然不可能作出绝对准确的区分。

- 纯数学
  - 基础数学
    - 几何学原论
    - 数系统原论
    - 解析原论
    - 集合论
    - 群论
    - 拓扑学及不变论
    - 逻辑代数学
    - 数理哲学
  - 高等数学
    - 分析学
      - 微分
      - 积分
      - 微分方程
      - 积分方程
      - 变分法
    - 几何学
      - 初等几何学
      - 解析几何学(坐标几何学)
      - 微分几何学
      - 位置几何学
      - 画法几何学
        - (多维几何学,特异几何学)
    - 函数论
      - 实变数函数论
      - 复变数函数论
    - 代数学
    - 数论

- 应用数学
  - 学校数学（用作教育材料的数学）
    - 数学教科书
    - 数学教育理论
    - 数学教学法
  - 实用数学
    - 天文学、力学、理论物理和统计学中的数学
    - 图解数学
    - 数学仪器的理论及其使用法
    - 近似计算
- 历史的数学
  - 数学家列传
  - 诸数学大家的全集
  - 数学论文杂志
  - 数学的历史发展
  - 数学各分科内部的发展阶段和途径
  - 数学发现的历史考察(动机、途径、着眼点等)

一、数学各分支的简况

1. 几何学原论

几何学原论是研究几何学的公理及术语的本质,研究公理定理的逻辑关系(研究某公理或定理是否可以由给定的公理组证明得到),研究公理组是否不包含矛盾,研究几何学及其公理组的关系,研究几何学学术建设的理论与实践,研究各种特异几何学及其相互间的关系,并以研究几何学的逻辑基础为目的的学科。

2. 数系统原论

我这里讲的数系统原论,指的是讨论和研究数的概念的本质、数系统的相互关系和建立数系统的理论及方法等方面的学问。例如,在最原始、最基本的自然数的研究中,讨论自然数的概念是怎

么产生的，研究自然数概念的逻辑抽象的构成理论及方法（介绍先验派、经验派、逻辑派、公理派等观点的差异，以及按照这些观点构成的自然数概念）和自然数计算的基础。据我所知，建立现在使用的普通数系统的方法，大致可以分为公理法和扩张法两类。扩张法又可以进一步分为历史的扩张法和系统的扩张法。历史的扩张法还可以进一步分为所有数系统的横向扩张和各个数系统内部发展的纵向扩张。在以公理法建立数系统时，也有着两种可以采用的方式。

关于各个数系统的构造导入方法，一般有量的导入法和抽象导入法两类。其中抽象导入法又可以进一步分为解析导入法、综合导入法和公理导入法等。解析导入法还可以进一步分为算术导入法和代数导入法。只有用上述各种方法和观点来认识数系统的构造，才能够看透数系统内部的本质。为了进一步看透普通的数系统本质的隐蔽面，需要考察建立在与之矛盾的原理上的特异数系统。某些深深隐伏在事物内部的关系，往往要把它和相反事物对照比较之后，才能够发现出来。归根到底，数系统原论就是根据上述方法去研究上述事体的学问。

3. 解析原论

我这里所谓的解析原论，是研究构成解析学基础的各种概念的学问。例如研究函数概念、极限概念、连续概念、微分概念和积分概念等。就拿连续概念来说吧，尽管谁都能够理解“连续”这个通俗词语的直观意义，但是要分析“连续”一词的意义，并说明它的特征，却是极其困难的事情。在数学上，虽然很早就使用了数的连续、函数的连续等术语，但是任何一本书都没有解释连续的意义，因而也就不可能用明确的连续性质，去证明有关连续的事项，只能靠数学的直觉，含含糊糊地搪塞过去。直到出现了戴德金，他认为严密的数学不应该建立在这样的基础上。经过深思熟虑，他好容易才利用著名的“分割”思想，向世人揭示了连续的本来面目，并由此确定了“数的连续”“直线上点的连续”的意义，建立起了无理数的严密理论。后来，又出现了柯西，给出了解析的“函数连续”的概念。到集合论和公理数学兴起之后，又出现了“集合论的连续”“公理的连续”的定义，从此进入了研究各种连续概念的相互关系及特征的阶段。如果仔细分析，就会发现连续和不连续这两个概念，可以有各种各样的情况，由此必然导致研究用半连续、一致连续、全不连续和概连续等术语表达的各种概念。其结果会使我们了解到，在含有这些性质的函数中，存在着我们做梦都没有想过的极有趣的性质。解析原论就是要彻底地研究这些概念的数学意义的学问。

4. 集合论

在前面已说明了它的主要之点。至于详细情况，打算另辟一卷专门讨论。

5. 群论

正如前面已经说过的那样，群的思想已经进入了今日数学的各分支，变成了它们的精髓。更重要的是，群的思想起了统一近世发展起来的数学各分支，并且促进它们发达的重要作用。例如，庞加莱在乍一看似乎没有任何关系的 Fuchs 函数和某些数论问题的研究中，比较了贯穿于两者基础之中的变换群的性质，才发现两者之间有着密切的关系，从而获得了重大的研究成果。可见，群的思想是使表面上看来没有关系的数学各分支联络统一，并暗示新研究的极其有力的工具。

6. 数学的不变论和变换论

第 2 图

正如前面说过的那样，拓扑学是研究在连续变形下不变化的图形性质的学科。由于球面与椭球面的这些性质是同一的，因此可以称它们是拓扑相等的。但是画在环面上的圆，却未必能把环面分成两个部分(见第 2 图)，因此，椭球面与环面则不是拓扑相等的。在拓扑学中，详细地论证了若尔当闭曲线(圆或圆的连续变形物)把平面分成两个部分的性质。乍一看，这个结论相当简单明了，似乎没有证明的必要。可是，当我们知道在闭曲线中存在着空间填充曲线之后，就会明白这个论证的重要性。说起来谁都知道，在几何学中方程式 $y=f(x)$ 确定一条曲线，假如 $f(x)$ 是连续的，则曲线也是连续的。如果我们在 $y=f(x)$ 中引入参变量 t，以 $x=\varphi(t)$ 和 $y=\Psi(t)$ 两式代替 $y=f(x)$，则它们同样表示一条曲线。当 φ 和 Ψ 是 t 的连续函数时，$x=\varphi(t)$，$y=\Psi(t)$ 就表示一条连续曲线，这些都是人们熟知的事实。现在，当我们取 φ 和 Ψ 为 t 的某个特定的函数时，它们就表示一条若尔当闭曲线；而当 φ 和 Ψ 取为别的特殊的函数时，它们就成了皮亚诺、摩尔、希尔伯特等人研究的空间填充曲线。在这条空间填充曲线中，当 t 从 0 变到 1 时，(x,y) 画出一条连续曲线，这条曲线通过边长为 1 的正方形中的任何一点。因此，这条曲线是一条填满整个正方形的曲线，显然这样的曲线是不可能把平面分成两个部分的。由此可见，研究在什么情况下，φ 和 Ψ 表示的曲线才能把平面分成两个部分，是数学中极为重要的课题。

这种以解析式给出的曲线，有着很多我们意想不到的性质。虽然拓扑学是研究在连续变形下几何学的不变的图形性质的学科，但是与此不同的另一种研究，即研究在各种变换下都不改变的解析式（不变理论），也是数学中极其基本的课题。

7. 逻辑代数学

打算把这方面的内容，放在后面的章节中详细论述。

8. 高等数学和应用数学

这部分数学主要是原有数学的延扩，因此大体上可以推测出它们是什么。所以这里不打算再作说明。下面我要略述一下我对历史的数学的看法。

9. 历史的数学

普通的所谓数学史，无外乎记述谁在哪个年代研究了数学中的什么课题、发现了什么定理，以及古代埃及、希腊和印度等国的数学如何等，我对此兴趣不大。比起所谓的数学的历史来，我更感兴趣的是历史上出现过的数学。因此，我在历史的数学的项目中，列举了数学各分支内部发展的阶段和途径、数学发现的历史考察、有关记述数学家的数学研究和数学发现的奇闻等令人感到兴趣浓厚的内容。我期望人们能从这种历史的数学的研究中得到如下好处。

(1) 激励立志于数学研究的后来者

各位数学大家的传记、论文、原著等，能给予后来者极大的激励和教训。特别是原论文和原著等，比起别人的解说来，能给予注意力敏锐的读者更多的启示和彻底的内省。各数学大家的全集（柯西 23 册，拉格朗日、拉普拉斯、凯莱等各 13 册或 14 册的大部头著作）树立的思维世界的大纪念碑，不仅使后来者敬仰和赞叹他们的丰功伟业，而且始终鼓舞着后来者，不断地激励他们前进。如果看到阿贝尔和伽罗瓦等人少年成就的伟大业绩，人们就会想到，即使年少也可以干成卓越的事业；如果看见魏尔斯特拉斯和希尔伯特等人在较晚年时还能成就伟大的业绩，人们就会想到即使暮年仍能奋发有为。人们可以由此受到有益的鞭策和刺激。

(2) 懂得现在数学的真正意义和对于数学的真正理解

仅凭现行的数学教科书或自身的研究，要想真正理解数学中某事项(不，应该是许多事项)的真正意义，是无论如何也办不到的。很多情况都是在考察了这些事项的历史之后，才能够求得清楚明了的解决。为了充分说清这一点，下面举一个有关对数概念的例子。

我们现在使用的是定形的对数，通常是以

$$\text{当 } x=a^y \text{ 时}, y=\log_a x$$

来定义的，并由此导出了对数的各种性质，用于数的计算。这些事项不论在哪本教科书中都有记载，并且理解起来不会有任何困难。因此，教师也好，学生也好，理解的只不过是教科书上记载的事项，就认为自己得到了对数的全部知识而心满意足。

其实，只要稍稍用心反省一下，就会产生种种疑问。现在举出如下几点主要的。

（ⅰ）按照上面给出的对数定义，可以导出便于计算的各种性质。但是，怎样想到这样去定义对数就含有合适的性质呢？

（ⅱ）自然对数的底是 $\mathrm{e}=\lim\limits_{n\to\infty}\left(1+\dfrac{1}{n}\right)^n=2.718\cdots$，为什么要把如此复杂的极限，作为理论上的对数之底呢？又为什么这样一来在对数研究中仍然很方便呢？(尽管知道选取简单的数为底是方便的)其理由何在？

（ⅲ）为什么要把以这样复杂的超越数 e 为底的对数，命名为自然对数呢？乍一看，不是很不自然的吗？

（ⅳ）在我国中等教育中使用的对数，仅仅是正实数的对数。这种对数包含从$-\infty$到$+\infty$之间的所有实数，并且每个正实数对应一个且仅对应一个对数值。那么，负数是不是没有对数呢？一个数的对数是不是只有一个？

在我看来，若连这些最起码的问题都回答不了，就很难说理解了对数的真正意义。凡是不满足于对事物的表面理解，想弄个水落石出的人，必然要产生上述疑问。那么，为什么潜藏于对数内部的这些关系，对于表面上任意的定义约束，都能恰好达到由能预见未来的理性所导出的那种理想的结果呢？如果要知道这种深奥的道理，除了追踪对数概念的发展历史外别无他途。

这种历史的发展过程，同时也能有力地指示数学发现的方法和途径，所以，我想放在第二章"数学发现"中去专门讨论。今日中等学校教材中的对数，是介于历史的对数概念和复数的对数概念之间的东西，要明晰而透彻地理解这种对数的概念，就非得进行历史方面和高等数学方面的考察不可。

(3) 暗示着将来数学的发展方向和研究方针

我们可以看到，和前面讲的对数概念的发展类似，函数概念也是经过笛卡尔、莱布尼茨、伯努利、柯西、黎曼、狄利克雷、维布伦等人之手，积分概念经过柯西、狄利克雷、黎曼、勒贝格、当茹瓦、斯蒂尔切斯等人之手，分成若干阶段，一步一步地逐渐扩张着范围。当无路可走时，全靠大数学家的卓越创见，冲破难关，使研究更深入、更广泛地进行下去。要是我们仔细考察当时大数学家研究的着眼点及其发现途径等，就能够从中获得极大的乐趣和教益。同时，我们也会由此而在数学将来的发展方向和研究方针方面，受到很大的启发。基于这种想法，我非常希望看到出现记述着历史地考察教学发展的论著。

(4) 给予数学教育工作者很重要的反省材料

在数学的历史上，数学的主要概念，如负数和虚数等，曾经经历过缓慢的发展时期，并且遭遇过极大的反对。这些历史事实，正是数学教师在讲课时选择教材、设计教学方法的极好的参考材料。即一方面，为什么这些概念会遭到反对？另一方面，它们又怎样得到了承认？当我们要把这些问题的来龙去脉向学生交待时，它可以教给我们应该采用的方法。

总而言之，我极其盼望有一天能看到以上述观点和效果为宗旨而写成的数学历史著作问世。

第六节　近代数学的意义

我在上述各节中简略地叙述了今日数学的状况及其发展方向，现在打算着手考察今日数学的意义。

无论谁都知道，要用简单的几句话来定义有着如此广阔范围的数学，包括本质根本不同，以及有着互相矛盾主张的各种数学，绝不是一件轻而易举的事。实际上，尽管有很多数学家试图给出近代数学的定义，但是没有一个定义称得上是完美的。这些定义不是过宽，就是过窄。要作出正好只包含数学而不包含数学以外的内容的定义，是极其困难的。

当我们考察数学的定义时，有如下 3 种观点值得考虑：

第一种，找出数学研究方法上的特征，以此去定义数学；

第二种，找出数学的各种研究对象之间隐含的某些相似之处，把这些对象的共同特征，作为数学研究的真正对象，以此作为数学的定义；

第三种，把第一种和第二种观点结合起来，以研究方法及研究对象的特征去定义数学。

现在，我们先把皮尔斯和罗素等人给出的数学定义，作为第一种观点的例子。他们着眼于数学特有的研究方法——形式逻辑的方法。

皮尔斯说：

> 数学是得出必然结论的科学。
>
> ("Mathematics is the science that draws necessary conclusion.")

罗素说：

> 数学是所有形如"P蕴含Q"的命题的类。
>
> ("Mathematics is the class of all propositions of the form 'P implies Q'.")

可是，从一方面看，这类定义有过于广阔之嫌。因为数学以外的学问，也不乏可以用形式逻辑的方法研究的对象。特别是在数学以外的某些学科的某些部分，或者某些部分的某些事项的研讨中，也大量地使用了形式逻辑的方法。非数学学科使用"P蕴含Q"这种形式的命题已是司空见惯。换句话说，满足这个定义的"数学"，要比现今数学的范围广泛得多。

然而，从另一方面看，我认为这个定义又有过于狭窄之嫌。因为数学中所使用的研究方法，并不仅限于形式逻辑。实际上，数学的直觉、想象、某些实验以及着眼于极其渺茫的相似点等，更是数学研究和数学发现中极其重要的方法。数学家们借助这些手段，或者推测出未知事项间存在着这样那样的关系；或者得到和某些事项有关的启示，从这里理出头绪着手研究，在得到一个大体成熟的方案后，再利用形式逻辑去严密论证预想的正确性。只有到这时，才能够说得到了一个数学命题。因此，我认为把数学的研究方法说成是仅局限于逻辑的方法，不免失之狭窄。

另外，以形式逻辑方法为主体去定义数学，还会碰到如下困难：按照上面的定义，只有逻辑地严密证明过的命题才是数学命题，除此以外的东西都不是数学命题。那么，究竟什么是逻辑的严密性呢？怎样判定一个证明是否是逻辑严密的呢？我们考察一下数学的历史就会发现，所谓“逻辑严密”的标准是随着时间而改变的。我们常常会遇到这样的情况，过去的数学家明确地毫不怀疑的事物，到了今天就不再是那么回事了。实际上，有人说得好，逻辑严密性是时间的函数。就连19世纪初最伟大的数学家高斯那样习惯于深思熟虑和具有敏锐批判眼光的人，他的某些证明，用今天的眼光来看，就不能再说是严密的了。又如勒让德作出的有关三角形内角和的证明，现在已经弃而不用。其他大数学家的证明，也难以避免有许多类似的遭遇。因此，把逻辑的严密性作为数学的唯一定义，会遇到极大的困难。

建立在第二种观点上的数学定义　每个数学分支各自都有作为特定研究对象的“元素集合”，这些“元素”之间有着“某种关系”。建立在第二种观点上的数学定义，就是利用这些共同点作出来的。

可是，如果要用这个定义去概括数学的特征，我看又不免有过于宽泛之嫌。因为在数学以外的领域中，也常常采用“元素之间有某种关系的集合”作为研究对象。同时，这样的定义也太空洞，丝毫不能抓住所谓“数学是什么”的要害。

建立在第三种观点上的数学定义　把第一和第二两种观点结合起来，在研究对象和研究方法上寻找数学的特征，这就是数学定义中的第三种观点。这样给出的定义是：

数学就是利用形式逻辑的方法，研究存在于某个集合的元素之间的某些关系的学问。

这种观点和第一种观点一样，从一方面看过于广泛，从另一方面看又过于狭隘。

不管是什么数学命题，也不管它得来的方法如何，杨只着眼于能够抽象地表达和逻辑地诱导证明它们。他给出的数学定义如下：

每个数学分支都是由一组命题构成的，可以把这些命题排列起来，使得在若干个命题后面的所有命题，都是前面诸命题的逻辑结果。数学就是由一切具有这种性质的数学分支的集合构成的。

这个定义说不定也要受到过于广泛的责难，但是，他认为凡是今天实际上存在的满足这个定义的学科，都可以说是数学（今后，在我们发现一个学科满足这个定义，但是把它叫作“数学”又嫌不适当以前，姑且认为这个定义可行）。可是，就力学和理论物理的某些部分而言，恐怕很可能满足这个定义的要求，或者至少将来会成为可能。此外，从另一方面看，这个定义至少在表面上有着忽视应用数学的倾向。因而，反对把数学的主体放在抽象数学上的人，是不满意这个定义的。他们认为，数学之所以为数学，就在于它的广泛应用上，抽象数学好比人体的骨架，若要把骨架说成是人体，岂不是荒谬绝伦的大笑话!

凯泽说:“数学是使思维经济有用的学问。”庞加莱说:“数学是给予不同东西以相同名称的技术。”这些说法都只强调了数学一个方面的特征，要把它们当作数学的定义恐怕也是不妥当的。

总而言之，要用简单的几句话去定义如此广泛的数学，概括它的范围、内容、本质和研究方法等，既是十分困难的，恐怕也是无益的。因为数学在日新月异地进步、没有止境地发展着，一些无法预料的新领域不断地被开拓出来，因此，今天勉强作出的定义，即使眼下碰巧是正确的，过不了多久就不得不进行改造。另外，关于数学的基础问题，就布罗沃和外尔等人最近的主张来看，如果得到一般地认可的话，整个数学都要受到极大的影响和变动。因此，与其努力于给数学下定义，倒不如把数学分为纯数学和应用数学，给出它们的定义;或者开列出从各个侧面看到的数学的特征(见下表)，尽力把握住它的真髓，这比勉强去定义数学要远为有用。

- 数学研究方法的特征
- 数学对象的特征
- 数学本质的特征
- 应用方面的数学的特征

结论　全世界数千个数学家，数十万个数学教育家，现在正朝着什么方向努力呢? 有人把他们比拟成试图织成思维世界中的道路网的人，即一部分人的使命是要把思维道路中过于狭窄、通行困难的部分加宽整平，让谁都能自由通行;有些人正在道路的短缺部分和地基不牢固的地段上打桩填石，兴建基础工程;有些人正在高山大川断崖绝壁之间，要在人们认为无论如何也找不出道路的地方开辟出平坦大道来。具体地说，对于已知数学中难以理解的、仅少数具有特殊天才的人能够理解和利用的东西，数学研究者要努力找出一般法则和一般定理，以便让任何人都可以理解和利用；同时，数学教育工作者正努力改良教授方法，选择和整理教材，使一般的学生都能够理解难懂的数学问题。这些人的工作可以比拟为上面讲的第一种使命。第二类情况则可以比拟为最近的数学研究者研究基础数学的态度；第三类情况可以比拟为数学家作出新研究和新发现，努力建设和发展世人无论如何也做不到和意想不到的事业。

我认为，对这 3 类情形来说，上面的比喻非常贴切。而且，说到底，要想完成罗织这个道路网的目的，就是要利用它为人类服务。这里就含有强调数学的实用方面的情感。然而纯数学却完全离开应用，俨然存在于思维世界之中。作为一门高深的学问，作为人类精神的产物，数学当然有着它自身存在的权利和价值。因此，在某种意义上，我认为数学家的使命可以比成建设数学宫殿、数学王国的事业。也就是说，在迄今建立起来的思维宫殿中，公理数学犹如一座极其严正抽象的水晶宫，基础牢固且富有普遍性和包含性；深奥的高等数学，则好比一座堂皇富丽的大宫殿。当你步入那些宫殿的内部，就会看到令人眼花缭乱的新思想，我们无法想象的新方案层出不穷，美不胜收，足以使观者心旷神怡，沉浸在真和美的享受之中而忘记自身所在。不过，要想进入这些思维宫殿的任何一个房间，都必须握有能够打开大门的钥匙，赤手空拳的人是不可能随便进入的。其次，在应用数学的宫殿里，和以数学为基础骨干的力学、理论物理学、天文学等诸伽蓝一起，排列着各种仪器和图表，等待着应用数学工作者的光临。

另外，在数学史的大宫殿里，耸立着伟大数学家们的纪念塔，还有显示数学各分支发展途径的模型，给我们提供用以鼓舞后来者，以及暗示未来数学发展方向和研究方向的材料。

我想，从事数学研究和教育的人们，应该尽自己的微薄之力，努力为这些宫殿的建成添砖加瓦。除此，还要利用这个思维道路网去指导后来子弟，伴随他们进入思维宫殿中去，让他们真正尝到它的真和美的滋味，并用它来醇化我们的人格，培养我们适应现实社会的能力，奋力为人类的幸福和社会的繁荣做出贡献。

第二章　数学发展的方法，数学发现所需要的精神活动，以及数学发现者的素质

第一节　数学发展的方法(扩张法和发现法)

如前所述，数学最初产生于人类生活的需要，和外界的量保持着密切的关系。它是在根据各种各样的经验，和不断经历许许多多的应用的基础上，逐渐发展起来的。然而，到了今天，它已经变成了一门包括脱离外界的量、经验和应用的所谓纯数学，以及以应用为主的所谓应用数学这两大部门，内容非常广泛和十分深奥的学问。在它的发展过程中，有着形形色色的逐渐扩张数学范围的方法。在我看来，其中至少有下述两大方法。

一、一般化方法(扩张法)

从已知的概念和定理出发，建立以原有的结果为特殊情形的更为广泛的概念和定理的方法，就是所谓一般化方法。按照这种方法去开拓数学领域的事例是不胜枚举的。就拿数学的基本概念来说吧，数的概念、函数的概念、积分的概念等无不如此。数的概念，从自然数开始，逐渐扩张到整数、有理数、实数、复数和超复数

的概念。而函数概念一如前述，从笛卡尔给出的最简单的函数概念出发，经莱布尼茨、伯努利、欧拉、柯西、黎曼、狄利克雷、维布伦等人之手，一步一步地扩张，其间经历了大约六七次扩张，扩张到了以集合论为基础的集合函数的概念，变成了内容非常广泛的一般性学科。积分概念也是从连续函数的积分出发，扩张到包括不连续的函数在内的函数积分，经柯西、狄利克雷、黎曼、勒贝格、当茹瓦、斯蒂尔切斯等人之手，逐渐扩张着范围，扩张到了今天这样内容十分广泛的积分概念。

若说到定理公式，则从个别事实出发得到定理和法则的过程，本来已经是一种一般化，然而，还可以从这些定理和公式出发，建立有着更广泛意义的定理和公式，有不少的定理和公式就是由许多数学家这样建立起来的。另外，若以数学的分支举例的话，复变函数论可以看作所谓微分和积分的一般化；希尔伯特的公理几何学，则可以说是普通几何学的一般化。

二、发现法

所谓发现法，就是不依赖已知事项而发现新的数学事项的方法。利用这个方法去扩展数学领域的事例也是极多的。例如，由鲍耶和罗巴切夫斯基建立起与欧几里得几何学性质迥异的非欧几里得几何学就是如此。另外，牛顿和莱布尼茨以无穷小及极限概念为基础建立微积分学，康托尔创立超穷数与集合论的理论，纳皮尔和比尔吉创立对数，蒙日和斯坦纳等人创立与量的几何学大不相同的、不使用量的概念的射影几何学，等等，都可以被视为发现法的范例。在某种意义上说，它们都可以被看成是与已知数学无关的新创立的学问。但是，若仔细地研讨起来，它们的基本概念常常是从已知数学的某些部门导出，再加上若干独到的见解，经历许多迂回曲折以后建立起来的。

以上两种方法，与人类获取世界领土、扩张版图的方式完全相似。古代的“英雄”人物侵略别的国家，扩张自己的领土，就是以本国为基础，首先征服周围的国家，逐渐形成一个大帝国的。如亚历山大、拿破仑、成吉思汗等创建大帝国的过程，都可以算是采用了数学发展的第一种方法——一般化方法。至于第二种方法，就好比在与自己本土完全无关的遥远异域上发现未知的国土，想方设法并入自己的版图，由此形成强大的国家。哥伦布发现美洲大陆就是如此。所以应该把它比成堪称数学发展的第二种方法——发现法。

再说，虽然现今的数学是靠这些方法发展起来的，但是现在所谓学习普通数学，都仅仅意味着理解和掌握这些发现的结果，而对于得到这些结果的途径和方法，却几乎无人问津。然而，我认为深入研究和掌握发现法和一般化方法，就能为新研究和开拓新领域提供绝好的参考。我殷切期望数学学习者和数学研究者特别留意于此。

1. 数学发展和发现的动机及途径

却说数学依靠上述方法，才逐渐发展到了今日的状态。若问其间发展途径究竟如何？新发现的途径究竟如何？则我们可以说，在很多情况下，某事项的被发现和扩张，一定有着促动因素，或者存在着实际的需要。例如，在数的扩张方面，从历史发展的角度看，分数和无理数的起源，就是随着人类智力的进步，产生于精密计量的需要；若从统一的学术观点看，则是产生于使算法一般化，或使方程式的解法一般化的知识欲望。又如，对数也是由于需要计算天文学研究上的大数目而产生的。至于函数概念的扩张,也是由于在研究傅里叶级数时,必须废弃欧拉时代的一部分函数概念,才万不得已由柯西改造和扩张的。

然而,数学上的某个事项,从由某种动机、需要出发开始研究,到完成建立、满足要求为止的这个过程通常都是不简单的。其成就和发现越大,则付出的辛劳困苦和牺牲也越大,这种情况在数学史上比比皆是。例如非欧几里得几何学的建立,其动机源自研究欧几里得平行公设,在长达两千多年的漫长岁月里,这个问题曾经伤透了所有数学家的脑筋,好容易才得到这种结果。大数学家经历的许多失败和辛苦,给后来的研究者提供了极好的教训和许多饶有兴味的东西。又如,数系统在其扩张范围的过程中,从负数和虚数被发现算起,到它们作为数为一般人所认可为止,分别经历了 500 年和 300 年的漫长岁月。总而言之,数学上大的建设和大的发现,在某种意义上说一般都有着许多失败的先驱者。虽然这些先驱者失败了,但是等到具备发现所需要的各种合适的条件时,终究会获得成功。

2. 数学发现的两大要素(数学发现者的着眼点和辅助学科的发展)

上面所谓适合于数学发现的各种合适的条件究竟是些什么呢？想来,这些条件可以因数学中研究事项的不同而千差万别,但是我认为其中有两个条件是特别重要的。

第一个是辅助学科的发展;第二个,不用说,是伟大发现者头脑的灵异和着眼点的正确。虽然不言而喻,一切问题的最后解决都要归结于伟大研究者本人,但是辅助学科的发达与否对于发现同样有着重大的关系。尽管甲和乙两人有着大致相同的头脑,有着同样的着眼点，但是其中一个人因为辅助学科的发达而成功，另一个人却因为辅助学科尚未发展而戴不上桂冠，这种例子也是不胜枚举的。我们可以举对数为例子，说明因辅助学科尚未发展而终于未能成功的情况。又如爱因斯坦的相对论原理，如果当时还没有他直接或间接利用的非欧几里得几何学与四维几何学的思想，他能否成功还是个问题。他的研究能够较牛顿前进一大步，其中一个重要原因，不能不说是靠了时代的进步，因为在牛顿的时代还没有出现这种思想。话又说回来，就算这种思想已经存在，要是研究者本人尚不知道，显然他就不可能利用它。所以，有志于搞研究的人应该时常留心于各学科最近的研究和最新的发展，熟知其梗概，随时准备加以利用。特别在今天的数学中，用我们的传统数学思想和数学常识无法想象的各种新思想接连不断地被发现、论证之际，我尤其特别感到它的重要性。

其次，在伟大的数学家的着眼点方面，有着许多恰到好处的卓越见识令我们佩服不已，当然，这些着眼点随着研究事项的不同而不同，很难加以概括。可是，就许多解决重大问题的例子来看，常常是在我们凡眼看来没有任何关系的事项之间找出了隐含的关系，并利用这种关系解决了大问题。例如，在高次方程的研究中伽罗瓦使用了群论，在研究积分概念时勒贝格利用了集合论，在数论的研究中利用了连分数的性质等，都是这种情况。当数学上某个问题陷入僵局，使用现有的知识不管从正面如何攻击都不能解决时，有人却能在最近研究出来的新学科和这个问题之间，找出普通人不曾理会的关系，取近道从侧面攻击而获得成功，这种例子也是很多的。事实上，能看透隐藏在那些表面上看来没有什么联系的问题之间的关系而加以利用，是数学研究中极其重要的事情。这常常是大数学家新研究的成功、困难问题得以解决的关键之点。因此,我们必须努力培养能识破和利用这种隐含关系的能力,以促进发明和发现。

在数学上的划时代的大发现方面,当我看到记述两个人几乎同时独立地作出了同一成功发现的例子时,一时颇感迷惑不解。但当考虑到上述理由以后,就领会到了何以如此。例如,纳皮尔和比尔吉发现了开创数学计算新纪元的对数,牛顿和莱布尼茨发现了成为数学精髓的微积分,鲍耶和罗巴切夫斯基创立对近代数学有着重大影响的非欧几里得几何学,爱因斯坦和希尔伯特创立一般相对性原理等,都是这种情况。由于这些问题或是时代的需要,或是多年未解决的悬案,因而成了许多人的研究课题。但是,由于辅助学科尚未进步,或囿于当时人们的某种偏见而误置了着眼点未能成功。而等到适当的时候,恰好碰上辅助学科的进步,或者由于弄清了当时偏见的错误,同时出现了有正确着眼点的人,他们灵活运用那个时代渐渐发展起来的思想或辅助学科,因而完全可能在同一个时代赢得发现者的桂冠。

总的看来,研究学习那些在新发现中获得成功的人的着眼点,以及那些尽管着眼点不错但仍然以失败告终的原因等,不仅是饶有兴趣的,而且也能给我们提供研究新发现的极好的参考资料。例如,在非欧几里得几何学的发现中鲍耶和罗巴切夫斯基的着眼点、在对数发现中纳皮尔和比尔吉的着眼点、在积分概念的扩充中勒贝格的着眼点等,无疑会给予我们绝好的借鉴。为了能够彻底理解那些促进发现的必要条件、发现者的着眼点、发现的阶段、成功或失败的原因,以及具体说明研究历史的必要性,我打算在第四节中以对数为例子详细地阐述。

第二节　数学发现中的精神活动、数学发现

上面我们已述及了数学研究者的着眼点是数学发现的重要因素。在这里，我想进一步考察发现者怎样注意到了这种关键之处、怎么能够捕捉住这种恰到好处的着眼点等问题。让我们首先来叙述在数学发现之际，数学家的精神活动状态的事实吧。然而，大多数的数学家没有丝毫关于这些事实的记述，对于他们的情况就不得而知了。幸运的是，法国大学者庞加莱在他那篇以《数学上的发现》为题的、极值得尊重的论文中，曾以实际例子详细地叙述了自己在数学发现之际的精神活动，并且还谈到，法国的数学教育杂志曾就许多数学家研究问题之际的精神习癖与研究方法进行调查，其结果与他的情形相当吻合。由此可见，每个数学家在发现之际的精神状态与庞加莱所说的情况大致相同。因此，下面要讲一讲他和其他两三位数学家的实际例子。

一、庞加莱发现 Fuchs 函数时的精神活动状态

庞加莱曾经研究过有没有一类函数，具有和后来“命名为 Fuchs 函数的那种函数”相类似的性质的问题。最初，他认为大概不存在具有这种性质的函数，便设法去证明它的不存在性。他翻来覆去地思考和证明了 15 天，却是一无所获。一天晚上，他无意中喝了黑咖啡，久久不能入睡。当他在床上辗转反侧之际，有关研究事项的种种想法不断在头脑中涌现，这些方案互相矛盾、交错影响。最后，他终于把其中两个方案稳妥地配合起来，觉察出了它们之间的结合因素。第二天早晨，他在前夜精神活动的基础上，经过反复推敲研究，终于能够确信存在着一类 Fuchs 函数，进而发现

了它。

接着，他想把这种函数表示成两个级数之商。通过反复推敲、周密思考，利用与椭圆函数的相似之处，终于达到了目的。

其后，他出发去参加在矿山学校召开的地质学会议，由于旅途劳顿，他完全没有进行数学研究的念头。抵达库乌当斯之后，他打算外出走一走。正当他要踏上公共马车的车梯时，突然闪现出一个念头，他感到定义 Fuchs 函数时使用的变形法，和非欧几里得几何学中的变形法是相当的。回家后，他仔细地斟酌了一番，确认自己的想法是正确的。接着他又研究数论问题。许多时间过去了，仍然一无所得。为了驱除连日来的疲劳，他接连几天都去海滩散心。有一天，他在悬崖处散步的时候，脑海中突然闪现出一个念头，觉得二次三项式的数论变形法，和非欧几里得几何学的变形法也是同一个东西，而且这与前面的想法是同样简洁和正确的。他回到卡恩以后，将上次和这次得到的结果反复推敲，终于知道了在以前发现的 Fuchs 函数之外，还存在着别的 Fuchs 函数。

这样一来，他已经证明了两种 Fuchs 函数的存在，于是，他很自然地决心要构造出所有的 Fuchs 函数。他组织起攻击力量一步一步地向前推进，但是终于碰上了一个难关。要是能够通过这个难关的话，问题的大部分就能够得到解决了。于是，他竭尽全力试图打破难关，然而一切努力都未能奏效，他反而感到越干越困难了。这时，他由于服军役，出差去蒙彼利埃。一天，他正在大街上行走，脑中突然浮现出了解决这些问题的方针。兵役期满后，他把这些想法加以整理，终于写成了关于 Fuchs 函数的论文。

虽然他只详述了研究 Fuchs 函数的例子，但是也附带说明，他在进行其他方面的研究时，皆经历过同样的精神活动。

总之，庞加莱关于数学发现的体验，说明他作出大发现时的启示，常常在于“突如其来的灵感”上。同时，他的这种灵感虽然从表面上看是突然冒出来的，但是，应该特别强调如果他不是长年累月地深思熟虑，不是经受反复的失败挫折后仍然顽强努力奋斗，就绝不可能产生这种灵感。他在以《数学上的发现》为题的论文中记述这件事实的同时，强调指出了这一点，打算用以说明为什么“这种灵感非长年累月地作精神上的恶战苦斗不能产生出来”的道理。

二、哈密顿和亥姆霍兹在数学发现时的精神活动状态

1843 年，38 岁的哈密顿在去英国皇家学会的途中发现了四元数。他在写给儿子的信中，详细地述说了当时的情况，现在摘要叙述如下：

1843 年 10 月 16 日（正好是星期一皇家学会开会的日子），他出席主持学会的会议（当时他是皇家学会的会长），偕夫人沿皇家运河步行前进。虽然夫人不时地和他说话，他一路上却专心思索着数学问题，思维的急流不断在脑海中奔腾。突然，他的头脑中好似电流的两极接近而迸发火花一样，激起了灵感，他立即感觉到产生了非常重要的想法，一种在可预见的将来长久地值得他研究考虑的远见卓识袭上了心头。他惊喜至极，情不自禁地用小刀在布鲁厄姆桥的石头上（这时他刚好通过这座桥），刻下了解决这个问题的关键公式：

$$i^2=j^2=k^2=ijk=-1。$$

然后他参加了会议，并提出在这次会议的第一次全会上讲演四元数论文的申请。经批准他于 11 月 13 日星期一首次试就四元数发表了演讲。

麦克法兰对于哈密顿的这项发现讲了如下的话：

> 尽管人们往往把哈密顿的这项发现，当作如何天才地突然作出重大发现的范例加以引用，但是哈密顿 1843 年 10 月 16 日能够在布鲁厄姆桥解决这个问题，却并非轻而易举。实际上，他在长达 15 年的时间里，一直翻来覆去地思考、不间断地研究考察着这个问题。从这一点上看，不如说他的这项发现正是说明“天才就是忍耐”“天才就是能够胜任无限辛劳的能力”的绝好例子。

我想，我们从中也能得到很深的教益：发现的灵感是长期努力的产物。*

亥姆霍兹 据亥姆霍兹自己所记，他的发现的灵感大多是在散步途中得到的。当对某个问题百思不得其解时，为了消除大脑的疲劳，他常常去山地散步。不可思议的是，他往往是在上坡的时候浮现出妙想的。

我自己的一点微不足道的经验，也和庞加莱所讲的完全一致。我的关于连续集合理论的基本定理——“有两对主点的连续集合，必然有无穷多对主点”，就是在熊本的田野中散步时得到的。其他方面研究产生的难点，很多是在早晚，或在床上，或在散步途中，从各个方面考虑、研究，当由一种想法得不到结果时，就换用另一种想法，这样翻来覆去接连思索数十日之后，碰巧突然得到某种启

---

* 鉴于哈密顿在科学上的功绩，英国政府在其发现四元数的当年，宣布了授予他年俸 200 镑终身的决定。

示，以它为基础使问题得到解决。看来，在解决数学的难题方面，大概无论谁都会有这样的经验，只是程度上有所不同而已。

综合上述事实，解决数学中的大问题的启示，似乎大多是来自突然涌现的灵感。那么，这种灵感的产生果真是偶然的吗？大发现中的大多数完全是偶然的产物吗？我坚信不是那么一回事，正如庞加莱特别强调的那样，产生这种突如其来的灵感，必须以事先进行的有意识的努力为先决条件，如果不是在得不到任何好的结果，而且怀疑自己走错了前进的道路那样苦干若干天之后，这种灵感是绝不可能产生的。在我看来，这种心理过程就如禅宗和尚苦心解决多年的公案一样，突然某时机缘投合，幡然省悟而茅塞顿开，因此，我坚信这种发现、这种省悟绝非偶然。其次，要使这种灵感真正成为数学发现的基础，不用说，产生灵感后第二期的有意识的努力是很必要的。因为这种启示、感觉往往也会欺骗我们。照庞加莱所说，他在半眠半醒状态下得到的想法，往往都有错误的成分，必须在这种启示的基础上，经过各方面的推敲，进行严密的证明，才能得到正确的定理和法则。因此，可以把发现归结为“努力→灵感→努力”三个阶段。非凡的数学家的卓越的着眼点，恐怕大多数是由努力加上灵感得到的结果。

第三节　数学研究者头脑的要素

我们在上面说过，如果事先没有有意识的努力，就绝不会产生解决数学难题的关键的灵感。这么一说，可能有人要问，是不是只要努力钻研某个数学问题，无论谁都会产生这种灵感，都能够作出数学发现呢？这就很难说了。因而，又连带产生了第二个问题：为了作出数学发现，是不是需要某种特殊的头脑呢？关于这个问题，我想先简要介绍一下庞加莱的观点，再谈谈我个人的一些看法。

庞加莱首先问道："即使数学不使用超出人们具有的一切常识以外的逻辑规则作为研究武器，并且其证明也是建立在人所共知的原理上，但是仍然存在着不能够理解数学的人，这究竟是什么缘故呢？当然，显然不是所有人都能够作出发现和发明，也不是所有人都具有高超的记忆力，但是在稍稍高等一点的数学里，只要使用数学推理来说明，一些人就不能理解，这又是为什么？特别是，经过一番艰苦的努力才能够勉勉强强理解的人又是如此之多，这是为什么？不仅如此，在数学中谬误是怎样产生的？有着健全智力的人理应能够立刻识别出逻辑的错误来，然而为什么有些极聪明的人在日常行为中不会产生推理错误，却不能够不出错地连续或反复作数学论证呢？（即使有的数学证明很长，也不过是一系列短小浅显的推理的集成，容易推导出来。）甚至数学家也时常出错，这到底是为什么？"

他自己回答了这些问题。他说："在考虑一长串的推论式时，无论谁都能够理解其中的每一个推论式，所以，从前提到结论的过程中，几乎用不着担心会出错。可是，从得到作为最初的某推论式结论的某命题，到这个命题再作为其他推论式的前提，常常要经过相当长的时间，并且其间常常有许多的推论连环式地展开，从而可能出现这样的情况：人们忘记了命题，或忘记了命题的真正意义，而用稍稍不同的命题替换了原来的命题，或者尽管使用完全相同的言词，却给予了命题稍不相同的意义。数学证明之所以有时陷入谬误，十分普遍的原因就是其出发点有了很小很小的误差。另外，对于数学中使用的公式和法则来说，当人们对它的有关证明记忆犹新时，由于能够完全理解它的意义和界限，所以不用担心会弄错；然而，随着记忆的消失，就有可能弄错而误用，这也是产生谬误的一个原因。由此可见，所谓特殊的数学才能，不妨说是非常确切的记忆力加上异常敏锐的注意力。"

正如庞加莱所说，产生数学证明的谬误的原因，记忆的不确切当然是其中一个，但是更根本的谬误，大多是由于没有把粗杂的数学直观加以深入地推敲，就当作前提加以运用而造成的。可以说，大数学家产生的谬误往往属于这种类型。譬如，在证明欧几里得平行公设时产生缺陷的原因，就是这样一个典型的例子。另外，学生在理解数学证明及其他问题时感到困难的最大原因，在我看来，和前面说过的一样，还是他们的学习方法没有建立在数学的两个特征的基础上，也就是说，数学的组织结构具有阶段性，应该一步一步地前进，如果学生理解并记住了已经学过的知识，循序前进，按道理讲不应该产生理解上的困难。但是，由于不用功或常缺课等原因，对于已经学过的知识没有加以认真地理解和记忆，前面的内容还不甚了了，马上又要学习后面的内容，就必然出现理解上的困难。此外，为了叙述的简洁明了，数学中使用了大量的术语和记号。在某种意义上，可以把数学看成是术语和记号的逻辑排列。如果不懂得或者忘记了这些术语和记号的意义，则无论多么简单的事情，无论怎样听老师耐心细致地讲解，也不可能有彻底的理解。例如，如果不知道$n!$，P_s^n，$\log_e m$，$\frac{dy}{dx}$等记号的意义，尽管听了对它们如何简单处理的说明，也不可能完全理解。因此，要想理解数学，首先就得注意数学的这些特点，切实理解和记忆已学事项的要点，把握住术语和记号的真正意义，然后才是专心听讲。

庞加莱又进一步引出了这样一个问题,他说:“如果像前面说的那样,把确切的记忆力和异常敏锐的注意力当成特殊的数学才能的话,这个性质就好比下象棋,需要考虑各种情况的组合,同时还要有能够记住这些组合情况的天才。按理说,数学上高明的人也应该是下象棋的强手;反过来,下象棋的强手也理应是数学上高明的人。但是事实却未必如此,就拿我来说吧,想当一名出色的象棋手,但是苦于记忆力不十分好,而计算棋着凭的是记忆和注意力,所以错误很多。尽管我下棋如此,但是在许多象棋手感到困难的数学推理方面,我的记忆力却好得出奇,并能够完全理解。这到底是什么原因?”

他对于这种现象的见解,大概就是下面的一番道理吧。他说:

“数学的证明,并不仅仅是罗列推理式,还要按照某种秩序把它们排列起来。因此,假如有人具有一眼望去就能看出全部推理次序的敏感力,和具有次序感的直觉,那么,对这种人来说,在推理一般过程的引导下,在证明中所出现的各个要素自然而然适得其所,用不着费多大的劲就能够记住了。可是,预知隐含的关系和调和性的这种次序的敏感力,感悟到数学的美以及数与形式的和谐的这种美的感受性,并非对谁都是一样的。因而,没有这种难以言状的微妙敏感力,以及高于一般水平的注意力和记忆力,要理解稍微高等一点的数学是很难办到的。另外,虽然某些人的这种感受性较差,但是他们具有非凡的记忆力和敏锐的注意力,能够一一地记住细节,从而也能够理解和运用数学,却缺少作出数学发现的能力。最后,具备稍高程度的特殊敏感力的人,即使他的记忆力不如别人出色,却不仅能够理解数学,而且能够成为数学的创造者。由于这种敏感与直觉的程度不同,作出的数学发现也就相应地不同。

最后，他从哲学心理学角度阐述了，为什么这样的感受性在数学发现中必不可少，以及如何由这种感受性唤起数学发现的灵感等问题。

综上所述，庞加莱认为，优秀的数学研究工作者应该具备的素质，就是高超的记忆力和注意力，以及对于数学的美的感受性；而最后的这个感受性尤为重要，不妨说凡是缺少这种感受的人，无论如何都不适合搞数学研究。我不知道这些观点究竟对不对。可是，即使有人达到了这三种高度，那也只能说明他具有优秀研究者的素质，如果不在这里面加上极大的努力，显然仍不可能取得研究成果。另一方面，数学教师或数学爱好者，显然都多多少少具有这些素质，要说在多大程度上具有这些素质，无论谁也说不清楚。所以，凡立志于数学研究的人，不要总是想到自己的素质如何，最好不过的途径只能是集中全部精力、专心致志、努力再努力。我深信这样干下去，是一定会有所得的。

第四节　从数学发现的角度考察对数及对数概念的历史发展

在前一章叙述数学史的内容时，我谈到如果要想真正理解对数概念的意义，看出潜藏于对数内部的各种关系，并且要弄明白为什么由表面上任意的定义规定，推出的结果却都宛如预见未来的理性所引导的那样，最好的办法莫过于去追寻对数概念发展的历史踪迹。因此，我打算在这里试就对数概念发展的历史进行一番考察，作为说明本章中所说的数学发现的各种要素的材料，同时也作为彻底消除对数概念中的根本疑问的唯一材料。

一、对数产生的原因

在 15、16 世纪之际，随着科学的勃兴，天文学的研究蓬勃地开展起来，解决计算大数字的困难成了当时最紧迫的课题。因为计算大数的乘法最为困难，花费的时间也非常多，所以，第一件事就是努力以加法代替乘法。尽管这种尝试导致了三角函数的产生而未导致对数的产生，却是当时情势的自然结果。因为那时三角函数已经有相当的发展，并且也容易从几何直观上理解，而与对数概念相伴的指数函数，即分数指数幂的函数，在那时尚不存在。

那时为了以加减法代替乘法而使用的三角函数公式是这样的：

$$\sin\alpha\ \sin\beta=\frac{1}{2}[\cos(\alpha-\beta)-\cos(\alpha+\beta)],$$

$$\cos\alpha\ \cos\beta=\frac{1}{2}[\cos(\alpha-\beta)+\cos(\alpha+\beta)]。$$

如果要求出两个小于 1 的数 a 和 b 之积，则先从三角函数表中查出满足 $\sin\alpha=a$ 及 $\sin\beta=b$ 的 α 和 β 来，由它们算出 $\alpha-\beta$ 和 $\alpha+\beta$，再利用三角函数表分别查出 $\cos(\alpha-\beta)$ 和 $\cos(\alpha+\beta)$ 之值，最后根据上述公式求出它们的差的一半作为答案就行了。而任何大于 1 的数，都可以直接表示成 10^n 乘上一个小于 1 的数。因此，利用上面的两个公式可以求出任意两数之积。

这个方法是由德国天文学家维尔纳发明的。比起对数法来，它的缺点是计算繁杂，并且不能直接运用于除法、乘方和开方运算。因此，即使在有了这个方法的当时，仍然强烈要求找到一个新的方法，以弥补上述缺点，以便于大数的计算。实际上，对数正是在这样的形势下应运而生的。

二、对数发现的先驱者施蒂费尔的着眼点及其未能成功的原因

和绝大多数学术上的进步与发现一样，对数的发现也事先经历过先驱者的不完善的尝试。然而，要问谁是最早的开路人，则无法作出绝对肯定的回答。这既因为记录的不完全，同时也因为我们不知道是否有人曾经作过这方面的考虑却没有公布出来。早在古代阿基米德的著作中，已经记述了下面的思想：在构造以 1 为首项的等比数列时，其中任意两数 a 和 b 之积，在数列中与第一个数 a 之间的间隔，恰好等于 b 与 1 之间的距离。例如，在等比数列

$$1,2,4,8,16,32,64,128,\cdots$$

中，设 $a=4,b=16$，由于 b 是自 1 算起的第 5 个数，所以 $a\times b$ 就是从 a 算起的第 5 个数，即 64。实际上，可以认为在这个思想里面，已经包含了对数计算法则的萌芽。当然，不用说在实用上它起不了任何作用。

在发现对数的先驱者中，最著名的要算施蒂费尔。他是一位僧侣，出生在符腾堡的埃斯林根。1544 年，他在纽伦堡写的《整数算术》(*Arithmetica Integra*)一书中，等差数列和等比数列有着下述关系：

$$\begin{array}{cccccccccc} -3, & -2, & -1, & 0, & 1, & 2, & 3, & 4, & 5, & 6 \\ \hline \frac{1}{8}, & \frac{1}{4}, & \frac{1}{2}, & 1, & 2, & 4, & 8, & 16, & 32, & 64 \end{array}$$

他把上面一行定名为指数，并指出，上行的加、减、乘和除分别对应于下行的乘、除、乘方和开方。例如，设 $a=4,b=16$，求 $a\times b$。先在上行中找出与下行中的 a 和 b 分别对应的数 2 和 4，再计算 $2+4=6$；若在下行中找出与上行中的 6 对应的数 64，则 64 正好是 4×16。

因此，利用这张表和加法运算，可以求出 a 和 b 两数之积。又如，要计算 $64\div4$，则在上行中分别找出对应于下行的 64 和 4 的数 6 和 2，求得它们的差 $6-2=4$，再在下行中找出与 4 对应的数 16，即为所求。同样，利用这张表也可以求得乘方、开方运算的结果，上述关系表达了对数运算的基本性质，因此不妨说他实际上懂得对数计算的原理。如果现在在上面的表中，设上行的数为 y，下行的数为 x，并令 $a=2$，就不难看出上行和下行中互相对应的数之间，恒满足关系式：

$$x=2^y。$$

一般地，若令以 1 为公差的等差数列与以 a 为公比的等比数列互相对应，则等比数列中任意两数的积或商，就可以利用等差数列中分别对应于上述两数的两个数的和或差求得。这时，两行互相对应的数恒有关系

$$x=a^y。$$

现在若在关系式 $x=a^y$ 中，以 x 为真数、a 为底、y 为对数，则如上所示，可以利用 x 与 y 进行简单的计算。应该说它实际上是现今我国中等教育中使用的对数定义的起源。根据上述理由我们就知道了，利用关系式 $x=a^y$ 去定义对数时能够得到计算上的方便的道理。

作为一个能够简化计算的方法，施蒂费尔着眼于等差数列与等比数列的对应上，不能不说他具有异常卓越的眼光。可是，仅仅是上面的这种表，尚不具有实用价值，因为在上表中，只能够作与偶数及$\frac{1}{2}$的整数幂有关的计算，却不能作其他数的计算。因此，要把他的这种想法发展到能够实用的程度，非常必要和重要的是，要

使这两个数列的数间距足够小。但是他没有说明在第二行中位于两个相邻数之间的数,应该对应于第一行的什么数,也就是说,他没有提到对数的连续性问题。因此,他的这张表几乎毫无实用价值。正因为如此,尽管他有着极其卓越的着眼点,却终究不能获得对数发现者的荣誉。可是,从另一角度看,这也是无可奈何的事情。因为要按照他的想法把对数运用于实际计算,则这两个数列中的数必须排列得十分紧密,这就需要在等差数列 0,1,2,3,…中插入中项

$$0,0.5,1,1.5,2,2.5,3,\cdots$$

还必须计算对应的数列

$$2^0,2^{0.5},2^1,2^{1.5},2^2,2^{2.5},2^3,\cdots$$

即必须计算以小数为指数的 2 的幂。然而那时尚无处理满足此种目的的小数的完美方法,因此他无法采用好的方法来达到这个计算目的。也就是说,尽管他的着眼点异常出众,但因为当时计算指数函数中指数为小数的幂的辅助学科尚未发展,所以他就不可能取得成功。这也是一个说明数学发现既要有出色的着眼点,也需要辅助学科发达的极好例子。

三、对数发现者纳皮尔和比尔吉以及两人的着眼点

纳皮尔和比尔吉是首先制作实用的对数表的人。他们两人几乎同时独立地获得了成功。

纳皮尔出生于爱丁堡附近,一辈子生活在苏格兰。1614 年他在爱丁堡发表了关于对数的著作,他是第一个公布对数表的人,也是给对数命名的人。

比尔吉是瑞士人,1620 年在布拉格以《算术与几何级数表》

(*Arithmetische und Geometrische Progress Tabulen*)为题公布了对数表(他的这张表完成于1603—1611年，1620年出版)。

详细考察纳皮尔和比尔吉的着眼点是极有教益的。两人都与施蒂费尔一样从 $x=a^y$ 出发，所不同的是他们使等比数列中的数尽可能地密集，这样做是为了尽量接近使每一个数 x 对应于一个对数的目标。如前所述，只有这样做才能得到有实用价值的对数，在这项工作上，施蒂费尔是以2为公比，因无法计算它的小数幂而告失败。这两个人却避开了使用小数指数的困难，凭借天才的直觉，想出了相当高明的处理办法。他们的方法简单而方便，即选择非常接近1的数作为底数 a。

比尔吉：　　$a=1.000\,1$；

纳皮尔：　　$a=1-0.000\,000\,1=0.999\,999\,9$。

这就是两人取得成功的极好着眼点。

四、比较三人的着眼点

对于 $x=a^y$，施蒂费尔是以简单的数2为 a，但是这样一来，为了能使 x 的数排列稠密，y 就要取小数值，这就不得不导致计算 a 的小数幂。纳皮尔和比尔吉却反其道而行之，使 y 恒取整数，把 a 取为极靠近1的小数。也就是说，甲取 a 为整数，从而必须取 y 为小数；乙取 a 为小数，因此可以取 y 为整数。也就是说，两者给 a 和 y 的值的方式是相反的，一方给 a 以最简单的值，另一方给 y 以最简单的值，但是一方失败了，另一方却成功了。这就是我们对数学研究中的着眼点怀有极大兴趣的原因。我们从积分概念的发展中，也看见过类似的例子。即取和的极限作为积分的定义时，柯西和黎曼都把自变数 x 的最大值与最小值之间分成 n 个部分，然后考察使这些部分无限变小时的和的极限。但是，勒贝格却反过来把因变数 y 的最大值和最小值之间分成几个部分，然后考察使这些部分无限变小时的和的极限。这样一来，采用后一见解的勒贝格得到的积分概念，比采用前一见解的柯西一黎曼的积分概念要远为广泛。

从这些对数和积分的例子中可以看出，由于各自持的观点不同，其成就便大不一样。我认为数学研究工作者应该特别注意这一点，潜心于因观点的差异而导致成功和失败的道理，以及缜密研究之际辅助学科的关系（勒贝格的积分概念，须以较近发展起来的集合论中有关测度的理论作为辅助学科），这些都是极有补益的事情。

五、在纳皮尔和比尔吉的对数中计算与 y 对应的 x 的方法

在比尔吉的对数结构中，对应于两个相邻指数 y 和 $y+1$ 的 x 之值如下所示：

$$x=(1.0001)^y,\quad x+\Delta x=(1.0001)^{y+1},\text{所以}$$

$$\begin{aligned}\Delta x&=(1.0001)^{y+1}-(1.0001)^y\\&=(1.0001)^y(1.0001-1)\\&=x\times\frac{1}{10^4}。\end{aligned}$$

比尔吉就是利用如此简单的关系构造出对数表来的。即计算出对应于 y 的 x 之值后，要计算对应于 $y+1$ 的 x 之值，只需加上 $x\times\frac{1}{10^4}$ 就行了。用这样的方法就能够相当容易地构造出 x 和 y 的关系表。

相应地，纳皮尔的关系式如下所示：

$$\Delta x=-x\times\frac{1}{10^7}。$$

贯穿于纳皮尔和比尔吉的对数结构基础中的 x 和 y 的根本关系

为了看出两人的对数结构的关系，现在以

比尔吉：　$y'=\frac{1}{10^4},\frac{2}{10^4},\frac{3}{10^4},\cdots$，从而 $\Delta y'=\frac{1}{10^4}$，

纳皮尔：　$y'=-\frac{1}{10^7},-\frac{2}{10^7},-\frac{3}{10^7},\cdots$，从而 $\Delta y'=-\frac{1}{10^7}$。

代替 $y=1,2,3,\cdots$，作出比$\frac{\Delta y'}{\Delta x}$，可得

比尔吉：　$\frac{\Delta y'}{\Delta x}=\frac{\frac{1}{10^4}}{x\times\frac{1}{10^4}}=\frac{1}{x}$，

纳皮尔：　$\frac{\Delta y'}{\Delta x}=\frac{-\frac{1}{10^7}}{-x\times\frac{1}{10^7}}=\frac{1}{x}$。

原来两者都可以用同一式子表示出来。因此，对他们两人来说，都有着共同的关系式$\frac{\Delta y'}{\Delta x}=\frac{1}{x}$，此即对数概念的根本关系式。

相应地，x 和 y'满足如下关系式：

比尔吉：$\begin{cases}在\ x=(1.000\ 1)^y\ 中，因为\ y=10^4y'，所以\\ x=(1.000\ 1)^{10^4y'}=[(1.000\ 1)^{1\ 0000}]^{y'},\end{cases}$

纳皮尔：$\begin{cases}在\ x=\left(1-\frac{1}{10^7}\right)^y\ 中，因为\ y=-10^7y'，所以\\ x=\left(1-\frac{1}{10^7}\right)^{-10^7y'}=\left[\left(1-\frac{1}{10^7}\right)^{-10^7}\right]^{y'},\end{cases}$

因而这时对数的底数分别是

对于比尔吉：$(1.0001)^{10000}=2.718116\cdots$，

对于纳皮尔：$\left(1-\dfrac{1}{10^7}\right)^{-10^7}=2.71\cdots$。

也就是说，不难看出这种情况下，他们的底数非常接近自然对数的底数

$$e=2.71828\cdots。$$

从两人的对数发展到自然对数的途径

为了说明由此发展到自然对数的途径，我要首先说明比尔吉和纳皮尔的对数的几何意义。

如上所述，贯穿于两人思想基础之中的共同关系式是

$$\frac{\Delta y'}{\Delta x}=\frac{1}{x}，即\ \Delta y'=\frac{1}{x}\Delta x。$$

那么，由 $x=a^{y'}$ 可以看出，当 $x=1$ 时，y' 的值为 0。现在若设 $x=1,x_1,x_2,\cdots,x_n$ 对应的 y' 的值为 $y'=0,y'_1,y'_2,\cdots,y_n'$，则可以得到

$$\begin{aligned}y_n'&=\Delta y'_1+\Delta y'_2+\cdots+\Delta y'_{n-1}\\&=\frac{1}{x_1}\Delta x_1+\frac{1}{x_2}\Delta x_2+\cdots+\frac{1}{x_{n-1}}\Delta x_{n-1}\\&=\sum_{r=1}^{n-1}\frac{1}{x_r}\Delta x_r。\end{aligned}\qquad ①$$

然而 $\Delta y'$ 是定值，在比尔吉是 $\Delta y'=\dfrac{1}{10^4}$，而在纳皮尔是 $\Delta y'=-\dfrac{1}{10^7}$，所以 $\Delta y'=\dfrac{1}{x}\Delta x=\dfrac{1}{10^4}$，所以 $\Delta x=x\times\dfrac{1}{10^4}$（比尔吉）。由此可知，$\Delta x_r$ 对于 x_r 按比例变化。因为 y_n' 是对应于 x_n 的对数，现在如果用图来表示①式中 y_n' 之值，就能够得到 x_n 的对数的几何表示。

首先画出等边双曲线 $y=\dfrac{1}{x}$ 的图形，然后对于对应 $\dfrac{1}{x_1},\dfrac{1}{x_2},\cdots$

的 $y_1, y_2, \cdots$ 之值，可以分别用这条曲线上对应于 $x_1, x_2, \cdots$ 的纵坐标表示出来。因此 $\frac{1}{x_1}\Delta x_1, \frac{1}{x_2}\Delta x_2, \cdots$ 就分别表示以 $\Delta x_1, \Delta x_2, \cdots$ 为底边，$y_1, y_2, \cdots$ 为高的矩形面积。所以

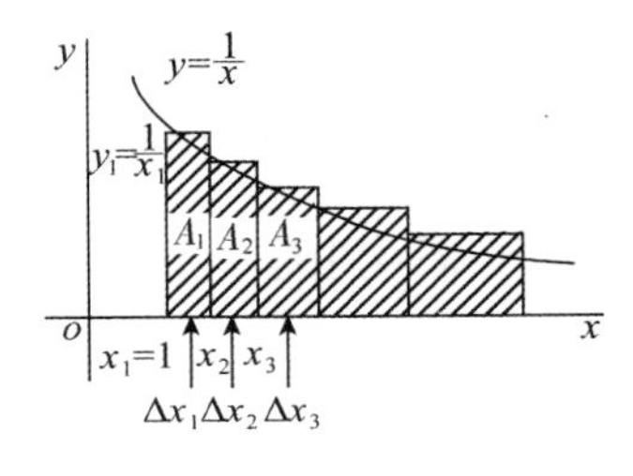

第 3 图

$$
\begin{aligned}
y_n' &= \frac{1}{x_1}\Delta x_1 + \frac{1}{x_2}\Delta x_2 + \cdots + \frac{1}{x_{n-1}}\Delta x_{n-1} \\
&= y_1\Delta x_1 + y_2\Delta x_2 + \cdots + y_{n-1}\Delta x_{n-1} \\
&= \text{矩形 } A_1 + \text{矩形 } A_2 + \cdots + \text{矩形 } A_{n-1}。
\end{aligned}
$$

因此，对应于 x_n 的对数，可以用上述几何学上的矩形面积之和表示出来。这就是比尔吉和纳皮尔的对数的几何意义。

我们从对数的几何意义出发，就能够得出下面所说的自然对数的概念。现在用直线 $x=1, x=x_n, x$ 轴和双曲线这 4 条线围成的图形面积，去代替表示比尔吉等人的对数的图形甲的面积。若我们把它取名为 x_n 的自然对数，那么，根据积分的性质，不难知道这个面积立刻可以用积分式

$$\int_1^{x_n} \frac{1}{x}\mathrm{d}x$$

表示出来。用图形甲或乙的面积去表示对数时，图形甲的面积显然不是 x 的连续函数，而图形乙的面积却是 x 的连续函数。所以比尔吉等人的对数不是 x 的连续函数，与此相反，自然对数却是 x 的连续函数。可以看到，在表示比尔吉等人的对数的图形甲中，$ABC\cdots M$ 是一条锯齿状的折线，与之相反，在自然对数的图形中，却代之以一条光滑曲线（双曲线）。因此可以想到自然对数较之比尔吉等人的对数，有着各种各样简便的地方。墨卡托给这个新对数取名为自然对数或双曲线对数，对照之下，不难理解“自然对数”

这个名字的许多含意。

下面，我们来看看像上面那样来定义对数时，对数的底究竟是什么数。要由矩形面积之和转换到以双曲线为一边的图形乙的面积，只需在积分中如人所共知的那样，以 $\Delta x=\frac{x}{n}$ 代替 $\Delta x=\frac{x}{10^4}$，然后令 n 趋向无穷大取极限就行了。因此，在比尔吉的底数中以 n 代替 10^4，再令 n 无限变大，取其极限就能得到自然对数的底数。这个底数可以通过下述方式求得。将关系式

$$x=[(1.0001)^{10000}]^y=\left[\left(1+\frac{1}{10^4}\right)^{10^4}\right]^y$$

代之以

$$x=\left[\left(1+\frac{1}{n}\right)^n\right]^y,$$

令 n 无限变大，底数就是

$$\lim_{n\to\infty}\left(1+\frac{1}{n}\right)^n=\mathrm{e}=2.71828\cdots。$$

如上所述，若以光滑的双曲线代替图形甲中的锯齿状折线，构造 n 的连续函数的新对数，则其底自然就是 e。所以自然对数的底 e 和施蒂费尔、比尔吉、纳皮尔等人的对数之底不同，并不是事先给出来的，而是新对数概念的自然结果。

六、对数的第一、第二种定义的起源及其相互关系

我们已经说过，在几何上自然对数可以用等边双曲线、x 轴及两条纵线围住的图形面积来定义，在分析学中可以用一个积分 $\int_1^x \frac{1}{x}\mathrm{d}x$ 来定义。因此，今日一般使用的对数定义是：

（ⅰ）当 $x=a^y$ 时，$y=\log_a x$；

（ⅱ）当 $y=\int_1^x \frac{1}{x}\mathrm{d}x$ 时,$y=\log_e x$。

即对数是由 $x=a^y$ 或 $y=\int_1^x \frac{1}{x}\mathrm{d}x$ 决定的。在它们的基本法则中都有着对数的加法定理：

$$\log x_1+\log x_2=\log(x_1x_2)。^*$$

无论谁都知道由（ⅰ）的定义能够导出这个关系式,这里要略提一下由（ⅱ）导出这个关系式的方法。

首先,由积分的性质可以得出下述关系式：

(a)　$\int_1^x \frac{1}{x}\mathrm{d}x=\int_1^x \frac{1}{\xi}\mathrm{d}\xi$,

(b)　$\int_1^x \frac{1}{\xi}\mathrm{d}\xi=\int_c^{cx} \frac{1}{\xi'}\mathrm{d}\xi'=\int_c^{cx} \frac{1}{\xi}\mathrm{d}\xi$　　（经过代换 $\xi'=c\xi$）,

所以

$$\begin{aligned}\log x_1+\log x_2&=\int_1^{x_1}\frac{1}{\xi}\mathrm{d}\xi+\int_1^{x_2}\frac{1}{\xi}\mathrm{d}\xi\\&=\int_1^{x_1}\frac{1}{\xi}\mathrm{d}\xi+\int_{x_1}^{x_1x_2}\frac{1}{\xi}\mathrm{d}\xi\\&=\int_1^{x_1x_2}\frac{1}{\xi}\mathrm{d}\xi\\&=\log(x_1x_2)。\end{aligned}$$

所以

(c)　$\log x_1+\log x_2=\log(x_1x_2)$。

另外,如果按照下述方式,就可以导出第二个法则 $\log x_1-\log x_2=\log\frac{x_1}{x_2}$。

---

* 在这里以及后面几节中,很多地方都没有标出对数式的底数,它们有时指以任何有意义的数为底,有时则是以 e 为底,应从上下文区分清楚。——译者

首先，在(c)中令 $x_2=\frac{1}{x_3}$，则得到

(d)　$\log x_1+\log\frac{1}{x_3}=\log\frac{x_1}{x_3}$。

再在 $\log\frac{1}{x_3}=\int_1^{\frac{1}{x_3}}\frac{1}{\xi}\mathrm{d}\xi$ 中作代换 $\xi=\frac{1}{\eta}$，则得到

$$\int_1^{\frac{1}{x_3}}\frac{1}{\xi}\mathrm{d}\xi=-\int_1^{x_3}\frac{1}{\eta}\mathrm{d}\eta=-\int_1^{x_3}\frac{1}{\xi}\mathrm{d}\xi=-\log x_3,$$

所以

$$\log\frac{1}{x_3}=-\log x_3。$$

将它代入(d)，就得到

$$\log x_1-\log x_2=\log\frac{x_1}{x_2}。$$

接下来，要证明第三个法则 $n\log x=\log x^n$，只需在 $n\log x=n\int_1^x\frac{1}{\xi}\mathrm{d}\xi$ 作代换 $\xi^n=\eta$ 即可。同样可诱导证明对数的其他定理。

从外表看，对数的两种定义是大不相同的，但是它们的本质却完全一样。如上所示，无论从哪一种定义出发都可以导出对数的基本法则。不仅如此，当我们用自然对数的底 e 代替 a 时，由 $x=\mathrm{e}^y$ 定义的对数和用 $\int_1^x\frac{1}{x}\mathrm{d}x$ 定义的自然对数是完全相同的，这只要借助微积分就很容易证明出来(因为证明的方法很容易由普通的微积分书籍上所载内容导出，没有必要在这里叙述它)。

虽说这两种对数的定义，都是今日通常使用的定义，但是普通的教科书对于它们的来源却只字不提。根据我们上面的论述就可以明白这些定义的起源、它们内部包含的各种性质以及两种定义

的关系了。第一个定义来源于等比数列和等差数列的对应，从而能够发现在其内部有一种可以"用加减运算置换乘除运算"的潜在素质；第二个定义是从第一个定义脱胎而来的，在第二个定义中，对数的底正好是 e。由此可以找到把第一个定义中的底取为 e 时，所得结果应该和第二个定义完全一致的道理。基于这样的考察我们才开始懂得，从外表上看来非常不同的两种定义，为什么有着相同性质的深刻道理。这样，我们在从表面上看来没有联系的事物之间，发现密不可分的关系时，会感到一种难以名状的喜悦。

七、墨卡托与自然对数，对数的级数展开过程

墨卡托是第一个根据双曲线的面积*来定义和使用自然对数的人，是导入自然对数或双曲线对数名称的人，并且也是最早把对数展开成幂级数的人。他把对数展开成幂级数的过程，利用今日的积分记号来表示，大致是这样的：

首先，他大胆地利用除法求出$\frac{1}{1+x}$，再分项积分得

$$\int_0^x \frac{1}{1+x}\mathrm{d}x = \int_0^x (1-x+x^2-x^3+\cdots)\mathrm{d}x$$

$$= x-\frac{x^2}{2}+\frac{x^3}{3}-\frac{x^4}{4}+\cdots。$$

然而，另一方面由于 $\ln x = \int_1^x \frac{1}{\xi}\mathrm{d}\xi$，就得到

$$\ln(1+x) = \int_1^{1+x} \frac{1}{\xi}\mathrm{d}\xi = \int_0^x \frac{1}{1+\eta}\mathrm{d}\eta$$

---

* 这里的所谓"双曲线面积"，就是下面给出的双曲线函数的定积分。——译者

$$=\int_0^x \frac{1}{1+x}\mathrm{d}x,$$

所以

$$\text{(e)}\ \ln(1+x)=x-\frac{x^2}{2}+\frac{x^3}{3}-\frac{x^4}{4}+\cdots。$$

由此可知，最早把对数展开成幂级数的过程，不是由对数的第一个定义导出的，而是从第一个定义转换到第二个定义，再由第二个定义导出的。从展开式(e)出发，利用普通教科书中的方法，可以得到计算对数值的简便公式

$$\ln(n+1)-\ln n=2\left[\frac{1}{2n+1}+\frac{1}{3(2n+1)^3}+\frac{1}{5(2n+1)^5}+\cdots\right]。$$

在那个时代，像这样把函数展开成级数的方法尚未完善起来，所以从严密的数学观点来看，他完全未考虑级数的收敛、可以分项积分的条件等，便作级数展开和级数的积分，显然是不完全的。但是，即便这样也必须承认他的功绩是巨大的。事实上，牛顿构造二项级数以及 $\sin x$ 和 e^x 的级数，完全是后来的事情，而且，他把 $\sin^{-1}x=\int_0^x \frac{1}{\sqrt{1-x^2}}\mathrm{d}x$ 展开为级数，完全是照搬墨卡托的老方法。谁都知道泰勒是集函数的级数展开理论之大成的人，但是，他也是在墨卡托死后 30 年的 1717 年，才第一次公开关于把函数展开为幂级数的一般原则。

八、对数与柯西和高斯(对数概念的一般化)

下面，我想对于负数是否有对数，对数概念是否可以扩张到复数范围，若能扩张须采取什么方法等诸如此类的问题进行考察。

在 19 世纪，直到柯西完成了级数及微积分的基础工作之后，

起源于 17 世纪的对数才在此基础上得到了完全的严密的数学处理。事实上，是复变函数理论帮助我们完整地理解了对数函数和指数函数的意义。建立复变函数理论的基础应归功于高斯，虽然他没有公开发表过任何东西谈他在这方面的工作，但是他在 1811 年写给贝塞尔的信中，以惊人的精确性在复平面上画出了复对数函数 $\int_1^z \frac{1}{z}\mathrm{d}z$（$z$：复数 $x+\mathrm{i}y$）的图形，说明了它为什么表示一个无穷多值函数的道理。可是，把复变函数论作为一门独立的理论公之于世的荣誉，却不能不归功于柯西。下面，我想先略述一下复数的对数，然后再解答上面提出的问题。

九、对数概念的第一次扩张，复数的对数（但是底仍为实数）

当我们以复数 $z=x+\mathrm{i}y$ 构造无穷级数

(a) $1+\frac{z}{1!}+\frac{z^2}{2!}+\frac{z^3}{3!}+\cdots$

时，可以证明，这个级数关于取一切实数值的 x 和 y 收敛，并且是 z 的连续函数。特别地，当取 $z=x$（实数）时，上面的级数(a)就变成了

(b) $1+\frac{x}{1!}+\frac{x^2}{2!}+\frac{x^3}{3!}+\cdots$。

容易看出它正好等于 e^x，因而可以把(a)看成是(b)的一般形式。我们把(a)和(b)同样叫作复指数函数，并用记号 e^z 表示。这时，对于 z 的确定值，e^z 也有确定的值。因为 e^z 只不过是表示级数(a)的一个记号，为了在稍后论述复数的一般乘幂时避免混淆，我们换用另一个记号 $\exp z$ 来表示它。我们已经定义了复指数函数 e^z，现在要利用我们在实数情形下的想法定义复数的对数。当

$$e^{w}=z\ (w,z\ 一般为复数)$$

时，称 w 为 z 的对数，并表示成 $\mathrm{Log}\,z$ 或 $\mathrm{Log}_e\,z$（或者像定义 $\int \frac{1}{x}\mathrm{d}x$ 为实数 x 的对数一样，去定义 $\int \frac{1}{z}\mathrm{d}z$ 为复数 z 的对数也行）。

我们来研究一下，上面定义的对数究竟是什么东西？

令　$w=X+\mathrm{i}Y,z=x+\mathrm{i}y=r(\cos\theta+\mathrm{i}\sin\theta)$，

可得　$e^{w}=e^{X+\mathrm{i}Y}=e^{X}e^{\mathrm{i}Y}=e^{X}(\cos Y+\mathrm{i}\sin Y)$。

又由 $e^{w}=z$ 可得

$$e^{X}(\cos Y+\mathrm{i}\sin Y)=r(\cos\theta+\mathrm{i}\sin\theta),$$

从而由上面这个式子得到

$$\begin{cases} e^{X}=r\cdots\cdots\cdots\cdots\cdots\cdots\cdots\cdots X=\log_e r, \\ Y=\theta+2m\pi\cdots\cdots\cdots\cdots\cdots m:0\ 或正负整数。\end{cases}$$

于是可以把 $\mathrm{Log}\,z$ 表示成

(c) $\mathrm{Log}\,z=w=X+\mathrm{i}Y=\log_e r+\mathrm{i}(\theta+2m\pi)$。

因为这时 r 是正实数，X 是实数，所以 $X=\log_e r$ 是正实数的对数，也就是我们在前面讲过的普通的自然对数。因此，这个对数对于 r 的一个值，只有唯一的一个对应值。

在(c)中，m 可以取 0 或任意的整数值，由此知道 z 的对数有 m 个值。因此，按照上面的办法定义对数时，对应于一个 z 值，存在着无穷多个对数值，并且这些对数值之差正好是 $2\pi\mathrm{i}$ 的整数倍。

下面，我要根据这种对数的定义，研究和导出正实数、负实数及虚数这些特殊复数的对数值。

例 1　当 z 是正实数，比如 $z=5$ 时，则有

$$5=5(\cos\theta+\mathrm{i}\sin\theta)。$$

这时 $r=5,\theta=0$，所以

$$\mathrm{Log}\,5=\log_e 5+\mathrm{i}(0+2m\pi)。$$

例 2　当 z 为负实数,比如 $z=-1$ 时,因为

$$-1=1(\cos\pi+\mathrm{i}\sin\pi),$$

因此 $r=1,\theta=\pi$,所以

$$\mathrm{Log}\,(-1)=\log_e 1+\mathrm{i}(\pi+2m\pi)=(2m+1)\pi\mathrm{i}。$$

例 3　当 z 为虚数,比如最简单的 $z=\mathrm{i}$ 时,因为

$$\mathrm{i}=1\left(\cos\frac{\pi}{2}+\mathrm{i}\sin\frac{\pi}{2}\right),$$

因此 $r=1,\theta=\frac{\pi}{2}$,所以

$$\mathrm{Log}\,\mathrm{i}=\log_e 1+\mathrm{i}\left(\frac{\pi}{2}+2m\pi\right)=\left(2m+\frac{1}{2}\right)\pi\mathrm{i}。$$

由此可见,这样定义的对数都有无穷多个值,并且一般都是复数值。当 z 为正实数时,仅当 $m=0$,对数值为实数且正好等于墨卡托的自然对数。因此,自然对数是这个新对数的非常特殊的情形,可以把这个新对数看成是对数概念的第一次扩张。由上可知,不止正实数有对数,负实数和虚数也都有对数,并且它们都有无穷多个对数值。

十、对数概念的第二次扩张(真数和底全是复数)

我们已经论述了与实数范围中的自然对数(当 $x=\mathrm{e}^y$ 时,$y=\log_e x$)相对应的复数范围中的对数(当 $z=\mathrm{e}^w$ 时,$w=\mathrm{Log}\,z$)。但是,由于在 $z=\mathrm{e}^w$ 中 e 是实数,因而仍然是特殊情形。我们进一步研讨一下,是否可以考虑与把 e 取为一般实数 a 时的对数(当 $x=a^y$ 时,$y=\log_a x$)相对应的对数:当 $z=c^w$ 时,$w=\log_c z$,这里 z,w,c 都是复数。为此,如前面定义 e^x 一样,必须规定 c^w 的意义。

我们知道，当 a 是正实数，x 为正实数或负实数时，根据实数的对数的性质，关系式

$$a^x = \mathrm{e}^{x \log_e a} = (x \log_e a \text{ 的指数函数})$$

成立。所以，当 c 和 w 同为复数时，我们利用这个关系去定义一般乘幂(复数的复数乘幂)为

$$\begin{aligned} c^w &= (w \operatorname{Log}_e c \text{ 的指数函数}) \\ &= \exp(w \operatorname{Log}_e c)。\end{aligned}$$

这里的 $\operatorname{Log}_e c$ 就是上次扩张的新对数，它有无穷多个值。因而我们可以像下面那样去定义这种情形下的对数。当

(d)　$c^w = z$

时，称 w 为 z 的对数，并记之为 $\underline{\log z}$ 或 $\underline{\log_c z}$。

注意　当 z 为复数时，我们仍采用和实数时相同的记号 e^z 去表示级数 $1+\frac{z}{1!}+\frac{z^2}{2!}+\frac{z^3}{3!}+\cdots$，这是通常使用的记号，用起来颇为方便。但是，在定义一般幂 c^w 的情形中，若以 $\mathrm{e}^{w \operatorname{Log}_e c}$ 表示 $w^{\operatorname{Log}_e c}$ 的指数函数，则当 c 取特殊值 e 时，这种记号会产生一些不妙的结果。因此，这时我们要采用特殊记号 $c^w = \exp(w \operatorname{Log}_e c)$，即规定 c^w 表示级数 $1+\frac{w \operatorname{Log}_e c}{1!}+\frac{(w \operatorname{Log}_e c)^2}{2!}+\cdots$。现在，当 c 取特殊值 e，w 取值 z 时，根据一般幂的定义，e^z 表示

$$1+\frac{z \operatorname{Log}_e \mathrm{e}}{1!}+\frac{(z \log_e \mathrm{e})^2}{2!}+\cdots,$$

由于 $\operatorname{Log}_e \mathrm{e}$ 表示 $\log_e \mathrm{e}+2m\pi\mathrm{i}=1+2m\pi\mathrm{i}$，因而当 $m=0$ 时，e^z 变为

$$1+\frac{z}{1!}+\frac{z^2}{2!}+\cdots,$$

这正是前面说过的 z 的指数函数。因此，**作为一般幂的 $\mathbf{e}^z$** 来说，

对应于 m 的各种各样的值，e^z 具有无穷多个值，当 $m=0$ 时，就变为**指数函数 e^z**。

我们来看一看，这样定义出来的对数是什么东西。

令 $w=X+iY$，$\mathrm{Log_e}\,c=\log_e r+i(\theta+2m\pi)$，$z=x+iy$，则得

$$c^w=\exp(w\,\mathrm{Log_e}\,c)$$
$$=\exp\{(X+iY)[\log_e r+i(\theta+2m\pi)]\},$$
$$z^1=\exp(1\cdot\mathrm{Log_e}\,z)$$
$$=\exp[\log_e R+i(\phi+2n\pi)]。$$

从而由关系式 $c^w=z^1$ 得到

$$(X+iY)[\log_e r+i(\theta+2m\pi)]=\log_e R+i(\phi+2n\pi), \qquad ①$$

若把此式依实部和虚部分开，可得

$$X\log_e r-Y(\theta+2m\pi)=\log_e R, \qquad ②$$
$$X(\theta+2m\pi)+Y\log_e r=\phi+2n\pi。 \qquad ③$$

再由①可以得出下面重要的式子：

$$\underline{\log_e z}=w=X+iY$$
$$=\frac{\log_e R+i(\phi+2n\pi)}{\mathrm{Log_e}\,r+i(\theta+2m\pi)}$$
$$=\frac{\mathrm{Log_e}\,z}{\mathrm{Log_e}\,c},$$

因为这时 m 和 n 可以各自任意取值 $0, \pm1, \pm2, \cdots$，所以 $\underline{\log_e z}$ 的值就应该是对应于上述值的一切组合的值。由此可见，它可以取值的数比上次扩张的对数还要多，可以取 ∞^2 个值。现在若设特殊情形 $c=e$，则上面式子变为

$$\underline{\log_e z}=\frac{\log_e R+i(\phi+2n\pi)}{\mathrm{Log_e}\,e}$$

$$=\frac{\log_e R+\mathrm{i}(\phi+2n\pi)}{1+2m\pi\mathrm{i}}$$

$$=\frac{\mathrm{Log}_e z}{1+2m\pi\mathrm{i}},$$

因而当 $m=0$ 时$\underline{\log_e z}$等于 $\mathrm{Log}_e z$，可见 $\mathrm{Log}_e z$ 是$\underline{\log_e z}$的一种十分特殊的情形。这个新对数$\underline{\log_e z}$可以看成是对数概念的第二次扩张。

为了看清迄今为止我们得到的 3 种对数的关系，兹以实数 5 的对数为例进行说明。

（ⅰ）$\log_e 5=1.609\cdots$，　　自然对数

（ⅱ）$\mathrm{Log}_e 5=\log_e 5+2m\pi\mathrm{i}=1.609\cdots+2m\pi\mathrm{i}$，第一次的新对数

（ⅲ）$\underline{\log_e 5}=\frac{\mathrm{Log}_e 5}{1+2m\pi\mathrm{i}}=\frac{\log_e 5+2n\pi\mathrm{i}}{1+2m\pi\mathrm{i}}$，　　第二次的新对数

由此可见，$\log_e 5$ 是 $\mathrm{Log}_e 5$ 在 $m=0$ 时的特殊值，而 $\mathrm{Log}_e 5$ 则是$\underline{\log_e 5}$在 $m=0$ 时的特殊值集合。

十一、对数的几何表示

我们还可以利用几何方法求出这些对数的值。因为第一种和第二种对数的几何表示可以立刻得到，所以这里只讨论第三种对数的几何表示。

首先，在第三种对数的含 X 和 Y 的式子②，③两边，分别乘以 X 和 Y，再将结果加起来就得到

$$\log r(X^2+Y^2)-\log R\cdot X-(\phi+2n\pi)Y=0。\quad ④$$

因为④是按照上述方法由②和③导出来的，因而凡是满足②和③的 X 和 Y 自然也应该满足④；反过来，由②和④又可以导出③，因而凡是满足②和④的 X 和 Y 必满足③，所以，我们可以用②和④

去代替②和③。而②式对应于 $m=0,\pm1,\pm2,\cdots$ 的各个值恒表示一条直线,④式对应于 $n=0,\pm1,\pm2,\cdots$ 的各个值恒表示一个圆。因此,这个直线系和圆系具有如下重要性质。

1. 直线系的重要性质

(ⅰ) 所有的直线都通过定点 $\left(X=\dfrac{\log R}{\log r},Y=0\right)$。因为不论 m 取什么值,该点坐标 X 和 Y 恒满足②。

(ⅱ) 平行于 X 轴的直线被这个直线系的直线分隔成相等的部分。因为平行于 X 轴的直线 $Y=g$ 与直线②的交点的坐标是

$$\begin{cases}X=\dfrac{g\theta+\log R}{\log r}+\dfrac{2g\pi m}{\log r},\\ Y=g,\end{cases}$$

现在若取 $Y=g$ 与对应于 $m=0,1,2,\cdots$ 的各直线的交点 $Q_0,Q_1,Q_2,\cdots$,则相邻两点 Q_m 和 Q_{m+1} 的 X 坐标之差为

$$X_{m+1}-X_m=\frac{2g\pi}{\log r},$$

不论 m 取什么值,它都是定值。

根据性质(ⅰ)和(ⅱ),很容易画出这个直线系。

2. 圆系的性质

因为圆的方程

$$(X^2+Y^2)-\frac{\log R}{\log r}X-\frac{(\phi+2n\pi)}{\log r}Y=0 \qquad ④$$

可以变形为

$$\left(X-\frac{\log R}{2\log r}\right)^2+\left(Y-\frac{\phi+2n\pi}{2\log r}\right)^2=\frac{(\log R)^2+(\phi+2n\pi)^2}{(2\log r)^2},$$

由这个方程立即就能得到这个圆系的下述性质:

(ⅰ) 这个圆系的圆皆通过原点;

（ⅱ）这个圆系中的圆，其中心都在和Y轴平行的直线$X=\dfrac{\log R}{2\log r}$上，而且任何相邻两圆的圆心距是恒定的，长度为$\dfrac{\pi}{\log r}$。

由这两个性质，我们马上就可以画出这个圆系来，根据上述方法画出的直线系和圆系的交点，正好是表示相应对数的点。

为了一目了然地比较 3 种对数的相应值，下面我们把 3 种对数的几何图形画出来（见第 4、第 5 图，白点分别为对数值的像。但是由于第 5 图主要用来表明对数值的大体分布情况，因此多少随意地变更了对应于这些数值的线段长度）。

$\log_e 100\,000=11.51\cdots$，

$\mathrm{Log}_e 100\,000=\log_e 100\,000+2m\pi\mathrm{i}$。

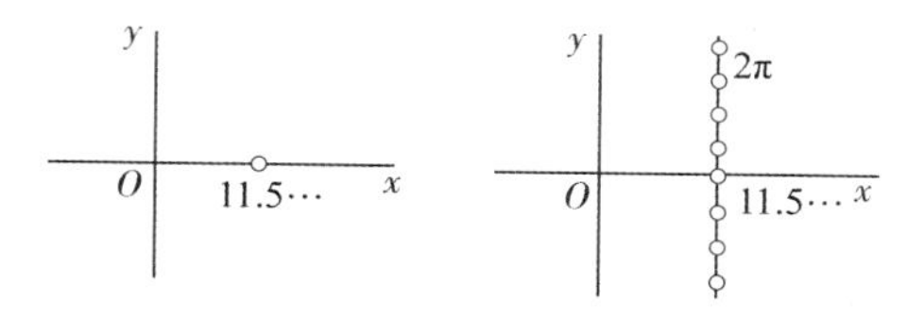

第 4 图

$$\underline{\log_e 100\,000}=\frac{\mathrm{Log}_e 100\,000}{1+2m\pi\mathrm{i}}$$

$$=\frac{\log_e 100\,000+2m\pi\mathrm{i}}{1+2m\pi\mathrm{i}}。$$

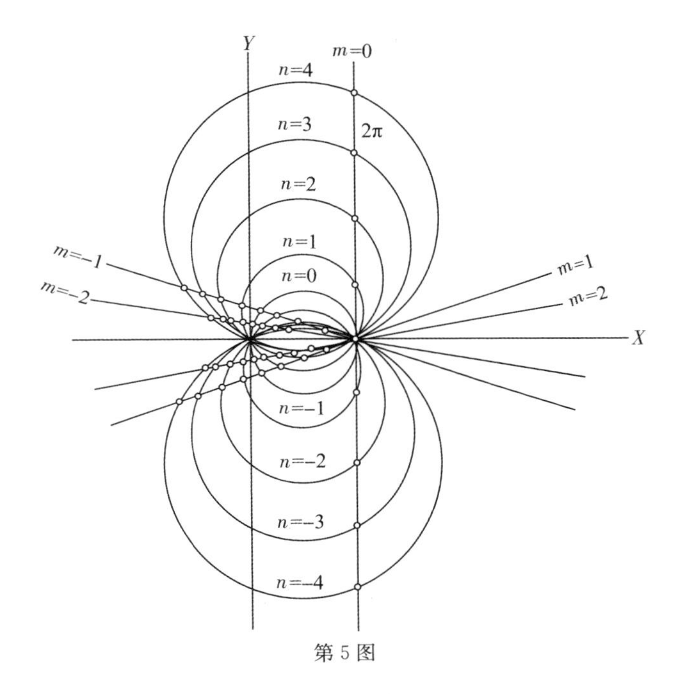

第 5 图

十二、制作对数表的其他方法

如果用数填满等差数列和等比数列这两个互相关联的数列的间隔，那么，就可以用不同于纳皮尔和比尔吉的方法来制作对数表。比如当 $y_1=\log x_1$，$y_2=\log x_2$ 时，因为

$$\frac{1}{2}(y_1+y_2)=\frac{1}{2}(\log x_1+\log x_2)$$

$$=\frac{1}{2}\log x_1x_2=\log\sqrt{x_1x_2},$$

这就是说，“真数相乘平均的对数，等于各自对数的相加平均；y 的相加平均对应于 x 的相乘平均”。并且当 $y_1<y_2$ 时，$x_1<x_2$，这时恒成立不等式：

$$\begin{cases} y_1 < \frac{1}{2}(y_1 + y_2) < y_2, \\ x_1 < \sqrt{x_1 x_2} < x_2。\end{cases}$$

所以，我们可以在等差数列和等比数列的间隔中，分别插入相加平均和相乘平均，得出 x 和 y 的加密数列。也就是说，在 y_1 和 y_2 之间插入 $\frac{1}{2}(y_1+y_2)$，在 $\frac{1}{2}(y_1+y_2)$ 和 y_2 之间插入 $\frac{1}{2}\left[\frac{1}{2}(y_1+y_2)+y_2\right]$，依此类推；同时相应地在 x_1 和 x_2 之间插入 $\sqrt{x_1x_2}$，在 $\sqrt{x_1x_2}$ 和 x_2 之间插入 $\sqrt{x_2\sqrt{x_1x_2}}$，依此类推。今举一例，当以 2 为对数的底时，

$$x_1 = 2^0, x_2 = 2^1,$$

对应地有

$$y_1 = 0, y_2 = 1,$$

因而 $y = \frac{y_1+y_2}{2} = \frac{0+1}{2} = 0.5$，与此对应的

$$x = \sqrt{2^0 \times 2^1} = \sqrt{2} = 1.414\ 2\cdots,$$

所以 $0.5 = \log_2 1.414\ 2$。

接下来，$y = \frac{y_1 + \frac{y_1+y_2}{2}}{2} = \frac{0+0.5}{2} = 0.25$，与此对应的

$$x = \sqrt{2^0\sqrt{2}} = \sqrt[4]{2} = 1.189\ 2\cdots,$$

所以 $0.25 = \log_2 1.189\ 2\cdots$。

这个方法是根据求平方根的方法，去构造以任意数为底的对数表。这时如果我们以 10 为底就会方便得多，最早想到这一点的是布里格斯，他制作的以 10 为底的对数表于 1617—1624 年印刷出版。虽然他的这个对数表计算到了第 14 位小数，但是间隔较

大。其后弗拉克的 10 位对数表克服了这个缺点，弗拉克的表（出版于 1628 年）包括了从 1 到 100 000 的所有整数的对数。然而，在实用中显然没有必要用到 10 位精确度的对数表，因此广泛使用的是 7 位对数表，这种表是维加在 1793 年制作出来的。不过后来在学校教学及自然科学的应用中，7 位精确度仍嫌太高，人们便造出了 6 位、5 位和 4 位的对数表。为了使用起来更方便，人们想过各种各样的办法，因而有了现在的各式各样的对数表，其中最有名的要算许龙、伯内米可、维特斯坦、格雷伍、高斯、海邀、舒尔克等人的对数表。

第三章　从创作的素质上看

① 大发明家爱迪生与数学教育和数学精神

② 大文豪歌德与自然科学

③ 数学是科学，同时又是艺术——诗人诺瓦利斯的见解

在第二章中，我叙述了庞加莱对数学发现者的素质方面的见解。这种发现创造的素质，不仅在数学上，而且在一般的科学技术和艺术上都应该视为同一范畴的东西。颇多优秀研究者和发现者怀有一种见解，认为这种创作发现的素质，是发展成为科学还是发展成为艺术，仅仅取决于时间和环境条件。我当然是同意这种意见的，但以这种观点去看爱迪生和歌德时，我认为还有一种足以引起新的兴趣的东西。为了找出数学精神和数学素质与科学和艺术之间的关系，我想特别就这两个大发明家、大艺术家进行考察。

最近我在看了柯日布斯基（波兰的技术专家）的人生观后，深受启发。柯日布斯基认为人类的最大特征是"具有随着时代的节拍不断进步发展的性质，即具有发明发现和创意创新的能力。而这种能力正是一切其他生物几乎不具有的、人类独特的

本领”，[*]并举出了许多实例来强调他的这一观点。换言之，他强调人类之所以为人类，其特征就在于有发明发现和创意创新。因此，致力于启发和培养这种特征，乃是人类最大的责任和义务。

我历来认为，要启发人类独有的这种最高贵的性能，莫过于妥善利用数学教育。我自己作为一个数学教育工作者，在大学和高中的数学教育中，亲自进行了这种实践，并取得了显著的成效。此外，我又是对于世界上伟大人物的发明发现和创意创新，怀有特别浓厚兴趣的人。有鉴于此，我头脑中浮起了一个念头，想在此就两位著名人物(大发明家和大艺术家)在这些方面的情况，发表一点个人的管窥之见，以使想要洞察事物奥秘或有志于发明发现和研究的人，能够由此看出科学精神和文艺的根基与数学的精神和思想的根基之间的密切关系。

第一节　爱迪生的数学素质和数学教育

1931年爱迪生逝世时，报纸在称赞他的丰功伟绩的同时，还报道说，爱迪生博览多识，但是唯有数学令他感到很棘手，一辈子都未能弄懂云云。因为我第一次听到这样一种评论，所以感到十分纳闷，很想进一步了解详细的情况。本来，在普通教育中，数学一直被看成是训练思维的精密、锻炼创作能力的一门有效学科，并

---

* 例如，蜜蜂和蜘蛛虽能构筑极其精巧的巢，但这是由其本能决定的。不论哪年哪月、哪一代子孙，做的巢永远都一样，没有一点改良进步的痕迹。其他动物也都如此。与此相反，人类做出的东西随时移而改良变化。比如灯吧，由灯笼到煤油灯，由煤油灯到电灯，由电灯到日光灯，无止境地进步发展着。特别是现代，在人类的各个方面，一切事物都处在日新月异的大进步和大改革中，这是有目共睹的。

且认为数学教育价值的一半就在于此。如果说爱迪生是爱好数学的，或者是长于数学的，那就会给数学教育提供一个很好的实际例子；相反地，要是说爱迪生这样绝世少有的大发明家在数学上是很笨拙的，就很容易使人认为在考察事物的窍门方面，数学教育是不必要的，这也能够给从事数学教育工作的人提供值得思考的材料。那么，说爱迪生短于数学或厌恶数学，究竟出自什么原因呢？是不是爱迪生的素质完全不适合于数学思维呢？换句话说，爱迪生对于数学是不是有着所谓"白痴"的素质呢？还是发明家的素质和数学家的素质完全无关呢？为了弄清楚这些问题，我便仔仔细细地研读了有关爱迪生的传记文章。

据传记载，爱迪生上小学后约 3 个月光景，他的母亲应学校要求去学校会见老师。老师告诉她，爱迪生在学校不仅淘气，而且一点也不记老师讲的东西，反而提出一些莫名其妙的问题为难老师。特别是昨天，爱迪生叫了一声"老师"，顺势举起手来，原来他要问"为什么 2 加上 2 等于 4"。由于爱迪生过于对这种无聊的问题刨根问底，其他的学生也"不懂得 2 加上 2 等于 4 的道理"了。这样一来，就搞乱了那些孩子的头脑。坦率地说吧，除了说他是低能儿外，没有别的解释。母亲从头到尾听完了老师的谈话，当听到老师说爱迪生是低能儿一句话时，非常吃惊，便问老师："如果真是这样，学校打算叫我怎么办？"老师回答说："无论如何也不能再把爱迪生和其他学生弄在一起教育了。"最后，母亲答应让爱迪生退学，便回家去了。

回到家中，母亲马上询问爱迪生：

"你为什么不能学好学校的功课？"

"不知道为什么。可是老师说我是低能儿。"

“学习名次怎么样?”

“常是最后一名。”

“你不觉得害臊吗?”

“我不觉得有什么害臊,倒是感到窝心。因为,因为……”

“因为什么?”

“因为老师一点也不教给我想要知道的东西,尽教一些我不想了解的。”

母亲听到这句话才露出了微笑,她告诉爱迪生,今天已与老师商定退学,以及从今日起由母亲在家中教他读书的事。同时说道:“不管怎样,我都决心把你培养成世界上最了不起的人,你能争这一口气吗?”

“我要争这一口气,一定要成为一个了不起的人,让别人知道,把我当作低能儿是大不应该的。”

这样,从母亲教他读书的那天起,爱迪生就成了一个勤奋好学的孩子,时时刻刻手不释卷地学习着。

在这一段时间里,爱迪生不仅喜读历史书籍和科学读物,而且也喜爱阅读文学作品,特别爱读雨果的小说。

这么一来,爱迪生的学业反倒一天天进步着。但是唯有一件事很难办,那就是数学。连爱迪生这样的人,竟然一辈子也未能精通数学,在他成了发明大王以后,碰到需要进行复杂的计算时,只好请别人帮忙。

我想,了解上述情况后,大概也就知道爱迪生短于数学的原因了。首先,幸与不幸,就在于他修学的初期,受教于一个不懂教育的小学教师。老实说,“为什么 2 加上 2 等于 4”这种问题,问得十分奇特,普通的一年级学生是不可能提出这种奇怪问题来的。因此，对待这种问题，老师应该特别留神，必须妥善处理。假如这种问题像老师担心的那样，会搅乱其他学生的思想（由于处理问题的方式，可能把其他学生搞糊涂，也就是说，因为这种问题作为一年级学生的问题，是深入了一些，所以担心那些不是很聪明的学生，可能被搞乱头脑和知识），不妨说："老师还没有完全弄明白你这个问题的意思，下课以后来找我，让我仔细听一听你究竟哪里不清楚，再给你解释清楚，好吗？"然后耐心地给爱迪生讲道理，直到他彻底理解为止。有人说，因为 2L 盐加上 2L 水不等于 4L 盐水，所以 2 加上 2 可能不等于 4 的提问是合理的。那么，爱迪生究竟是在这个意义上提出那种问题的呢，还是由于老师像以往小学校教"九九表"那样，常常只是机械地讲"2 加上 2 等于 4"，不去深刻地说明问题，爱迪生不满足于此而问其理由的呢？不管是哪种情况，对于孩子的提问，理应仔细地弄明白问题的意思后，给孩子一个满意的答复。而且，作为一个教育工作者，还应该想到给孩子讲几句鼓励的话。爱迪生想要知道的，正是从孩提时起就想知道的存在于事物自身及其反面的道理，以及事物内部的关系。然而，这位教师看不到这一点，不去做满足孩子好奇心的工作，反而认为这是一个不值一提的问题、不成问题的问题，并且不假思索地断言：提出这种问题的人一定是白痴无疑。其实应该说，作为教师，正是他自己近乎白痴。

假如真像有人说的那样，爱迪生提出这个问题，是由于误解了盐和水的混合情况而引起的，那就能够轻而易举地解决这个问题了。因为所谓 2 加 2 的意义，指的是 2 元加上 2 元、2 个柿子加上 2 个柿子等情形，凡是算术中使用的加法，说的是"把同类的东西加在一起"时的规则，而不是指"不同种类的东西相混合或化合"的情形，这样问题就解决了。再说，在小学校里要讲解普通加法的法则，应该先以所谓的“直观的方法”，把同类具体的东西加在一起进行说明，然后归纳为“2 加上 2 等于 4”。假如智力发展稍快一些的学生要求说明理由或要求作出证明，那就首先从自然数的单位 1 出发，讲明 2，3，4 等数的生成基础，即命名和规定 1 加 1 等于 2，2 加 1 等于 3，3 加 1 等于 4，等等。其次说明在这些数相加时，所谓交换律和结合律成立的道理。* 然后利用它们去说明“2 加上 2 等于 4”的理由或作出证明就行了。

（Ⅰ） $1+1=2, 2+1=3, 3+1=4, \cdots,$

（根据自然数的生成规则）

所以

$2+2=(1+1)+2$	（Ⅰ）
$=1+(1+2)$	结合律
$=1+(2+1)$	交换律
$=1+3$	（Ⅰ）
$=3+1$	交换律
$=4$。	

对于智力发展更快一些的学生，就应该给出纯数学的答复，即以研究自然数成立的基础（自然数的公理的建立，自然数的集合论的建立，直观派、经验派和先验派的见解的建立，等等）作出解答。

爱迪生退学以后，在良母的指导下勤奋学习。但是传记中却未提到这方面的情况，因此无从了解详情。恐怕这位母亲在算术上也未能使爱迪生得到满足和受到刺激吧。这样，这个优秀的孩子不幸始终未能得到使他对数学产生兴趣的机会。尽管后来爱迪

---

* 可以参考高木贞治著《算术讲义》一书有关部分。

生在图书馆等处贪婪地阅读过各种各样的书籍，但是他毕竟只受过3个月左右的小学教育，就数学这门学科的性质而言，自学是极为困难的。更何况距今100年前，也没有适合自学的书籍。因此，我推断造成爱迪生在数学上迟钝的原因，第一是他未能受到好的小学教师的指导，第二是学科的性质及时代的落后。

那么，又产生了另一个问题，即使这两条原因说得都对，假若有了良师指点，爱迪生究竟能不能学好数学呢？这实质上归结为爱迪生是否具有数学素质的问题。在这一点上，我认为有必要先回顾一下庞加莱的观点。

庞加莱把人们对数学的理解情况分成了3种类型。第一种类型的人完全不能够理解数学；第二种类型的人虽能够理解数学，但是不能搞数学研究和作出数学发现；第三种类型的人具有能够作出数学发现的素质。因此，他的看法是，具有确切的记忆力和相当程度的注意力的人，在数学理论的理解上不会产生什么困难，但是仅仅如此还是不能作出数学发现。那么，究竟要具备什么样素质的人才能够作出数学发现呢？那就是具有能够感受到所谓数学美的这种感性的人。换言之，这种人具有数学秩序的感觉，并且以这种感觉去预知数学中隐藏着的关系与和谐，只有具有这种直觉、这种难以言状的感觉的人，才能够作出数学发现。庞加莱还认为高度地具有这种特异直觉的人，即使他的记忆力并不出色，也不但能够理解数学，而且能够作出数学上的创见（他从心理学角度说明了，凡缺乏这种美的感受性的人，绝不可能成为真正发现者的道理）。

如果庞加莱的话是正确的，那么数学家必备的素质，就是那种对数学的美的感受性。这种感受性酷似诗人和艺术家的素质。看来，感受到自然界和人类的美，并用美丽的语言去讴歌她，这就是诗歌；用美丽的色彩和形态去表现她，这就是绘画；而感受到存在于数和图形间的美，并以理智引导下的证明去表现她，这就是数学。世人往往认为诗和数学、艺术和科学是正好相反的东西，从外在的表现上看，这种看法也许有道理，但是如果把他们的根本素质，看成是建立在一致的感性和直觉基础上的东西，则可以认为，创造新事物的人，其素质归根到底是相同的，至少是同范畴的。这种情况在伟大发明家的言论中，或在他们的事迹中俯拾即是。我曾经读过哈勃的讲演集，他说道：

> 科学上的创造力和艺术上的创造力是同一个东西，这种创造力产生科学发现或者艺术，只取决于具体的时间和环境条件。

另外，苏利文在就任数学学会伦敦分会会长发表的演说中说道：

> 我断言，数学修养的价值，就是艺术修养的价值，而且最酷似于数学的就是音乐艺术。许多名曲激发了我们以前未曾体验过的感情和感觉，给予我们从不知道的喜怒哀乐的映像，无限的喜悦和纯洁的欲望，使我们感情的内涵得以丰满。我认为数学也一样，它使我们的智力生活变得丰富多彩。就像音乐使我们的情感变得精致和洗练一样，数学使我们的智力变得精致和洗练。

爱迪生关于莎士比亚曾讲过如下的话，他说：

> 啊！莎士比亚，思想的宝库！我看重的就是那个思想啊！假如莎士比亚把文艺的头脑移作他用，我看他必定会成为发明家，成为一个非常了不起的发明家，因为他有着洞察一切事物内部的能力。

爱迪生的所谓“洞察一切事物内部的能力”，就是感受数学的美的能力，就是可以从事艺术创作的能力，也就是可以作出科学发现的能力。事实上，数学上的大发现和大研究，大多是借助洞察事物内部的能力，看穿数学的某些事物之间的隐含关系，在凡眼看来以为没有关系的事物中发掘出某种关系，由此而获得成功的。

讲到这里，我看关于爱迪生是否有数学素质的问题已经得到解决。我敢断言：

“假如爱迪生的脑力移向数学的话，他一定会成为伟大的数学家，这是因为他具有敏锐地洞察事物内部的能力。”

而且，我还要把爱迪生奉献给莎士比亚的赞美之辞，反过来献给爱迪生：

> 啊，爱迪生，如果你把头脑移向文艺方面的话，我看你一定会成为大文学家，成为非常了不起的大文学家。因为你有着敏锐地洞察一切事物内部的能力。

英格里斯记载：“爱迪生的手绝不是一双粗壮的手，而是一双细长的、柔软的手，是理想家的、幻想家的手，是想象力丰富的人的手，……假如仅就手而论，人们就会把爱迪生列为美妙宽阔的想象世界中的人物。”正是这个宽阔的想象世界，才是一切发现家、发明家和艺术家居住的世界。只有具备丰富想象力的人，才能够成为数学和科学的研究者，才能成为诗人、艺术家和发明家。由此就应该知道爱迪生素质方面的情况了。

谈到这里，我们就知道了爱迪生在数学上感到棘手的情况完全是偶然的，是他遇到了不合适的老师造成的，而不是由于他缺少数学素质。

话说回来，我并不是惋惜爱迪生由于遇到了这个不适当的教师而未能成为数学家。因为就算爱迪生能够成为伟大的数学家吧，毫无疑问，他成为科学界的发明大王，比起成为数学家更能够为人类、为社会做出贡献。我只是担心世人抱有那种以为发明家和数学完全没有关系的错误看法，希望能够打破这种迷惘。

现在尚有第二个问题待解决。要成为发明家，就需要具备和数学家同样的素质，然而我们看到爱迪生在数学上的外行，这没有妨碍他成为大发明家，是不是就可以认为，当大发明家不需要数学教育呢？在这一点上，我想起了格莱斯顿与数学的关系。

原来格莱斯顿不怎么喜欢数学，因此，从进入大学开始，就认为自己将来大概没有必要使用数学，当时，他把打算不再学习数学的想法告诉了父亲。然而父亲却有不同的看法，回信说：数学在将来必有用处，你要认真学习它。他终于采纳了父亲的意见，改变了最初的想法，继续认真地学习数学。等到后来他跻身政界，步步高升，最后当了财政部长时，他在预算的编制和说明中，发挥了超群的技能，因此在议会讨论预算时，博得了支持与反对两派的喝彩，据说被认为具备成为大政治家的素质。

后来晋升至内阁首相时，他说："我能有今日，全靠父亲的指点。"想来，像格莱斯顿这样的伟人，即令不借助数学之力，无疑也是能够成就相当程度的事业的。但是若从他亲口所说，我能有今日，全托父亲的福，即遵照父亲的意见而学习数学的结果来看，可以认为，他自己也认识到了数学知识和数学训练，对于作为政治家的他，是大有益处的。也就是说，应该看到即使不用数学也能成就相当伟大事业的人，由于有了数学，他的事业就更能顺利地发展。

所以，如果爱迪生再有相当程度的数学知识和数学训练的话，不难想象，这会给他的事业带来非常多的好处。他在自己的事业中再三体会到数学知识的必要性，虽然每当遇到要用数字的地方，他只好请别人帮忙，但是这样的不方便，在一定程度上还是被他克服了。他发明过方便适用的电话机，将发明权出让给奥顿后得到了 10 万美元。但是，那时他提出了一个条件，请求奥顿不要一下子支付这 10 万美元，而是按每年 6 000 美元，连续 17 年支付完毕。奥顿对他的这个条件又惊又喜，若从数学角度来看，爱迪生实在太有意思了：6 000 美元不就是 10 万美元一年的利息么？当时，爱迪生对这个滑稽条件作了如下解释："我的野心比自己事业方面的能力确实大 4 倍左右。因此，一旦收到全部的钱，我会立刻把它们都花到实验中去。而根据这个契约，我就避免在 17 年间为钱操心了。"可是如果他再有少许数学知识的话，他就不是 17 年，而是一辈子都能避免为钱操心了。

看一看格莱斯顿与数学的关系，我切望我国当今的政治家再具备少许数学知识和数学训练。在今日的政治中，经济堪称其一重要因素。地方议会也好，国会也好，它们议事的中心就是讨论和决定预算。不用说，这里需要贯穿在经济根本之中的数学知识，以及受过数学训练的头脑。我曾经读过某报纸挖苦地方议会议员的论点的报道，说是：

某议员不论数字大小就展开辩论，试问，离开数字去讨论预算，预算的本质何在？而且某议员时而进行不合逻辑的争辩，时而又糊里糊涂地提出矛盾的主张。像这种现状，显然是为真正的议会政治所不容的。

可是现在我国普遍推行的数学教育，到底能否真正起到开发创造能力的作用？我看是很成问题的。用旧的方法去教旧的数学教材，几乎以上一级学校的入学考试为唯一的目标，只解答式地教一些与学生心力不相适应的难以理解的内容，这与其说是启发多数学生动脑筋，倒不如说是使头脑退化更为恰当一些。而且，仅仅灌输解法，不管教授法如何巧妙，也是和启发创造能力及开动脑筋背道而驰的。像这样的数学教育，对于像爱迪生这样的创造家来说，反倒不如不接受为好；与其由于这样的教育妨碍了自己的创造能力的发展，倒不如靠自己去启发创造能力，要远为优越得多，这是显而易见的道理。爱迪生没有受过数学教育，而且是数学上的外行，但是他能成为伟大的发明家，道理也就在这里。可是，如果能让儿童接受我在德国的厄姆拿吉乌姆见到的那种出色的数学教育，那么，我坚信它们对于启发儿童的创造能力是非常有效的。假如爱迪生受到这样的数学教育，我坚信他就决不可能厌弃数学进而变成数学的外行，他的创造能力就更加能够得到启发助长，就更能给他的发明和他的事业，带来方便和增添一层光辉。在这一点上，我羡慕德国儿童的幸福，而对我国数学教育的现状感到沮丧。

第二节　歌德与自然科学

艺术家、科学家和数学家素质的一致性

如第一节所述，我相信作为自然科学家素质的科学独创力与作为艺术家素质的艺术独创力，是属于同一个范畴的东西。正如哈勃所说，这种独创力是产生科学发现或是产生艺术，仅仅是由时间和环境条件决定的。因而，假如这两个创造力真正是属于同一个范畴的东西，那么，富有这种素质而且有着优越的环境条件的人，他们的这种素质理应在适当时机，在自然科学和艺术这两个方面，同时开出美丽的花朵、结出丰硕的果实。我看，在伟大人物歌德的身上，就可以看到这样的例子。

事实上，我在欧洲逗留时，访问过魏玛的歌德旧居。他的旧居是由他的遗物组成的一个博物馆，其中大部分展品是物理和化学仪器，以及丰富的动物、植物和矿物标本，特别是陈列了相当多的据说是歌德亲自制作的光学仪器和图表等。我原来以为歌德只是一位伟大的艺术家，但是当我置身于那样的情景时，心里产生了一种特别异样的感觉，我想，不如把它看成是科学家的博物馆更恰当一些。而且，我马上就联想到，他的文艺作品之所以伟大、之所以有着不朽的生命力，其重要的原因之一，不正是在这里吗?!

说起来，既然人类不过是宇宙中的一种存在，那么，要想知道人性的真谛，理所当然地只有通过体验与人类有着密切关系的自然界中的各事物的本来面目才能得到。因此，描写人情世态的艺术家，如果不去捕捉潜藏于人性深处的"真和美"，毫无疑问，他的作品就不会有永久的生命力。若要捕捉包括人类及自然界在内的

宇宙之真和美，不亲自动手，不去实验、观察和权衡取舍，无疑就不可能达到目的。那种企图靠读一些有关自然界的书籍去了解自然界的肤浅做法，显然是不可能捕捉住事物的本质的。因而，我当时想到，歌德亲自动手研究自然科学，是使他成为伟大艺术家的一种强有力的因素。正因为如此，从那时起我对歌德便格外地崇敬。归国后我进一步阅读了歌德的传记，待我看到他在自然科学中奋进的足迹，知道了他不仅把自然科学作为自己艺术创作的辅助手段，而且他本身就是一个杰出的自然科学家，在自然界的某些方面作出过发现，在自然科学界中有着相当大的贡献（特别是身处距今200年以前的时代）时，我又大吃一惊。那就是说，他实际上是集优秀的自然科学家和艺术大家于一身的人物。这里不妨对他在自然科学上的发现略举一二。他在留学斯特拉斯堡大学时，热衷于解剖学、特别是骨学的研究。他在以《关于动物头盖骨的文献》为题的论文中指出，根据头盖骨的差异可以知道动物的特征。特别是1784年春（据认为大概是3月27日），当他发现了当时大多数学者认为人类所缺少的那种上颚小骨片时，“感受到了激动人心的莫大喜悦”。即自然科学工作者作出重大发现时的那种由衷的“发现的喜悦”之情，这正是歌德当时心绪的写照。

尤其值得注意的是，他的这项发现是以一种预想开始研究的，而且这个预想又符合事实。当时的学者顽固地否定人类存在着歌德发现的那种间颚骨，当时的解剖学权威布鲁门巴赫和坎珀等人甚至主张，把有无这种骨头作为区别人与猿的唯一标准。但是，歌德以经验为基础，根据直观感觉，认为从高等动物到人类，是有一种统一的模式形式的，因而他认为不能设想它们仅仅在（间颚骨的有无）这一点上背离它们的本质。也就是说，他不受外部印象的约束，而是通过透彻地揭示其本质，从人和动物有着密切关系的见解出发，以他那诗人的目光，看透了专家未能探求到的东西。然而，他的这种研究绝不是一蹴而就的，因为成年人的这种骨头已经完全退化，全然认不出来。歌德把各种年龄的动物和人类的头盖骨进行对比研究，弄清楚了动物和人类骨骼的一致性，认为那种以为只有人类没有这种骨头的看法，是没有根据的。因而他推断，如果人类存在着这种骨头的话，就一定在上颚部。后来他终于发现了这种骨头。他的这一发现，把当时被专家否定的东西又颠倒过来了，并且他看到了自己的直觉、预想完全符合事实，他的喜悦是理所当然的。

与此同时，他发现和使用了比较研究法和发生学研究法，这更应该说是他作为科学研究者的伟大贡献。歌德在扩大自己的自然科学研究范围时，曾经把这种研究方法应用于植物的研究，作出了许多有价值的发现。歌德研究植物的目的，不是去发现单个事物，而在于发现贯穿于各个现象的普遍法则。从这里更能清楚地看到他的科学家的眼力。根据他的发生学观点，他研究了从种子到种子形成的发展，结果看出了雄蕊、雌蕊、萼片、花瓣、花丝和叶等，都不过是由叶状器官（Blattorgan）变化而来的，由此产生了植物变态的思想。1790年他在《试论植物变态》的论文中，提出了所谓"自然的创造力不断进展，没有止境"的学说，试图从自然界的各种复杂现象中抽象出一个单纯的普遍法则。而且他把这种思想运用到动物研究中去，提出了所谓"自然界不论创造什么事物，都必定遵循一定的顺序，绝不会越级。在创造马时，为了得到马，还要创造按顺序进化的其他动物"的观点，先于达尔文阐述了自己的进化论的思想（只是他没有能够像达尔文那样，用自然淘汰或生存竞争的道理去说明生物进化的原因)。

因此,可以说他是最早把动物学和植物学置于真正科学地位高度的人。在他之前,这些学科只不过是做实验事实的记载、搜集和分类等工作而已,而他把这些事实与现象等归纳为普遍的法则,并试图用一个统一的学说去说明它们的生成过程。尽管那些学说和法则以今日进步的眼光去看,还存在着不少值得商榷的余地,但是在一百多年以前,他能以这样的研究态度,采用这样的方法和达到这样的思想境界,实在令人不胜赞叹。

这些发生学的观察方法和进化论的研究思想,还被歌德应用到艺术的观察和研究中去。在他看来,建筑、雕刻和绘画,与矿物学、植物学和动物学没有什么两样。他把自然和艺术当作同一本质的两种表现,据传他曾说过:

> 高尚的艺术品,同时也是遵循真正的自然法则、由人类创造出来的最珍贵的自然物。

由这句话也能知道,歌德把自然科学和艺术看成是同一个东西。

歌德在自然科学方面的第三大事业,就是有关"色彩论"的研究。当然,他的研究中也有不少错误,但是奠定"生理学的光学基础",则是他的一个伟大功绩。另外,他在地质学、矿物学、古生物学以及气象学方面也有颇深的造诣。若从他的研究事项看,从学说的创见上看,从知识上看,即使说他是当时优秀的自然科学大家也绝不会过分,同时他又是世界文坛之泰斗,这难道还不足令人惊叹吗?

有人对歌德作过如下评论：

> 歌德的家，用他搜集的标本、器械和书籍等，组成了一座宏伟的博物馆。该博物馆的馆长，一身兼为卓越的艺术家、卓越的自然科学家、政治家、宫廷人、交际家、细致的会计家和饭量大的人，他自身就是一个活生生的博物馆。

另一个传记作家说：

> 歌德之伟大人格的特色，在于他的自然科学研究和诗的创作的根本一致性。事实上，他的诗歌创作和自然科学的研究是从同一根基产生出来的，无非是活动方面的两种不同的表现而已。

可见这位作家也有着和哈勃相同的观点。在歌德百年祭典上，片山教授在讲演中说，歌德的玲珑剔透、内容丰富的作品，因钻研它的人不同其影响也不一样：钻研得浅的反应小，钻研得深的反应大，它永远永远保持着旺盛的生命力。

看来，歌德的作品能够永不泯灭的主要原因，正如片山和许多人说过的那样，是人生与自然科学的本质中蕴含的真和美，对于歌德来说是浑然一致的，由此演变而得到的体验的具体表现，就是他的作品。这就是歌德作为磨炼自己、完善自己的手段和50年间坚持不懈地研究自然科学的原因。总之，我相信歌德是把他的创造素质，化为同时盛开的美丽的自然科学和艺术之花的极好例子。根据以上事实，我认为自然科学工作者的素质和艺术家的素质从根本上来说是相同的，随着环境的不同，或者变为科学的发现，或者化为艺术作品，在有着特别优越的素质和环境的条件下，这两个方面会罕见地在同一个人身上发展起来。如果我们把歌德作为这样一个再好不过的例子举出来，恐怕谁也不会有异议（列奥纳多·达·芬奇也被认为是这种伟大人物的合适例子）。

像歌德这样有着非常优异的素质和优越环境的人毕竟不多见，而对于普通的人来说，在自然科学和艺术取得了长足进步和发展、内容变得十分复杂的今天，选择其中一样为之努力就是上策了。不过，即便是艺术家，若想使他的作品能够完美、能够永放光辉，也必须具备自然科学方面的知识，熟悉它的研究方法，用自然科学训练头脑，而且还必须进一步体验贯穿于自然界本质中的真和美。与此相应，作为自然科学工作者，毫无疑问也应该欣赏和阅读最享盛名的艺术家的作品，一方面培养和完善自己的人格，陶冶高尚的气质和情操；另一方面培养和陶冶数学研究者最重要的素质——数学美的感受性和丰富的创造力，以及启迪优良的直观直觉。从爱迪生、歌德、庞加莱及其他知名人士的话中，去推察他们成就伟大事业的心理状态和心理过程，我看是否可以归结为下面几点：

（i）他们伟大的创作素质再加以极大的努力，才能够涌现出

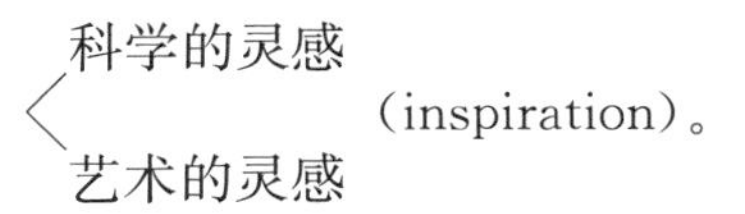

（ii）要表现这种灵感、给予它完美的形态，在数学和科学等方面就需要完美的证明和验证等；在诗和其他艺术中就需要优雅的韵律、美丽的词藻、色彩及线条的描画等。

（iii）这种表现的完善，只有靠经过长年累月努力忍耐之后产

生的熟练技能去成就。

（素质）＋（持久的努力）⟶（兴致、灵感）；

（灵感）＋（由持久的努力培养成的熟练技能）⟶（发明发现和艺术品的完成）。

因此，我认为诗人与艺术家也罢，数学家和科学家也罢，假如他们作出发明、发现和创作的素质，以及为之付出的必要努力，直至完成的经历过程都是属于同一范畴的东西，那么，正如哈勃所说，只是时间和环境的因素，造成了他们在不同的方向上取得成就。我相信这句话是有相当的根据的。而且照此看来，就不难理解所谓从纯数学家头脑里产生出来的奇特不凡的数学成果，本身就是散发出浓郁芳香的艺术品（见第三编）的道理。

最后，我想引用诗人诺瓦利斯的话来结束本章。与我们把科学家的素质和艺术家的素质看成属于同一范畴的东西相应，诺瓦利斯把数学看成一门既是科学又是艺术的学问。他说：

> 数学是一门纯科学，因为它包含了人类创造构成的知识，它是人类精神活动的产物，是科学地、系统地组建出来的天才的结果。同时数学又是一门艺术，因为它是用美的法则形式，去表现其天才的活动的，而且它是靠理性去造就和改善自然。研究这门既是科学又是艺术的学问的数学工作者，实在是世界上唯一的幸运者。*

---

* 著名数学家豪斯多夫非常欣赏和爱读诺瓦利斯的这段文字，并书赠我以作纪念。

第四章　数学中的悖论以及克服悖论的思想方法

恐怕谁做梦也没有想到过在人们认为是最正确的学术的数学中，还存在着悖论吧。但是事实却是如此。在数学中存在着自古以来被视为悖论的问题，曾经引起过许多学者的注意。幸而随着严密的近代数学思想的发展，这些悖论问题得到了彻底的解决。然而，现在又产生了新的、更加深奥微妙的悖论问题，正使许许多多学者为之苦恼。在被认为是最正确的思想体系中潜伏着悖论这件事本身，就为想要考察数学的精神和思想的人们，提供了十分深刻而重要的研究课题。所以，我想在此就数学的悖论问题略作一些讨论。

第一节　在数学中悖论尤其重要的理由

数学中悖论的意义　不论什么学问，不管何种观念，如果它自身包含着悖论，无疑是无法成立和存在的。因此，是否包含有悖论这个问题，对事物本身来说是至关重要的根本问题。在我看来，和其他自然科学相比，在数学中研讨这种悖论问题具有特别重要的意义。因此，我首先要讲一讲这种看法的根据。

一般说来,数学以外的所谓自然科学,是以自然界存在着的事实作为自己的研究对象的。换言之,自然科学是研究具体存在着的事物、存在于有限范围内的某些有限事物以及各事物之间的相互关系的学问。也就是说,它们的研究对象是那些显然自身不包含悖论的事物,因而自然很少包含着悖论情况。而且它们是在某种假设的基础上,根据推理抽象出各种现象之间的关系进行研究的,在这一点上酷似数学。但是,由于它们的学说是在说明天然存在的事物这一前提之下建立起来的,会包含悖论的情况不多。而且它们的结论能用具体存在的事物和现象进行验证,即使包含悖论也比较容易识别,从而也容易剔除悖论。然而像纯数学这种完全脱离现实世界,用与天然存在的事物没有关系的假设或公理来创造事物的学问,无论如何其情形都该大不一样。

不用说,在数学的初期发展阶段,在具体测量或计数,即在处理范围有限的情况时,几乎不用担心会出现悖论。然而,随着人类智力的提高,数学逐渐发展,无论如何也不可能只停留在有限的范围里了。就拿最原始的自然数来说吧,虽然每个自然数本身都是有限的,但是若问自然数的“数目”有多少,大概谁也不会回答说是有限个。另外,尽管一条线段的长度是有限的,但是这条线段上的点的“数目”却不是有限的。这样,即使在数学最初等的部分中,也已经包含了“无限”的思想。而对这个无限的思想的明确处理是极其困难的,同时也无法处理好,所以,我们不能不认为这是悖论潜入数学的第一步。

说起来,无限指的是我们的实验观察甚至正确的思维也达不到的范围,而我们以学术正确性来思考的范围,是把极大和极小这两个方面都限制在有限的范围内。

因为我们完全没有办法去想象无限的范围，要是在这个超越我们的想象力的范围中，对“$+\infty$和$-\infty$是不同的呢还是相同的？只有一个∞呢还是有无数多个无穷大？”进行争论时，笼统地把它们考虑为有限的延伸结果，那么这个争论就将没完没了，只会以无意义的结局告终。所以，假如我们想把这个无限纳入研究范围，就必须在这里设立一个不产生悖论的适当约定，确定出适当的范围进行研究。若不如此，而以暧昧茫然的观念为基础胡乱地进行研究，那就必然会遇上悖论。这样，那些自古以来遗留下来的悖论问题，通过今日严密正确的数理科学的组合，自然有不少得以除去，其中尤以与极限有关的问题居多，后面我还要举这样一两个例子进行说明。

上面说的是在初期的数学中，或者是在初等数学中见到的情景。

到了近代，一方面，数学的研究范围越扩越大，变成了深奥宏大的一大学科；另一方面，数学研究也要采用批判的态度，同时还要做到基础坚实、证明严密以及理论的一般性。这样，便产生了公理主义数学这种非常抽象的学问。当着手建设这种超越实用和应用的数学时，决定这种数学的成立条件，与其说是考虑它的有用无用，倒不如说是考虑它是否包含悖论，对这种数学来说，悖论具有更进一步的重要性。因而，当我们建立数学的一个分学科时，现在和过去的情况大不一样，堪作基础的公理与命题，再也没有任何特权和特殊性质，什么样的命题都有充当公理的资格。只要这些公理之间不产生悖论，就可以用作数学的基础。

数学的范围越扩张，特别是到了研究超穷数理论和点集合论（集合论是在无限世界中建设数学宫殿的学问）这种高度无穷大时，悖论潜入的机会也越多。随着数学变得越来越抽象和一般，要找出这种潜入的悖论也更加困难。在这种意义上，数学和别的学科相比，其悖论有如下三个特点：

（ⅰ）不包含悖论成了纯理数学成立的唯一条件，因而悖论具有关系到数学存亡问题的重要性；

（ⅱ）在数学范围扩大、内容变得深奥的同时，因为数学中要处理高度的无穷大，所以悖论潜入的机会也多；

（ⅲ）随着数学变得抽象和一般，探求悖论产生的原因变得困难，因而要除去悖论也更加困难。

这些就是我要讲的对数学来说悖论有着特别重要的地位的道理。

第二节　悖论的实例以及悖论产生的原因

一、潜藏在有关无穷大和极限的模糊概念中的悖论

1. 几何方面的例子

我首先叙述一两个自古以来熟知的几何例子，用以说明过去认为的悖论在今天已经不再成为悖论问题了。

第一个例子　在正三角形 ABC 中，设由其两边构成的折线 ABC 为 c_1；再取各边的中点 D，E 和 F，作折线 $ADFEC$，并设它为 c_2。不难知道，c_1 的长度和 c_2 的长度相等。再设 AD，DF，FE，EC，AF 及 FC 的中点分别为 G，I，J，K，H 和 L，考虑折线 $AGHIFJLKC$，若设它为 c_3，则 c_3 的长度等于

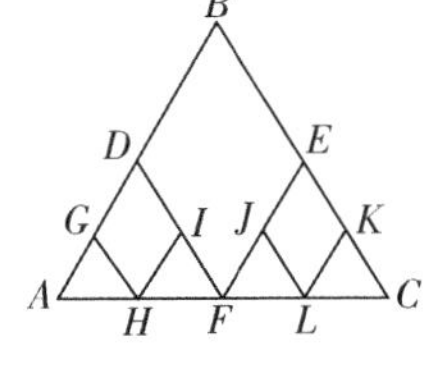

第6图

c_1 或 c_2 的长度。现在，照这种方式无限地作下去，折线就会逐渐靠近线段 AC，折线上的点到线段 AC 的最大距离也将随之无限变小，因而折线序列的极限就是线段 AC。所以，如果设正三角形的边长为 1，则作为上述折线序列极限的线段 AC，其长度也就是 1。可是，从另一方面看，上述折线序列中的每条折线之长，恒等于前面构造的折线的长度，即所有折线的长度应该恒等于 2，从而序列 2，2，2，…的极限也应该是 2。这就是说，上述折线序列的极限必须是长度为 2 的线段，这就与上面得到的折线序列的极限是长度为 1 的线段 AC 的结论不一致，于是我们陷入了几何方面的一个悖论之中。

第二个例子　这个例子和上一个例子是完全同类的问题，而且也是众所周知的。今在线段 AB 上任意取点 C_1 和 C_2（取两个或两个以上的点均可），各以 AB，AC_1，C_1C_2 和 C_2B 为直径画半圆，这些半圆的弧长分别为$\frac{\pi}{2}\overline{AB}$，$\frac{\pi}{2}\overline{AC_1}$，$\frac{\pi}{2}\overline{C_1C_2}$和$\frac{\pi}{2}\overline{C_2B}$。所以

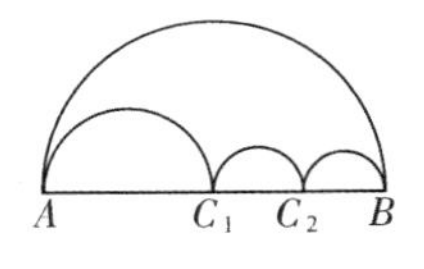

第 7 图

$$\frac{\pi}{2}\overline{AC_1}+\frac{\pi}{2}\overline{C_1C_2}+\frac{\pi}{2}\overline{C_2B}$$

$$=\frac{\pi}{2}(\overline{AC_1}+\overline{C_1C_2}+\overline{C_2B})=\frac{\pi}{2}\overline{AB}。$$

因此，以 AB 为直径的半圆弧之长和由上述 3 个小半圆弧构成的曲线之长相等。因为这个结论与 C_1 和 C_2 的位置以及取点数目没有关系，所以如果使 AC_1，C_1C_2，…之长逐渐变小，小半圆弧的个数逐渐增多，则由这些小半圆弧构成的曲线之长恒等于$\frac{\pi}{2}\overline{AB}=\frac{\pi}{2}d$。另一方面，由这些小半圆弧构成的曲线却逐渐靠近线段 AB，如果

这些小圆的直径无限变小，这些圆周上的点与 AB 的最大距离也将无限变小，因而这些曲线的极限就是线段 AB。上面说过，这些曲线之长恒为$\frac{\pi}{2}d$，而作为这些曲线的极限的线段 AB 之长为 d，则产生$\frac{\pi}{2}d=d$ 的悖论。

我认为，这些例子是从有关无穷大和极限等的不明确概念出发，胡乱进行研究而陷入悖论的极好例子。在古代，把这样的问题视为悖论问题是理所当然的，今天是否还应该把它们看作悖论问题呢？在以前的中等教育数学杂志上，仍然有人把它作为悖论问题刊载出来。可是，若从今日数学的解释去看待曲线长度和极限概念，则不会产生任何悖论。那些悖论是由于把**作为曲线序列的极限的曲线之长与曲线序列的长度的极限混同起来**，误认为它们是同一个东西而造成的。杨索性把这些事实作为“不能把两者混同的警告性示例”加以引用。归根结底，就是要弄清楚所谓曲线 AB 之长在数学中的意义是什么。首先，在这条曲线上取点列 C，D，…，用线段把它们依次连接起来，考虑这些线段的长度之和。其次考虑让这些点 C，D，…无限接近时，不论它们接近的方式如何，如果那些线段长度之和的极限**恒取同一个有限的确定值**，我们就把这个值定义为该曲线的长度（要以长度作为数学的量，就不能照搬原始的长度概念，而是首先确定线段的长度；其次对于任何形状的曲线之长，都必须采用以线段长度去定义曲线长度的方法。上述方法是今日通常采用的方法）。按照这种长度的规定，则曲线 AB 的长度，就是第 8 图中各线段 AC，CD，…长度之和的极限，而绝不是用形如∧

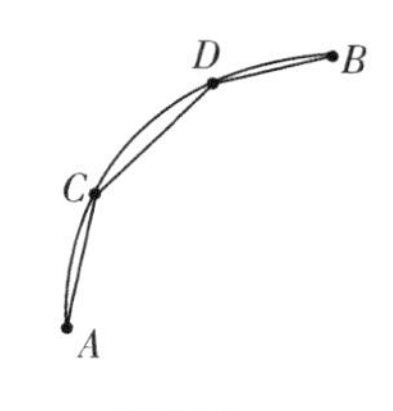

第 8 图

的这种**折线**或者**圆弧**去连接 A,C,D 等的极限。现在若把圆周的长度取为第 9 图那种折线序列的极限，则未必能得到 $2\pi R$，而可能取到各种不同的值。显而易见，像∨∨∨或⌣⌣⌣这种线序列的长度的极限，与所考虑的直线或曲线的长度是不一致的，如果是一致的话，那才是不可思议的。因而 AC（第一个例子）、AB（第二个例子）的长度当然和∨∨∨或⌣⌣⌣这种线序列的长度的极限不一致，这种不一致没有任何悖论和不合理的地方。因为按照定义，线段 AC 的长度，就是用线段去连接 AH,HF,FL 和 LC 得到的那种线序列的长度的极限，而不是用∧式的折线去连接 AH，HF，…所得到的线序列的长度的极限。这样一来，昔日视为悖论的问题就可以根据正确的论证规定求得简单明了的解决。

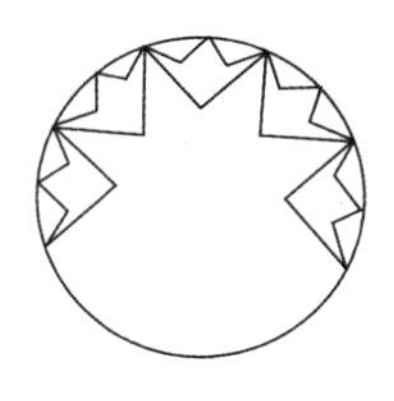

第 9 图

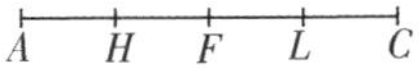

A　H　F　L　C

第 10 图

2. 代数方面的例子

很早以前，人们曾经完全不考虑无穷级数是否收敛，也不考虑级数收敛的条件是什么，就形式地进行级数运算，而且把有限情形下的法则原封不动地扩展到无限的情形中去，由此陷入悖论的情况很多，下面就是这样一个例子。

在 $\frac{1}{1+x}=1-x+x^2-\cdots$ 中，令 $x=1$，则有

$$\frac{1}{2}=1-1+1-\cdots,$$

又因为

$$\begin{aligned}1-1+1-\cdots&=(1-1)+(1-1)+\cdots=0\\&=1+(-1+1)+(-1+1)+\cdots=1,\end{aligned}$$

就得到$\frac{1}{2}=0=1$的悖论。

现在学习过级数理论的人，一眼就能看出这个悖论产生的原因，因此我不打算在这里去谈论它。总之，从前产生悖论的原因，大多是由于对模糊的思想未加严密的批判考察就进行研究，并且把粗糙杂乱的直觉原封不动地用于无限的领域，因而这些悖论可以根据严格正确的规定以及严密的研究，求得简单而完全的解决。也就是说，**根据严密化的精神、精确的极限思想和设定适当的规约条件，这些悖论都能够求得完全的解决。**

二、潜藏于公理组中的悖论

由于现在的纯数学是以公理组为基础的学问，因此公理组中是否包含着悖论，对数学来说是至关重要的大问题。现在通常采用下述方法去判定一个公理组中是否包含有悖论。

论证一组抽象命题$A,B,C,\cdots,N$互不矛盾的一个方法，是找出一个集合，它百分之百地满足这些抽象命题，而且它本身不包含任何悖论。假如能够找到这样的集合，那么我们就能知道在这组公理中以及由这些公理组合产生的诸定理中，绝不可能产生悖论。因为，假如这些命题中会产生悖论，则在任何由完全满足这些命题的东西构成的集合中，也必然应该产生悖论。然而，既然至少存在一个集合，它的元素百分之百地满足这些命题而且不产生任何悖论，这个事实说明，我们完全可以断定该命题组是不会包含悖论的。

虽说利用上述方法可以验证公理组不包含悖论的情况，但是有的命题，乍一看极其简单明了，没有产生悖论的余地，却出人意料地包含着悖论。现在我们来看这样一个例子。

(A) 在普通中等学校的几何部分，无限制地使用被当作公理的命题“全体大于部分”和“能够互相重合的东西相等”，就会产生出悖论来。也就是说，在这两个命题的内部潜藏着悖论。何以言之？我们照第11图那样设由两条射线 AC 和 AB 围住的平面部分为图形甲，并在图形甲内部引一条与 AC 平行的射线 DE，设 DE 和射线 DB 围住的平面部分为图形乙。因为图形甲包含图形乙作为它的一部分，根据所谓“全体大于部分”的公理，则应有“图形甲大于图形乙”的结论。可是如果现在平行移动图形乙，使射线 DE 和射线 AC 重合而且使 D 与 A 重合，则可以使图形乙与图形甲重合，再根据第二个公理又得到“图形甲等于图形乙”的结论。这就是说，一方面说甲比乙大，另一方面又说甲等于乙。这显然是一个悖论。

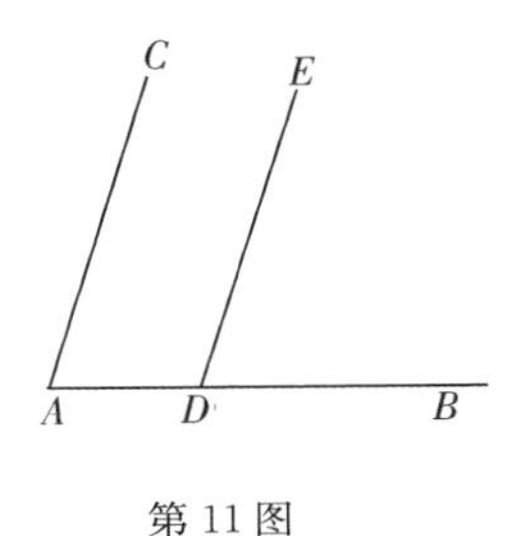

第11图

产生这个悖论的原因，就在于滥用所谓“全体大于部分”的命题。本来，这个命题对于有限的量是万无一失的，但是把它用于无限的量时，就未必如此了。例如，在

甲：$1+2+3+4+5+\cdots$(直至无穷)

中，去掉其中的全部偶数，则剩下

乙：$1+3+5+7+9+\cdots$(直至无穷)，

显然乙是甲的一部分。然而这时则不能轻率地说前者大于后者，因为甲和乙的第一项相等，自第二项以后的各相互对应的项，乙方恒大于甲方，以这种观点看甲和乙时，既然乙是大数之和，甲是小数之和，照理应该讲乙比甲大更恰当，至少无论如何也不能认为甲

比乙大。因此不能允许无限制地运用所谓“全体大于部分”的命题。若不顾及这一点，无批判地将它运用于无限的量，就必然产生悖论。

我们看到，乍一看简单明白、毋庸置疑的公理，如果无批判、无限制地滥用它，就会产生上面那样的悖论来。因此，尽管看来十分明白的事项，若要在超过有限的范围里去运用它，显然应当慎重考虑才行。

(B) 其次，我要讲一个人们认为理应不包含悖论的公理组中包含着悖论的例子。

施坦因豪斯曾在下述公理的基础上定义极限及收敛序列。

以$\{a_n\}$表示无穷序列$a_1,a_2,\cdots$，设由这种序列的全体构成的集合为Ω。现在从这个集合中，挑选一个由特殊序列（相当于通常所说的收敛序列）构成的集合，设它为M。凡属于集合M中的每个序列，都有一个且仅有一个数α和它对应。因此α由$a_1,a_2,\cdots$确定，从而可以把α看成是可列无穷序列$a_1,a_2,\cdots$的函数，所以

$$\alpha=f(a_n)。^{*}$$

我们把M和f看成是无定义的术语，为了规定序列集合M，规定f函数的性质，现在定出以下7个公理：

1　如果序列$\{a_n\}$属于集合M，则$\{a_n\}$的每个子序列都属于M；

2　如果$\{b_n\}$是$\{a_n\}$的子序列，则$f(a_n)=f(b_n)$；

3　如果$\{a_n\}$属于M，则$\{a_n+k\}$也属于M；

4　当$\{a_n)$和$\{b_n\}$都属于M，且$a_n+k=b_n(n=1,2,3,\cdots)$时，

* 式中的a_n应理解为序列$\{a_n\}$。——译者

规定 $f(b_n)=f(a_n)+k$；

5　如果所有的 a_n 为正，则 $f(a_n)$非负；*

6　如果所有的 a_n 为负，则 $f(a_n)$非正；*

7　设 M'是某个序列集合，f'是对应于这个集合的关系，若 M'与 f'满足上面 6 个公理，则 M'或者就是 M，或者是 M 的真子集合。

那么，属于集合 M 的序列如果完全满足这 7 个公理，就可以证明这个序列表示“收敛序列”，函数 f 表示“极限”。** 但是因为我们的目的在于考察悖论，所以主要是来说明这个公理组有没有悖论的问题。

因为普通的收敛序列满足全部 7 个公理，从而知道这个公理组没有悖论。但是，若从这个公理组中去掉其中一个公理后，考察如下公理组：

Ⅰ．2,3,4,5,6,7(2,3,4,5,6)；***

Ⅱ．1,3,4,5,6,7(1,3,4,5,6)；

Ⅲ．1,2,4,5,6,7(1,2,4,5,6)；

Ⅳ．1,2,3,5,6,7(1,2,3,5,6)；

Ⅴ．1,2,3,4,6,7(1,2,3,4,6)；

Ⅵ．1,2,3,4,5,7(1,2,3,4,5)。

就会意外地发现其中包含着悖论。也就是说，虽然这时Ⅱ和Ⅳ不

---

* 在 5 和 6 两条中，前面的 a_n 指序列$\{a_n\}$的元素。而 $f(a_n)$中的 a_n 却是指序列$\{a_n\}$本身。——译者

** 严格说来，这里的 f 是表示极限关系的函数，而不应看作作为其函数值的“极限”。下同。——译者

*** 我们这时设公理 7 中的 M'和 f'满足公理 2,3,4,5,6。并采用记号 7(2,3,4,5,6)以表明这一性质。以下相同。

包含悖论，但是却可以证明Ⅰ，Ⅱ，Ⅴ，Ⅵ包含着悖论。例如从公理组Ⅰ就能够导出 1=2 这种不合理的结果，现在将证明的主要之点叙述如下：

首先，设存在着满足公理组Ⅰ中全部公理的序列集合和函数，并且设它们分别为 M' 和 f'。这时，M' 和 f' 满足公理 2，3，4，5，6，7(2，3，4，5，6)。其次，设 Γ_1 是由仅有两个有限极限值的不定序列构成的集合，φ_1 为对应的函数，其值等于这两个极限值的算术平均。这时，显然 Γ_1 和 φ_1 满足公理 2，3，4，5，6。*

因为全体收敛序列的集合 M 以及它对应的函数 f（f 是表示前面所说的那种"极限"）也满足公理 2，3，4，5，6，根据公理 7(2，3，4，5，6)，M' 包含 Γ_1 及 M。

然而，可以证明，当某个序列集合满足公理 2，3，4，5，6，并且包含集合 M 时，其对应的函数 f' 对于 M 中的一切序列，必须等于普通的"极限"。现在我们取一个序列

$$\{a\}=a,a,a,a,\cdots\ (a\text{：有限的确定数}),$$

它是 M 中的一个序列，从而属于 M'。根据上面的说明，对应

---

* 因为现在是公理 1 不成立的情形，所以，公理 2 需要写成如下形式：

公理 2　若序列 $\{b_n\}$ 是序列 $\{a_n\}$ 的子序列，并且 $\{a_n\}$ 和 $\{b_n\}$ 都属于 M，则 $f(a_n)=f(b_n)$。

为什么说这样改写是必要的呢？因为当 $\{b_n\}$ 是 $\{a_n\}$ 的子序列，并且 $\{a_n\}$ 属于 M 时，$\{b_n\}$ 却不一定属于 M。公理 1 规定了若 $\{b_n\}$ 是 $\{a_n\}$ 的子序列，当 $\{a_n\}$ 属于 M 时，$\{b_n\}$ 必然属于 M；因为现在假定公理 1 不成立，所以 $\{b_n\}$ 就未必属于 M。例如，设 M 是由仅有两个极限值的不定序列构成的集合，设 $\{a_n\}$ 为 1，2，1，2，1，…，它的子序列

{1}　1，1，1，1，…，

{2}　2，2，2，2，…

分别有唯一的极限值 1 和 2，因而{1}和{2}都不属于 M。可是从 1，2，1，2，1，…中去掉有限多个 1 或 2，剩余的子序列都是同时取 1 和 2 为极限的不定序列，因此全部属于 M。

于 M' 中的这个序列 $\{a\}$，函数 f' 表示的“极限”为：

当 $a=1$ 时，$f'(1)=\lim\{1\}=1$；

当 $a=2$ 时，$f'(2)=\lim\{2\}=2$。

另外，序列 $\left\{\frac{3+(-1)^n}{2}\right\}=(1,2,1,2,\cdots)$ 是以 1 和 2 为极限值的不定序列，它应该属于 Γ_1，从而属于 M'。因为序列 $\{1\}$，$\{2\}$ 和 $\left\{\frac{3+(-1)^n}{2}\right\}$ 都属于 M'，并且 $\{1\}$ 和 $\{2\}$ 都是 $\left\{\frac{3+(-1)^n}{2}\right\}$ 的子序列，所以满足公理 2 的全部条件。根据公理 2（参照脚注中的公理 2），下述式子成立：

$$f'\left\{\frac{3+(-1)^n}{2}\right\}=f'(1)=1,$$

$$f'\left\{\frac{3+(-1)^n}{2}\right\}=f'(2)=2,$$

所以，$1=2$。

这样，就得到了 $1=2$ 的悖论。

如上所说，由全部公理构成的集合不包含悖论，而由它的一部分公理构成的集合反倒包含着悖论，乍一看叫人很费解，但是这个公理组与普通的公理组稍稍有些不同，也就是说，产生悖论的根源在于这个公理组中的公理不是相互独立的，其中公理 7 从属于其他几个公理。换句话说，当 f' 和 M' 满足公理 1，2，3，4，5，6 时，M' 等于 M 或者 M' 是 M 的一部分。但是当 f' 和 M' 只满足公理 2，3，4，5，6 时，M' 可以比 M 大。因此，即使在第一种情形下公理 7 成立，在第二种情形下也不会成立，悖论就是这样引起的，没有什么不可思议的地方。

在希尔伯特为欧几里得几何学设立的公理组中，最后的完全公理也从属于它前面的各个公理，发生这种情况也就不足为奇了。话又说回来，在没有这种从属关系的公理组中(在普通的公理组中，其中每个公理对于它以外的任何公理都是独立的)，如果全部公理之间不存在悖论，则毫无疑问它的一部分公理之间也不会存在悖论。现在通常构造的公理组，是规定业已成立的学科或概念的公理组，因而悖论比较少。而且，假如这个公理组存在着悖论，则抛弃它不发表就行了，这在今天没有什么问题。但是假如将来要根据公理组去创造崭新的学科时，要去证明这个学科是否包含悖论大概是相当困难的。

三、潜藏于集合概念中的悖论

集合论方面的悖论是今日数学中最引人瞩目的悖论，而且也是最难解决的。这里，我们先讲两三个有名的悖论。

1. 罗素悖论

对于一个给定的集合来说，(ⅰ)它或者以自身为元素；(ⅱ)它或者不以自身为元素。不管这两种集合实际上存在与否，这里的逻辑分类都理所当然地毋庸置疑。其实，这两种集合都是存在的，下面我们举出这样的实例来。

例(ⅰ)　由一切抽象概念构成的集合 M，因为它自身也是一个抽象概念，所以 M 是集合 M 的元素。

例(ⅱ)　普通的集合是不以自身为元素的。例如集合 $M=\{1,2,3,4\}$既不是 1，也不是 2，也不是 3，也不是 4。因而 M 和它的元素都是不相同的，即 M 不是集合 M 的元素。

上面一开始就把集合分成了两类，把包含自身的集合作为第一类；把不包含自身的集合作为第二类。现在考虑由所有第二类集合构成的集合，设这个集合的集合为 m，也就是说 m 包含的一切元素都是不以自身为元素的集合，除此以外，m 完全不以别的任何集合为元素。那么，我们来检查一下，这个集合 m 究竟是第一类集合还是第二类集合。

（ⅰ）首先，假定 m 以自身为元素，即假定 m 是第一类集合。因而 m 就是 m 的元素。可是另一方面，我们在前面说过，m 只含有那些不以自身为元素的集合，而不含有别的什么集合，从而 m 不应该含有 m。这就发生了悖论。

（ⅱ）其次，假定 m 不以自身为元素，即假定 m 是第二类集合。然而 m 是由一切具有这种性质的集合构成的集合，因此 m 必须以 m 为元素。这样一来，我们又碰到了悖论。

2. 潜藏在所谓“一切对象的集合”中的悖论

关于所谓“一切对象的集合”的概念包含悖论的证明。

首先，一切对象的集合是和由这个“集合的一切子集”构成的集合对等的。也就是说，两者的元素可以一一对应。这是因为，假设前者为集合甲，后者为集合乙，由于乙的元素都是“甲的子集”，因而也是甲的元素；反过来，甲的任何元素显然是“甲的子集”，因而也是乙的元素。

如果反过来考虑，则一个集合的所有子集不可能和这个集合本身的元素一一对应。我们假定有两个集合：

S：元素 $a,b,c,\cdots$ 的集合；

δ：由集合 S 的一切子集 $\alpha,\beta,\gamma,\cdots$ 构成的集合。

并且设这两个集合的元素可以如下一一对应：

S：$a,b,c,\cdots$；

δ：$\alpha,\beta,\gamma,\cdots$。

由此我们可以构造出 S 的一个子集 τ，它具有如下性质：

（ⅰ）当 a 不在与 a 对应的 α 中时，a 属于 τ；

（ⅱ）当 a 在与 a 对应的 α 中时，a 不属于 τ。

(注意，τ 可以是空集。我们也设空集属于 δ。)

因此，该子集 τ 是 δ 的一个元素，从而在 S 中应该存在元素与它一一对应，我们设这个对应的元素为 t，这时可以得到如下论断：

（ⅰ）假设 t 属于 τ，则由 τ 的构造方法知道 t 不可能属于 τ；

（ⅱ）假设 t 不属于 τ，则由 τ 的构造方法知道 t 必须属于 τ。

这显然是一个悖论。S 和 δ 的元素之间不可能一一对应，这和上面有关所谓"由一切对象构成的集合，对等于由它的子集构成的集合"的证明相悖。因此，所谓"一切对象的集合"的概念包含着悖论。

据说康德曾在他的著作中指出"宇宙(Welt)概念包含着悖论"。若真是这样，就可以肯定康德早已知道上述道理，因为说到底，宇宙不外乎是"一切对象的集合"。

3. 潜藏在所谓"一切基数(Kardinalzahl)"概念中的悖论

由基数定理知道，不存在最大的基数。也就是说，对任何一个基数，必定存在着大于它的其他基数。因此，由一切基数构成的集合 K 满足下面定理的假设：

"设 $M=\{m,n,\cdots\}$ 是一个基数集合。若对 M 中的任意一个基数，必定在 M 中存在着大于它的其他基数，则基数之和 $m+n+\cdots$ 比 M 中的每个基数都大。"

由此，K 中一切基数之和，大于 K 中任何一个基数。这个和既要比每个基数大，自身又仍然是一个基数，这显然是一个悖论。

4. 理查德悖论

世界各国都有以本国的有限个文字来表达的每个自然数 n 的定义,例如,"四是紧接于三后面的整数","四是只比二大二的数"等。在 n 的各种定义中,以尽可能少的文字表达出来的定义,被称为"n 的最短文字名"。现在,构造一个自然数的最短文字名最多含有 1 000 个文字的特殊的自然数表,那么,这个表中的自然数只能有有限多个。因为无论在哪一个国家,它的文字数总是有限的,因而在这些文字中,1 000 个或 1 000 个以内的文字的不同组合数只能是有限多个(即使允许这些文字重复出现),有无穷多个自然数都在这张表之外。在这张表之外的自然数中,存在着最小的自然数 N,这时,N 就被唯一地定义为:

"有着千字以上的文字名的最小自然数。"("die Kleinste natürliche Zahl, in deren samtlichen Schriftnamen jeweils mehr als tausend Zeichen vorkommen.")

这句话给出了 N 的一个文字名,显然这个文字名在千字以内。这就是说,我们一方面称 N 是文字名在千字以上的自然数,另一方面可以像上面那样用千字以内的文字名来表达 N。由此,我们又导出了一个关于 N 的悖论。

其他著名的例子有布拉里-福蒂悖论。

第三节 悖论的特征及其解决办法

一、悖论的特征

还有与上面所举悖论类似的其他例子。只要动动脑筋,我们也可以构造出许多这样的悖论。

这些情形中产生悖论的主要原因，我看大体有如下几种：

（ⅰ）所谓“能够用有限个文字定义”或“能够用至多 n 个文字定义”的概念，并不是确定的、绝对的东西，主要取决于允许的表达方法。同时，表达的方法也没有一定的规则，什么样的形式都可以采用。例如，自然数 4 可以用“一加上三”“一千减去九百九十六”“八的一半”“紧跟在三后面的整数”“在小于五的数中最大的那个整数”等方式予以表达，几乎有无穷多种表达方法。对如此不确定的东西讨论最少文字的表达方法，决定哪一种表达方法使用的文字最少，这是非常困难的。假如为了避免这种困难而对表达方法进行限制，那就需要制定出一个标准法则，用于规定哪种表现方法是允许的、哪种表现方法是不允许的，这大概又要带来新的困难了。因此，就和数学初期的悖论是由极限与无穷大等模糊概念引起的一样，这个概念不也可以看成是潜藏在非确定的观念中的悖论吗？

（ⅱ）正如第四例中，N 的概念是借助自身所属的一般概念（其最短文字名需要用 1 000 字以上的语句给出的自然数全体）来定义的。也就是说，有着某种性质的自然数全体，只有根据构成它的每个自然数才能被确定地定义；但在第四个例子中，N 这个自然数反而借助由自身作为其中一员完成定义的“有千字以上文字名的自然数”全体来定义。说到底，就是出现了自己定义自己的现象。因此，第四个例子中的 N 的定义，就是循环定义的情形。

（ⅲ）在第二个例子中，“一切对象的集合”就是把自身也看成该集合的一个元素的那种变态集合。不是可以认为，正是这个变态集合中潜藏着悖论吗？

(ⅳ) 另外,以布劳威尔为首的新直觉派人物着眼于悖论问题与排中律的关系,认为大多数的悖论是滥用排中律而引起的(关于排中律的问题,后面还要进行详细论述)。

二、悖论的解决办法

下面是迄今为止尝试过的解决悖论的主要方法。

1. 罗素等人的解决办法

罗素及怀特海等人鉴于上述情况,制定了名为"循环论证戒律"(Vicious circle principle)的原则,作为避开悖论的一个方法:

(ⅰ) 不管什么样的整体,都不能包含由整体定义的元素;

(ⅱ) 含有属于某个集合(例如基数集合、序数集合等)的一切元素的集合,不能包含那个集合本身为元素。

乍一看,这些原则似乎很不错,但如果根据这些原则去构建数学,就会在构建过程中发现它们十分有害。虽然很多包含悖论的东西不满足这些原则,然而不满足这些原则的东西却未必都包含悖论。举例来说吧,设 $f(x)$是$[0,1]$区间上实变数 x 的连续函数,M 是由 $f(x)$在该区间上的所有函数值构成的集合,m 是这些函数值中最小的一个值,则 m 是由 m 所属的整体之集 M 来定义的。这正是微积分中通常使用的方法,并不产生任何悖论,假如把上述原则作为数学的通用原则,则无异于作茧自缚,反倒不得不抛弃迄今得到的一部分数学财宝。策梅洛曾对这种企图进行了极其有力的批判,不过这方面的争论没有完全终结。

2. 公理法的解决办法

第二种尝试是根据公理方法来解决悖论。例如在集合论中,选择适当的公理组,从这个公理组出发,根据演绎逻辑导出康托尔的集合论，如此一来，就没有悖论进入的余地了。弗兰克尔等人已经发表了几种公理组。这个方法看起来差不多达到了所期望的目标，但说不定在没有想到的地方还存在着缺陷，因此还需要更加细致地推敲。现将弗兰克尔的公理组的内容摘要叙述如下。

弗兰克尔公理组

定义 1　设有 a,b 两个集合，若集合 a 的每个元素同时也是集合 b 的元素，就说 a 是 b 的子集。

定义 2　设有 a,b 两个集合，若集合 a 是集合 b 的子集，反过来集合 b 是集合 a 的子集，则说集合 a 与集合 b 相等，记为$a=b$。否则，就说集合 a 不等于集合 b。

关系公理

公理Ⅰ　设有 a,b,A 三个集合，若 $a=b$，并且 a 是 A 的元素，则 b 也是 A 的元素。

条件性存在公理

公理Ⅱ［配对公理(Axiom der Paarung**)］**　设 a 和 b 是两个不同的集合，则必存在一个集合，只以集合 a 和集合 b 为元素而不再包含别的元素。这个集合记为$\{a,b\}$。

这个公理允许存在以集合为元素的集合。

公理Ⅲ［合并公理(Axiom der Vereinigung**)］**　当 M 是至少含有一个元素的集合（这个集合的各元素本身也可以是一个集合），则存在集合 δM，以 M 的每个元素的全部元素为元素而不包含别的元素。这个集合 δM 叫作**和集**(Vereinigungsmenge)。

举例来说，设集合 M 的元素为 a,b,c,…。这里 a,b,c,…都分别是一个集合，它们分别含有元素 a_1,a_2,a_3,…;b_1,b_2,b_3…;c_1,

$c_2, c_3, \cdots; \cdots$。那么存在以全体 $a_1, a_2, a_3, \cdots, b_1, b_2, b_3, \cdots, c_1, c_2, c_3, \cdots$ 为元素的集合 $\{a_1, a_2, a_3, \cdots, b_1, b_2, b_3, \cdots, c_1, c_2, c_3, \cdots\}$。

公理Ⅳ[幂集公理(Axiom der Potenzmenge)**]**　若 M 是一个集合，则存在集合 μM，它以 M 的全部子集为元素而不包含别的元素。

公理Ⅴ[子集公理(Axiom der Aussonderung)**]**　设 M 是一个集合，若这个集合的某些元素共有性质 E，则存在 M 的子集合 M_E，它只包含 M 中含有性质 E 的元素而不包含别的元素。

公理Ⅵ[选择公理(Axiom der Auswahl)**]**　当集合 M(必须设为含有若干个元素的集合)的元素两两之间没有共同元素，且 M 的任何一个元素都不是空集合，则必定至少存在一个具有下述性质的**和集** σM 的子集合。这个子集合称为**选择集合**(Auswahlmenge)。

性质： 这个选择集合和 M 的每个元素(每个元素都是一个集合)有且仅有一个共同的元素。

通俗地讲，若设 M 的元素为 $a, b, c, \cdots$；设 $a, b, c, \cdots$ 的元素分别为 $a_1, a_2, a_3, \cdots; b_1, b_2, b_3, \cdots; c_1, c_2, c_3, \cdots; \cdots$。现在，从 a 中选一元素如 a_3，从 b 中选一元素如 b_2，从 c 中选一元素例如 c_5……构造集合 $\{a_3, b_2, c_5, \cdots\}$。这就是所谓"至少存在一个"的意思。

绝对存在公理

公理Ⅶ　a. 至少存在一个集合。

公理Ⅶ　b. [**无限性公理**(Axiom des Unendlichen)]至少存在一个具有下述两个性质的集合 Z：

性质 1　O 集合是 Z 的一个元素。*

* 这里的 O 集合就是空集。——译者

性质 2　若 m 是 Z 的一个元素，则 $\{m\}$ 也是 Z 的一个元素。

设具有这两个性质的最小集合为 Z_0，那么，按照性质 1 和性质 2，Z_0 含有如下元素：

$$0,\{0\},\{\{0\}\},\{\{\{0\}\}\},\cdots。$$

除此之外，Z_0 不含别的元素。因为这些元素互不相同，所以这些元素构成的集合与自然数集合

$$\{1,2,3,4,\cdots\}$$

一致。也就是说，Z_0 是含有无穷多个可列元素的集合，因而集合 Z_0 是具有性质 1 和性质 2 的一切集合中的最小集合。由此可见，凡满足上述两个性质的集合 Z 都包含 Z_0 为其子集合，因而 Z 是无穷集合。

限制公理　规定只存在根据公理Ⅱ到公理Ⅶ（或公理Ⅷ）的公理组得到的集合，不存在别的集合。

弗兰克尔还进一步阐述了函数概念，增设了下面的公理作为公理Ⅷ。

置换公理

公理Ⅷ［置换公理（Axiom der Ersetzung）］　当 M 是一个集合，$\varphi(x)$ 表示一个函数时，则存在由 M 构造出来的集合 M_1，它是以 $\varphi(y)$ 替换 M 中的一切元素 y 而构成的。

弗兰克尔论述了这些公理的意义，以及由这些公理导出的诸定理。他还进一步详细论证了这个公理组的完全性、无悖论性及独立性。

3. 柯尼希的逻辑解决办法

与罗素等人的哲学解决方法、弗兰克尔等人的公理解决方法不同，柯尼希走的是另一条道路，尝试逻辑的解决方法。他在《逻

辑、算术与集合论的基础》一书中，试图为数学奠定基础，并将数学从悖论引向自由，于是就下面两大题目谈了自己的看法。

（ⅰ）康托尔的集合论的变形。

（ⅱ）关于在逻辑及数学中没有悖论的论证方法。

柯尼希相信能够在他的逻辑预备概念基础上定义集合概念，并使集合概念精密化。他认为："集合不仅是由它的一切元素决定的（康托尔和策梅洛正是在这种意义上解释集合的），而且还取决于这些元素怎样被包含在集合中，以及在集合内元素的集聚方式和状态，这些在集合中起着极其重要的作用。"对于后者，他特别在研究包含自身为元素的集合与其他集合之间的区别这一至关重要的问题上下功夫，并利用他自己建立的集合概念去建设康托尔的集合论，他辨明了其中一部分悖论是由误解导致的，并尝试解决一部分他认为利用新的集合概念可以消除的悖论。

他进一步考虑了如何证明逻辑及数学中没有悖论的方法，他的思路大致可以归结如下：他首先考察人类的思维过程，然后从中导出一些逻辑规则，并把这些规则的真实性置于直观的基础上。他力图在这种具有直观性和真实性的逻辑规则上演绎地建立其他的逻辑规则、算术理论以及集合理论。因此，那些可能在算术和集合论中产生的悖论，必然要在上述的一些逻辑规则中有所反映，从而把数学中是否包含悖论的问题，直观地归结为在逻辑规则中是否包含悖论的问题，他正是在这个意义上论证了算术及集合论中不包含悖论的。

4. 限制排中律的办法

康托尔的集合论开拓了数学的新领域，并且给数学增加了许多极有价值的和富有兴味的定理，其中大部分结果几乎毫无异议地得到了大多数人的承认。但是，正如前面讲过的，随之又产生了集合论中的悖论问题（然而，从本质上看，这些悖论与其说是数学的，倒不如说是逻辑的和哲学的更恰当些），并且随着人们对选择公理发表的种种议论，这些问题引起了研究者们的严重关切，终于导致在1918—1921年之间，以布劳威尔和外尔等人为首，燃起了不仅威胁着集合论，而且也威胁着全部数学，使整个数学动荡的革命烽火，这便是人们所谓的“数学危机”。这种势头甚至使得希尔伯特发出了“我们正在失去我们得到的大部分宝贵财富”的警告。这个问题是贯穿于全部数学的基础的问题，无论谁都应该有所了解，而且对谁来说都是极其重要的。从根本上说，这个问题是一个非常单纯的问题，谁都容易理解。

布劳威尔等人以批判的眼光看待已经建立起来的数学，他们对于以前采用的证明方法和证明条理等、对于迄今为止人们毫不怀疑的基本事项表示异议，认为由于这些不完全的方法，产生了数学中的悖论和一些其他的稀奇古怪的现象，因而数学就成了很不保险的学问。尽管布劳威尔等人提出异议的地方很多很多，但是主要还是有关“排中律”及“存在性”的证明。

第四节　新直觉派对于排中律的辩驳（我个人的结论）

众所周知，排中律是逻辑的基本法则。它主张所谓“在考虑甲与乙的关系时，甲要么是乙，要么不是乙，此外别无第三种情形”。就拿一条线来说罢，它或者是直线，或者不是直线，不能再有第三种情形。首先我们用例子的形式来讲一讲以布劳威尔为首的新直觉派对于排中律的异议的大致情况。

一、排中律和存在性定理

现在，我们先设自然数的某个性质为 E。例如，(a)形如 2^n+1 的自然数是素数；(b)对于 $n+2$ 中的自然数 n，存在着满足 $x^{n+2}+y^{n+2}=z^{n+2}$ 的自然数组 (x,y,z)。当我们就这个性质问"是否存在着满足性质 E 的自然数"时，得到的回答不外乎如下两种：

（ⅰ）当我们能够作出正确无误的证明，或举出实例说明存在着具有性质 E 的确定的自然数时，这个问题就有**肯定的答案**。

（ⅱ）当我们能够从自然数的本质出发，证明任何自然数都不满足性质 E 时，这个问题就有着**否定的答案**。

当上面两种情况都不成立，即尚不清楚是否存在满足性质 E 的自然数时[前面的例(b)就是如此]，形式数学还要采取下述立场：

"满足性质 E 的 n 或者存在，或者不存在，二者必居其一，别无其他可能情形。"

这就是所谓排中律。可是，直觉派对于无限制地使用排中律持否定态度，他们主张应当考虑第三种情况。

（ⅲ）具有性质 E 的自然数存在与否，不能够由自然数的本质推导出来。因此，既然不能找到具有性质 E 的特殊自然数，那么，这个问题就只好列为未能解决的问题遗留下去。

也就是说，这种问题只有等到考察了全部自然数以后，才能够得到最终的答案。然而这种考察只有当根据一定规则，可以把无穷多个手续转化为有限个手续时才有可能，要想逐一考察全部的无穷多个自然数是肯定办不到的。因此，直觉派认为，对于"存在具有性质 E 的自然数"这个存在性定理，若不能实际找出具有这种性质的确定的自然数，或者给出构造这种数的方法，我们就不能承认它是正确的命题。排中律本来属于逻辑学的范畴，而且只能应用于有限的范围内，要想把它直接搬到有着无穷集合的数学中来，则是很难令人信赖的。

二、排中律与定理的证明

现在我们来考虑某个定理能在“某事物有某确定性质”的假定之下给出证明；接着又考虑同一个定理在“该事物不具有那种确定性质”的假定之下也能给出证明。那么，在这种事物并不十分容易为人们了解的情况下，即非经长时间的调查，就无法确定它是否具有那种性质的情况下，使用排中律就能省去长时间的调查之劳。因为排中律能保证有这种性质或者没有这种性质之一发生，所以，在上述情形下无须逐个调查就可以直接确认定理成立与否。

我们还是用实际例子进行说明。假定在 1,4,9,11,15,17 中存在着素数的条件下能够证明某个定理；我们再设在这些数中不存在素数的条件下也能够证明该定理。当然，在这个例子的特殊情况下，不使用排中律就能够直接确认这个定理是否成立了，因为我们很快就能够确定这些数中是否有素数。只要依次考察就会发现 11 是个素数。

可是，假如所给问题中的自然数非常多，为了考察它们，竟要花上十来年时间去看个究竟，大概谁也不会去干这种劳神费时的蠢事吧？这时，如果我们使用排中律，认定在顺次考察了一些数之后，就会有在 10 年之后碰到素数或碰不到素数的任一种情况，而且不论哪种情况成立，都能使定理得到证明，因此就可以断定这个定理是成立的。这大概可以使人们看到利用这种简单的排中律，能够起到免除10年辛劳的巨大作用吧！这时，恐怕直觉派也要承认这个证明的。因为这时尽管问题中的自然数很多，也只能是有限多个，只要花上足够多的时间，终究可以全部考察清楚。但是，假如问题中的自然数有无穷多个，即使花上几百年乃至几千年也考察不完时，他们就不会承认利用排中律给出的有关这个问题的证明。这时，直觉派只限于在下述情形才承认“完成证明”：

（ⅰ）碰巧在这无穷多个数中，经若干次考察之后实际找到了素数；

（ⅱ）根据数学方法能够确切断定其中是否存在着素数。

除此之外的其他情形，他们就说该定理的证明是不完全的。但是，与持有上述观点的直觉派人物相反，说不定会有人这样说：“即使在考虑无穷多个数的情形下，也只会有碰得上素数或碰不上素数这两种情况，不会出现别的可能。所以，完全可以说在这种情形下本定理得到了证明。”

而直觉派也许会回答说：

“如果排中律在任何情形下都是绝对可靠的，也就是说，不可能产生上述两种情况以外的情况，那就没有什么可说的了。但是，又怎么知道排中律有着绝对的可靠性呢？”

这里，争论的焦点转移到排中律的本质问题方面了，因而是关系到排中律的哲学观点的问题。

照直觉派人物看来，逻辑学的法则也只有在能够验证的情况下才有意义，也只有在这种情况下才是真的。若仅仅说“某事物只能是那样，不会是别的”，他们就认为“这不能成为‘是这样’的证明”，他们就会进一步要求作出明白的证明，即给予验证。那么，如何去验证排中律呢？这就是要在各种情形下，指出某事物实际上具有这种性质还是不具有这种性质；或者从理论上证明这个结论。当找不出究竟是具有这个性质还是不具有这个性质时，他们就认为既然无法把“不能指出究竟是哪种情况”变成“是哪种情况”，我们就有权利怀疑排中律的普遍可靠性。布劳威尔本人在《克雷尔杂志》(*Crelles Journal*)上刊登的论文中有如下一段文字：

> 逻辑学的法则是具有先验性质的结果。不久以前人们无限制地把这些法则(包括排中律在内)应用于处理无穷多个对象的数学中来，在这种情况下，根据这些方法得到的结果，不管实际的也罢，理论的也罢，他们都毫不考虑这样得到的东西很难求得经验的确证。因此，在这个基础之上最近半个世纪之内建立了庞大的不当理论。

由此可以看出这派人物的态度之一斑。

结论　看来，新直觉派对于排中律的态度，可以说是精确地研究事物的必不可少的态度。具体地说，如果第一步在给定的自然数组中，使用包含有素数的假定可以证明定理一，并且使用不包含素数的假定也同样可以证明定理一，则第二步从实际上或理论上验证所给自然数组(ⅰ)含有素数，(ⅱ)不含素数，(ⅲ)是否存在这两种情形以外的情况。毫无疑问，这样做就是一种正确的顺序。因而，在人们不能够说出它包含着素数，或者不包含素数，或者没有此外的其他情形时，不！在判明了人类即使花上数千年也无法实现上述情况时，就很难说这个定理得到了完全的证明。他们的这种态度，是忠实于科学的态度，我很欣赏他们的这种治学严谨的态度。我们再换一个说法吧，第一，就算在给定的自然数组中存在着素数的假定下证明了定理一，只要不能肯定地说它必定包含着素数，那么这个证明就是无效的；第二，在给定的自然数组中不存在素数的假定之下证明了定理一，只要不能肯定地说它不包含素数，那么第二个证明也是无效的。同时，又无法使用任何方法确实证明只能产生上述两种情况，那么要想把上面两个证明合成为定理的证明就是无效的。新直觉派的态度可归结如下：在这种全部证明都是无效的情况下，又怎么能够说这个定理得到证明了呢？这种一步也不容疏忽的严谨态度，我觉得很有道理。我们应该深切地感谢他们持有的这种态度，因为它可以促使数学家强烈地反省数学证明中的缺陷。

另外，由“除此之外，别无其他”就断定“就是如此”，这种态度也是相当危险的。回顾一下数学发展的历史，我也不禁有同样的看法。譬如 17、18 世纪之际的数学家认为“除了是那样之外，不会是其他”的事，后来却证明并非如此。可以举出很多这样的例子来。较浅近的例子是欧拉时代关于函数的认识、关于连续函数有什么样的导数（直观地说，就是曲线有什么样的切线）的看法，以及认为欧几里得平行公设是正确的，等等，都是被当时的人们认为“就是那样的，除了是那样以外，没有别的可能”的东西，然而到了后世，显然未必是那么回事了。此外，在允许没有长度的曲线、没有面积的闭曲线*以及没有体积的多面体等存在的今天，如果仍按照直观上曲线、闭曲线和多面体等都有长度、面积和体积去思考，马上就会说曲线必有长度、闭曲线一定有面积。若用这种想法去研究一般的线和面，或者采取轻率的态度，将无限情形当作有限

* 这里所谓闭曲线的面积，指闭曲线围成的图形面积。——译者

情形的扩充予以处理，那就会像早期处理无限时引起相应的悖论一样，伴随着这种浅薄的思想，悖论和谬误的产生将是不可避免的。因此，我认为布劳威尔的这种态度对于促使数学家反省是极其有效的手段，在数学的基础中仍然存在着许许多多不能令人满意的事项的今天更是如此。

话又说回来，如果仅仅因为承认排中律的可靠性的理由不充分这一点（而且新直觉派的辩驳尚无足以使任何人点头同意的有力根据），马上叫人抛弃人类经过几千年好容易才积累起来的大部分数学财富，则是令人难以赞同的。其实，在布劳威尔以前，也曾有人怀疑过排中律在自然科学方面的绝对可靠性。据说，有一天，哲学家伊壁鸠鲁的一位高足弟子向他问道：

“我认为，我的朋友荷尔夏斯明天活着或死去，二者必居其一。我认为这个断言不仅是正确的，而且也是必然的。请问老师对此有何看法？”

伊壁鸠鲁却意外地答道：

“不，不是那样的！我不能承认你的两个断言中的任何一个。因为如果承认二者之中必然发生一个，那么‘荷尔夏斯明日是活着还是死去，二者必居其一’的断言就是正确的。可是，在自然界中没有这样的必然性。”

经伊壁鸠鲁这么一说，听者惊讶得一句话也说不出来。可以看出布劳威尔正是用洗练的形式把伊壁鸠鲁的这种思想运用到数学中来了。

看来，促使人们对于应用排中律进行深刻的考虑和反省，确实是一件好事。但是，仅仅根据直觉派讲的那些理由去进行数学的大改造，去牺牲大部分的数学财富，这就需要更加慎重地考虑，现在要马上干这件事应该说操之过急吧。我想是不是可以提出如下理由：

第一个理由，排中律是自人类出现以来，除了特殊的两三个人以外，在几千年里数千万亿人都没有丝毫怀疑过的东西，并且被人们看成是没有它就几乎难以进行任何推理和思考的、深深扎根于精神本质之中的原理。因而先验主义者把它看成是先验的真理。而且，因为从经验上说，迄今为止还未发生过经验上的第三种情况，所以不妨说它也是经验上的真理。像这种深深扎根于人类精神和经验之中的原则，仅仅以怀疑也许会产生第三种情况这种并不充分的理由去否定它，我看是需要慎重考虑的。毫无疑问，"全体大于部分"这个公理在某个时代也曾被人们看成是先验的和经验的真理，但是今天就显然不是这么回事了。当然，最稳妥的办法是避免说排中律是绝对真理，但是可以说这个原理比"全体大于部分"的公理更接近真理。即使将来弄清楚了，确实应该对排中律作出某种限制，恐怕数学因此而遭受的损害也是很少的。不，或者确确实实到了那一天，排中律失去了一般性的应用，说不定这反倒会成为促进数学更大飞跃的机缘。在那个所谓"全体大于部分"的公理的缺陷暴露之后，希尔伯特以及其他的人们完全不用这个公理，而是根据抽象公理集完整地构建起了全部的欧几里得几何学。数学不但没有因此而遭受任何损失，反而得到了新的几何学，它在一般性和包容性方面胜过了旧的几何学，这样去看大概就可以想通了。

第二个理由，数学中的许多定理，特别是堪称数学基础的各个定理，有着各种各样的证明方法：或者从代数方面去证明，或者从几何方面去证明，或者从函数论方面去证明，或者从数论、群论、集合论等方面去证明。由这些不同的证明方法都可以得出相同的结论,因而,像这样经受多方面的论证推敲仍然能够确保其成立的数学定理,就可以估计出它的根基是相当坚实的。在各种各样的证明方法中,可能有着利用排中律的地方,不,就算这一切证明方法中都使用了排中律,然而像这样由不同的道路出发都能够到达相同的目标,我们就可以推断这个成果完全具有存在的价值。即使它们使用的排中律多少都有点问题,若仅仅根据这个理由就采取轻率抛弃这项成果的态度,决不能说是明智的。就如哲学和心理学等学说一样,因各个人的创见不同,曾产生过各种各样的结论,往往是甲论乙驳。它们或者消亡了,或者兴起了,难道不是同一个道理吗?

第三个理由,在数学的根基中必然有着若干个公设,假如有着因使用排中律而值得怀疑的东西暂时被当作公设插进了数学中,到了将来确实验明这个公设包含着谬误,那时再对它作适当的限制改造也不为迟。在许多学者不承认新学说的情况下,要遽然处置迄今得到的数学财富,未免操之过急。但是,说不定新直觉派的人们会说:"集合论的悖论和其他的争论大多是由于滥用排中律造成的,因而排中律不是已经产生谬误了吗?"然而许许多多的人并不相信这是真正的原因。如前所述,集合论的悖论也有着排中律以外的原因,需要细致地从多方面去研讨。

总而言之,现在赞成新直觉派的人不多,但是,这并不是说那些观点没有意义,不值一顾。要证明他们的观点是错误的,要驳倒直觉派,让他们点头认可,是异常困难的。虽说新直觉派的观点和一部分悖论问题有关系,但是除去悖论,保证自身的存在,则是要求学者们进一步深入考虑的研究课题。看来,问题的关键在于数学基础的研究。一方面要解决数学中的悖论问题，另一方面要除去数学的“不安全”因素，把数学置于坚固的基础之上。然而，无论这些问题多么纷乱，无论向什么方面发展，恐怕也用不着过多地担心数学的前途。无论运气好坏，总之，这个问题是很难解决的，就算是还要经过几十年、几百年才能解决也罢，这个问题被肯定也罢，被否定也罢，鉴于迄今为止数学发展历史的征兆，我坚信数学的前途是光辉灿烂的。例如早期使用级数时并不考虑收敛性如何，无疑这是不严格的。但是当柯西着眼于这个不精确的地方，道破了不考虑收敛性的级数是没有意义的道理时，若干级数因此而被抛弃，大部分有着收敛性的级数自然地保留了下来。这样，不仅保存了大部分既得的财富，而且由于这种严密的研究，反倒解决了级数中的悖论问题，更进一步推动了级数理论的发展，以至成了数学中最重要的组成部分。其他方面，在解决自古以来的数学难题的过程中，曾经使许多人伤过脑筋。伤脑筋越多，花费的时间越长，不管这个问题得到肯定的还是否定的答案，收获也就越丰富越壮观。在不少的事例中都有着这样明显的效验。例如，解决平行公设的问题费去了两千多年的漫长岁月，尽管它的结论是否定的，但是，由此不但出现了新的非欧几里得几何学，以及受此刺激使各种新数学的诞生成为可能，而且给公理定义的本质以根本性的变动，推进了数学基础的研究，因而使今日的数学领域的大扩张成为可能了。又如，

$$\int_0^a \sqrt{\frac{a^2-e^2x^2}{a^2-x^2}}\,\mathrm{d}x \quad \text{或} \quad \int_0^{\frac{\pi}{2}} \sqrt{1-e^2\cos^2\phi}\,\mathrm{d}\phi$$

是否能够用初等函数表示的问题，也曾使许多数学家大伤脑筋。虽然最终得到了否定的答案，但是由此反而得到了椭圆函数理论

发展的大成就，凡此种种事例在数学中是很多的，不能一一列举。

看来，像上面所谈的平行公设以及椭圆函数积分，都是“看似平常，实则棘手”的问题。我认为这些问题都是极有价值的，是最适合于对学术的飞跃发展作出贡献的问题。因为这些问题乍一看似乎能够解决，所以吸引着许多人去碰，并且像着了迷一样长年累月地陷在里面。然而由于这些问题实际上并不容易解决，因而它有着强烈的魅力，吸引着那些优秀的头脑长期深思熟虑、动脑筋想办法从各个方面去考察。很明显，这样长年累月地努力忍耐，是一定会有所得的。不妨说正是这种问题起着引导人类进入伟大的未知真理宫殿的作用。又如集合论的悖论问题和排中律等，是谁也能够理解的基本问题，然而要作学术上的解决却是非常困难的。我想，它们不也是属于这种问题吗？如果真是这样，由于这类问题的提出可以促进数学进一步地大飞跃、大发展，因此不妨说，使数学家受苦乃天之恩赐。

第 三 编

作为纯数学的精神活动产物的数学基础
作为新思想源泉的数学基础
作为从根本上推翻原有数学的本质、思想和意义的数学基础

在第一编中，我叙述了贯穿于整个数学之中的精神、思想和方法，又进一步描述了根据这些精神、思想和方法而发展起来的近代数学的面貌，概括性地叙述了近代数学如何广大、庄严、深奥和玄妙的情景。然后讲到，一方面这种伟大的思想创造出了伟大的数学宫殿；同时又讲到，另一方面传统的思想如何阻碍着数学的进步和发展，借以提醒数学研究者注意。

在第二编中，我把笔锋转向数学进步发展的方法上，论述了这些方法中的扩张法和发现法，以及实践这些方法需要具备的头脑素质和数学发现所必要的精神活动。同时叙述了从数学发现的观点看数学概念发展的实际例子，尝试述评从创作的素质看伟人爱迪生与数学教育、歌德与自然科学的关系，并兼论数学、科学和艺术三者之间的关联性。

为上述的精神、思想和方法所促进，一些数学学科发挥了近代数学的宏大、精深和玄妙的特色，在“最近发展起来的纯数学基础”方面，可以看到它们的典型表现形式。因而我试图在第三编中将第一编第二章中抽象简述的一部分内容具体化，尤其注意通俗化，以揭示高深玄妙的纯理数学的真面目，并力求由此体现出数学中旺盛的研究精神活动，以及从一种新思想、新见解到另一种新思想、新见解的发展过程，向读者展示卓越的构造方法和导入方法的构思技巧。而且，我还将以实际例子略述数学自身的发展历史和结构，为人们描述数学中不同寻常的高度系统化、抽象化、一般化与严密化的壮观景象，一步一步地清楚勾画出数学的本体及其性质来。

第一章　数学的实验的、直觉的和心理的基础

第一节　数学基础中贯穿的逻辑与经验

一、经验数学的黄金时期

数学和其他学科一样，在其发展初期无疑也是出于人类生活的需要，因此，它显然是在经验的和直觉的基础之上建立起来的。首先，在几何学方面，古代人的几何学知识全部是从经验中得到的。也就是说，他们是从**直接经验中归纳地**发现了许许多多几何学定理，而不是通过逻辑地、抽象地考察得到它们的。当人们围绕一点放置6个正三角形，或者4个正方形，或者3个正六边形时，就会发现，它们刚好覆盖住平面。这种经验的事实，对于导出正多边形的经验法则是很有用处的。又如，在用纸或布片作成的三角形 ABC 中，设由 C 向 AB 作垂线，垂足为 C'。如果我们折叠这个三角形使 C 和 C' 重合，则不难看出，这个三角形的三个内角之和正好等于一个平角，即二直

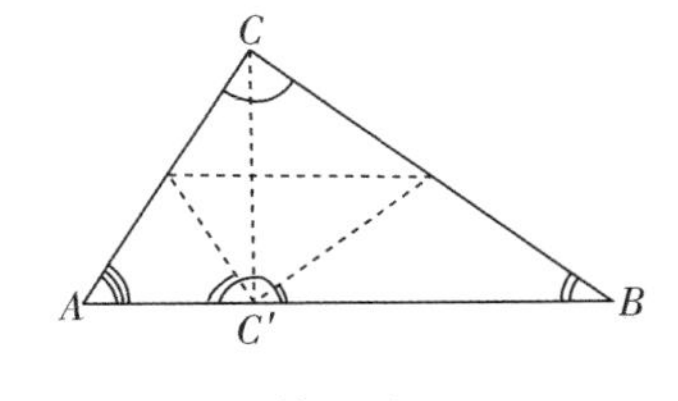

第1图

角。这个经验,恐怕就是泰勒斯所说的"三角形的三内角之和等于二直角"这一定理的来源吧！可以想见,著名的毕达哥拉斯定理在最初被发现的时候,也许是得自经验法则的。由此看来,不妨说那个时代的几何学是那些用尺、细绳及装有线的锤**进行实验的实验家**(测量师、建筑师)建设起来的东西。不过,也完全可能有着这样的情况,**哲学家**们一边用棍子在沙地上画图,一边在宇宙中存在着绝对秩序和绝对法则的信念之下,直觉地推测和看出了存在于图形之间的美的关系,从而发现了几何学定理。在这一种情况下,就可以说几何学的命题有着**直觉的基础**。但是,就是在这种情况下,仍然可以说在脑海里再现并思索由感觉得到的外界印象这一点上,这些探求者的发现中包含着经验的成分。

不管怎样,人类靠直觉、感官和朴素的机械之类去发现图形性质的时代,是"经验时代的第一个阶段",完全可以称之为"建筑师和测量师的时代"。定义这个"建筑师的直线"的东西,就是所谓"瞄准线"。瞄准线可以按下述方式得到:在一根细线的端部系一个锤,并将它放下去,或者用眼睛从 A 点看到 B 点都行,还可以用直尺来试一试它是否笔直。

在某种意义上说,完全可以认为这个时期是**几何学者的黄金时期。**因为一方面,我们认为那时已经获得的几何学知识,足以应付当时的建筑和测量等各种需要;另一方面,由于实验方法的进步和人类智慧的发展还处于幼稚阶段,还没有出现人类精神认为不可能的任何事情,因此,人们没有丝毫必要去怀疑这种几何学知识的真实性,而且也不会产生要求逻辑地证明几何学知识的精神欲望。

二、经验数学的受难时期

然而,随着时代的进步,这种“安眠”状态受到了冲击。例如,人们注意到实验几何学者使用的材料,因为热或压力或其他种种原因而产生形变;以往认为是笔直的线,也因为风和热等原因而扭曲。此外,人们在考虑线的长度时,也懂得了必须补正由热的原因引起的膨胀或收缩。要计量某个长度,要作有关温度的补充修正,首先就必须有测量温度的温度计。然而,温度计显示出来的温度,又是从带有刻度的玻璃管中的水银柱高度读知的,因此这时已经有必要补正温度计自身受温度的影响。也就是说,要作长度的修正,就需要温度计;要知道温度计的正确刻度,就需要补正温度计的水银柱长度。那就是说,这时首先要求测量长度所需要的两种基本标准用具(温度计和尺子)中的某一个,必须是绝对正确的。但是,这显然是不可能的,因为两者都需要借助对方才能作出补正。因此,我们不可能绝对正确地测量出长度来,这正是一切与物理性质有关的装置的特点:物理量是不可能单独确定出来的,它们之间有着互相补正的关系。为了尽可能准确地测量物理量,只好反复利用补正的方法,这种过程实质上类似于数学中的渐近法(Successive approximation)。再说,就算能够巧妙地得知温度的数据,要想利用这个温度去做补正工作,就得建立一套“补正法则”,这同样不是一件容易办到的事情。由此可知,要正确地测量出物体的长度,存在着各种各样的困难。

要根据实验去建立几何学,就要在实验的基础上给出“点”“直线”和“平面”等基本概念,并且根据实验去建立存在于这些概念之间的“基本关系”。然而,要尽可能正确地精密地做好这些工作,则存在着上述的许多困难。这全都在于经验不是严格的、精密的东西，而是粗糙的、近似的东西。因此，建立在经验基础之上的原有的数学，随着学术的发展和人类智慧的增进，难免碰到各种各样的困难，出现形形色色的谬误。

三、纯理数学和经验数学

我们已经看到，一方面，在经验的基础上建立几何学有着不少的困难；另一方面，由于人类理性的发展，追求学术的一般性与要求证明的严密性，必然导致在逻辑的基础上建立起抽象的、严密的纯理数学来。这些努力的结果，使得数学的纯理论的基础变得非常坚实，却也招致了注重数学实际应用的人的不满。例如，克莱因就说过，数学的真正生命在于和现实社会生活的联系，存在于那些广泛的应用之中。他反对将数学的对象当作纯逻辑的空泛记号来研究，而且，相当多的数学家都持有这种看法。然而，另一方面，像皮亚诺和罗素等人却认为，所有的纯数学都必须是相当抽象的，正是这种抽象的数学构成了**纯数学**的本体，而且这种抽象的数学的任何具体表现都应该称为**应用数学**。因此，把几何学看成是记载和论述我们生活于其中的外界的性质的学问，它就应该划归应用数学的范围。在这种意义上说，今天的数学应该分成纯理数学和应用数学两大类，有关它们基础的论述也应该分成两种。最近，有关数学基础的研究逐渐盛行起来，它们主要是纯理数学的基础方面的研究。在这个方面人们发现和论证了许多令人惊奇的新事实，并且到了必须扬弃以前有关数学本质的见解的地步，数学的面貌亦为之一新。我本想在本书中谈一谈应用数学的基础以及纯理数学的基础问题，但是由于各种各样的限制，就只能够叙述一个大概的情况了。

四、潜藏在普通的所谓论证几何学中的经验的和直觉的要素

纯理论地建立数学基础，使数学超越经验和直觉，远离现实世界，不依赖别的什么而是靠自身的力量向前发展，形成了一个优异的学问体系，这还是最近的事情。而在此之前人们奉为严正理论的所谓普通论证几何学，若认真地考究一下，就不难知道，它绝不是纯理论的学问，而是含有许多经验的和直觉的要素的东西。而且在它的证明中，也有意无意地使用了很多很多逻辑以外的感觉的和经验的知识。在这里，我们不妨引述勒让德的著名几何学著作（1877 年）中，有关基本概念的定义及基本定理的证明作为例子。

他首先按下述方式给出了体、面和线等概念：

（ⅰ）一切物体都占有无限空间中的一定场所，这个场所称为物体的体积；

（ⅱ）所谓体的面，就是借以区别该物体与其周围的空间的边界；

（ⅲ）两面相交的场所称为线；

（ⅳ）两线相交的场所称为点。

上面给出的关于这几个基本概念的诱导方法，乍一看，确实巧妙漂亮。这种以体为基础依次论及面、线和点，一个一个地诱导出这些基础概念的手法，确实使人只有心悦诚服之感。可是，在这些概念中，一般认为点是最简单的，因而也有人主张采取与上述诱导法相反的次序，从最简单的点的概念出发，一步一步诱导出线、面和体的概念。这种诱导法是建立在下述想法的基础上的：

（ⅰ）点动成线；

（ⅱ）线动成面；

（ⅲ）面动成体。

（但是，这时定义点却非易事。）

诱导几何学中的基础概念的这两种方法，虽然表面上看起来大不相同，但是贯穿于两者根底之中的基本思想却是完全一致的。两者都把“几何学的实体”视为“物质的实体”，尤其是勒让德的第一个定义更是如此。它的叙述使人感觉到好似眼前就存在着具体物体的空间一样。还有，勒让德的定义（ⅱ）必须以“可以区分出空间和物体之间的明确边界”为前提才有意义，那么这个边界究竟存在还是不存在呢？假如说这个边界存在，你认为它是什么呢？要给出明确的答案是极端困难的。譬如瓶中墨水的面吧，虽说其边界就是分隔墨水与其上部空气的东西，但是这个边界究竟是什么呢？它显然不是墨水。因为它如果是墨水，那么这个分隔空气和墨水的边界理应是别的什么东西。同样，这个边界也不会是空气。实际上，这个边界既不是空气层也不是墨水层，而且也不是空间的一部分。事实上，它完全不是客观上存在的东西，而仅仅是在我们想象中存在的东西。但是，在实际中当我们考虑两物的边界时，大多联想到分开两物之处的薄薄物质层（膜），或者至少联想到空间的非常细微的部分，由此得到边界的概念。从这个意义上说，以经验的物质要素为背景，就不是纯粹逻辑抽象的极端明确的东西。曾经有这么一件事，当有人向霍尔斯特德问起线是什么时，他用白粉笔在黑板上画了一条线，回答说分隔这个粉笔之白和黑板之黑的边界即是线。他更进一步向在场的人们问道：“这个边界究竟存在还是不存在？”这时，一位神学者回答说“存在”，另一位科学家回答说“不存在”。对于这些回答，霍尔斯特德说道：“线虽然是我们经常打交道的对象，但是我却是站在回答‘不存在’的科学家一边的。”从这件事情也可以看出，按照上述方式定义的面、线等概念是极难理解的。一般人以为根据上面的定义就得到了面和线的概念，然而上面讲的大多数概念只不过是以经验的和物质的要素为背景的模糊说法而已。

其次，在人们一般认为是定理的逻辑证明中，也有着不是逻辑的证明的地方，而是以经验和直观为背景的证明。现在，我们以勒让德给出的下述定理的有关证明为例说明这种情况。

定理　过直线上一点可以作直线的垂线，并且垂线是唯一的。

证明　先让直线 MC 重合于直线 BC，再绕点 C 旋转。这时直线 MC 构造了两个邻角 $\angle MCB$ 和 $\angle MCA$，其中 $\angle MCB$ 在开始时非常小，此后逐渐增大。另一个角 $\angle MCA$ 开始时大于 $\angle MCB$，随着 MC 的旋转逐渐变小，最后变为 0°。于是，$\angle MCB$ 开始时小于 $\angle MCA$，此后逐渐增大，直至大于 $\angle MCA$。在这种变化过程中，无疑一定会出现当直线 MC 在某位置时 $\angle MCB$ 等于 $\angle MCA$ 的情形。这个位置上的直线 MC 就是垂直于直线 AB 的直线。而且，MC 的这种位置显然只会有一个。

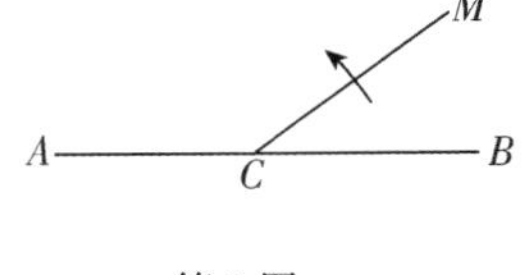

第 2 图

现在，我们来考察一下这个证明方法。第一，上面的第 2 图显然成了证明的一个重要因素。要是没有这个图，所谓 $\angle MCB$ 逐渐增大、$\angle MCA$ 逐渐变小就失去了意义。也就是说，在论述中的所谓随着 MC 绕 C 旋转上述两角增减一事，并不是逻辑地推导出的事项，而只是直观地观察的结果。这个论证所要求的，首先是要看见重叠的两条直线，其次是要看到一直线连续旋转的状态。在这里，并没有任何诉诸我们的逻辑推理能力的地方，只不过凭借了我们感觉的经验而已。

第二，我们仅仅知道，所谓$\angle MCA$先大于$\angle MCB$，后来又变得小于$\angle MCB$，在变化过程中必然存在着两者相等的情形，这些说法只不过是从经验上看来如此，并没有任何的逻辑根据。假如要逻辑地论述它，首先就得精确地论述"角度连续地变化"的定义。这是因为在角度改变大小的过程中，如果变化不是连续进行的，我们就无法知道是否正好变到所需要的状态。

第三，在两个角相等时直线MC的位置显然只有一个的说法，是以"直线在平面上运动"为必要条件的。假如直线MC在空间任意的方向上连续地运动，则MC垂直于AB的位置就有无穷多个，而绝不止于一个。

因此，要作精密的讨论，就得首先从理论上研究所谓直线的连续运动应当满足什么样的学术条件，以及在什么样的条件下直线才可能恒在同一平面上运动等问题。对于这些问题，前面给出的证明都是从基于感觉的观察而马上予以承认的。所以有人说，上面给出的证明只不过是可以物理地实现的经验的记载而已。这样的几何学只能是实验物理学的姊妹科学——实验几何学，绝不是正确意义下的论证几何学。

对于几何学中的这种直观论究，若不予以高度重视，往往会导致错误的结果，即便是那些称得上大数学家的人也不能避免。我将在下一章中举出若干实际的例子来说明这个问题。这也是促进今日严格的、一般性的纯理数学发展的动机之一。然而，逻辑地建立严格的数学，虽然使数学在严密性与一般性等方面有所得，但是却会像公理数学那样变得过分抽象，从而忽视了与现实世界的联系。因此，正如前面谈到过的那样，如果要考虑到数学的实用与应用方面，就有必要注意到理论数学与现实世界的联系，从而有必要探求建立在经验基础之上的经验数学和应用数学的建设原理。我打算在本书第三编第一章中略述一下数学的经验基础，再在第三编第二章中略述一下数学的逻辑基础。

第二节　几何学的经验基础

一、经验地定义几何学的基础概念的基本方针（使几何学与现实世界相联系的第一步）

对于建立起来的几何学，要使它的研究对象和内容与现实世界和经验空间保持一致，就得首先设立几何学理论与经验之间的关系。在普通流行的几何学中，大体是以公理组中的若干个公理为基础，根据这个公理组中适用的推理（逻辑）规则引导出各种各样的定理。所以，要达到这个目的，就需要十分恰当地设定这些公理与经验之间的关系。因为公理是由若干个基础概念（点、直线和平面等）之间的某些关系（相交、包含……）联系起来的，所以我们首先就得设定这些基本概念与经验之间的关系。为此，我们必须首先在现实世界中，找到相互之间具有公理所说的诸般关系的名为“点”“直线”和“平面”之类的具体“对象”。话说回来，我们要问：满足这些条件的对象在实际中是否存在？就算存在吧，它们究竟是什么样的东西呢？

这种问题乍一看平平无奇，但是真要给出正确无误的答案来，却绝不是轻而易举的事，这也就是我们现在能够接连不断地看到各种各样千差万别的解答的原因。前面曾经提到过，有人主张以“拉得紧紧的线”作为“实际的直线”的一个例子。这样一来，所有的直线就非得具有相互“合同”的性质不可。但是，能够说许许多多拉紧的线都是相互合同的吗？若要作出肯定的回答，就得首先在什么地方放置一根作为“恒定不变的标准直线”而“拉得紧紧的线”(就如巴黎塞夫勒中的标准米尺一样)，再把其他拉紧的线与这根标准直线加以比较。因而，至关重要的事，在于这根标准直线的“真直线”。我们究竟应当选什么样的线作为真正最直的标准直线呢？我们应该怎么去检验这根线的最大限度的“真直性”呢？假如我们要借助光线，使用所谓“瞄准线”的话，就必须进一步问一问，什么样的光线真正是最直的？这种定义实际直线的方法，在某种意义上说，应该称为**消极定义**的方法。采用这种定义方法时，就非得等待出现“足以担当标准直线的对象物”不可。因而，与其如此，我看倒不如我们主动地去考虑，“构造”“足以有标准直线性质的对象物”的方法更合适一些。因为根据这种“构造标准直线的方法”得到的线就具有“直线的性质”，所以“这个方法就是定义实际直线的方法”，这种定义就应该称为**实际直线的积极定义**。当然，这个方法必须是这样的方法：我们按照它越认真努力地构造直线，就越能够表现出直线的高度“真直性”来。经验和实验之类本来就是粗糙的、近似的东西，而数学是精密的科学，毫无疑问，直接根据实验去构造作为数学基本概念的“数学的对象”是行不通的。因此，当我们根据经验和实验去定义“数学的对象”时，我们应该把这个定义的本质，看成是“构造这个对象”的“构造方法”，而不是所构造的对象本身。因而**这个方法必须具有这样的性质：越反复地施用它，就越能使其结果更接近于“具有精密科学所要求的性质的东西”。**

用数学语言来讲，这个方法必须是这样的“方法”：施行这个方法的极限，就得到了“精密科学所要求的东西”。**正因为如此，这个方法才能够称得上具有定义“数学的对象”的能力。**所以，上面加有着重点部分的性质，就是在我们经验地定义数学概念之时，其“构造方法”应该满足的充分必要条件。下面我要讲一种这样的构造方法。

二、平面、直线和点的实验定义

1. 平面的经验定义

我们先从构造平面着手。取 3 块铁板（实际上，为简单起见，不妨设这些铁板都是相当平整的），在这些铁板之间放进很细的金钢砂后相互研磨，并且不时地交换这些铁板面的位置。不断进行这种研磨过程，直到它们彼此能够十分精密地贴合，表现出粘着作用为止，这样构成的面就是我们要求的平面（实际的平面）。我们越是不断地继续使用这种方法，就越能够得到具有高度平面性的东西。现在在亚沙芬堡的一家精密机械工厂中，就是采用这种方法制作“标准平面”的。

这时，我们之所以要求使用的铁板数目为 3 块，是因为使用 2 块铁板研磨时有可能使 2 个面都变成球面。比如取甲和乙 2 块铁板，使甲的 A 面与乙的 B 面互相研磨，就存在着使 A 和 B 2 个面都变成曲率极小的球面的可能性。

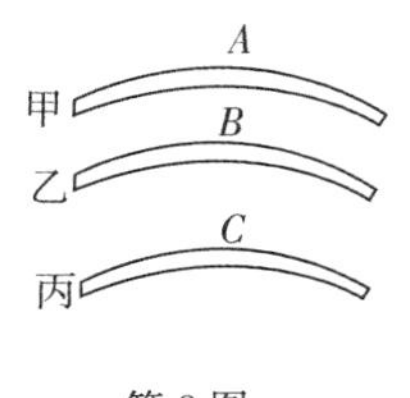

第 3 图

但是，在使用 3 块铁板的时候，即使 A 面和 B 面互相磨研的结果能很好贴合而成了球面，又假设丙铁板的 C 面与甲铁板的 A 面互相研磨的结果同样能很好地贴合而变成了平面或球面，无论哪种情况出现，B 面和 C 面也不可能贴合。因此，要是甲、乙、丙 3 块铁板的 A，B 和 C 面能够两两完全贴合的话，就不用担心它们会变成球面。

那么，这样构造而成的面与“几何中的所谓平面”究竟一致不一致呢？我们把这个问题放在下一章去讨论。在这里我们要着重讲一讲借助平面来定义直线和点的方法。

2. 直线与点的经验定义

采用上述方法，我们能够制造出精密的铁板规尺来。当我们用前面的方法，把与这个规尺的一个平面相邻的面也磨成平面时，这 2 个平面的交线就给出了精密的“直线”。这样，我们就实验性地给出了直线的定义。同样也可以定义 2 条直线之交为点。也就是说，当我们使用前面的方法将铁板的 3 个相邻面都作成平面，并设这 3 个平面分别为 A，B 和 C 时，则 A 和 B 之交确定出一条直线 a，A 和 C 之交确定出另一条直线 b；直线 a 与直线 b 之交（即 a 和 b 的公共部分）就是“点”，同时它也正是 3 个平面 A，B 和 C 之交。

在人为地制作平面时，不管是人动手去研磨，还是采用机器去研磨，抑或借助什么自然现象的作用去达到目的都没有关系。因此，在平面的经验定义中，用来研磨平面的东西本身是什么都无所谓，它并不十分重要。而是像前面讲过的那样，这种定义的主要之点在于“使 3 个面互相研磨的结果，都能彼此完全紧密地贴合的这种作用和处理方式”。根据这种作用，才能够建立起物与物之间的“某种关系”。如果现在从平面和直线等的经验定义之中概念式地分析和抽象出包含于其中的这类“关系”，就得到了构成平面和直线之类概念的逻辑材料，从而得到有关直线和平面等概念的一组公理。这样，从经验地构造平面和直线所得到的关系，揭示出了直线和平面的逻辑定义，同时也启发了逻辑几何学的公理建设问题。这样去做，我们才能够保持几何学与现实世界之间的密切联系。

三、保持几何学与现实世界的联系

利用实际构造直线和平面的方法去定义直线和平面，我们就能够保持几何学与现实世界之间的联系，几何学的各个定理就能够适用于现实世界，我们也才能够理解"这些几何定理是有用的"一语的理由和根据。然而，仅仅靠这些尚不能说我们就能够建立起几何学与现实世界之间联系的完整基础。上面那些关系，虽然可以给所谓综合几何学和射影几何学奠定基础，但是要给量的几何学奠定基础则不够了，因为这里还必须进一步建立长度概念与现实世界的关系。

现在取 2 个三角形来考虑。假如我们要检查一下它们的大小如何，或检查一下它们是否一致，那么，我们就必须假定构成三角形 3 边的 3 条直线，不仅恒为直线，而且它们的长度也不会改变。因此在实验几何学的建立中，就自然而然地需要一种"形状和尺寸都不会改变"的刚体。这样，我们就感到迫切需要研究刚体的经验定义，即构造具有上述性质的物体的方法（注意，这个方法必须满足如下性质：越深入地反复地施行它，就越能够获得更加精密的结果）。

四、刚体的经验定义

首先，我们在现实的自然界中取一个物体（实际上，只要选一个变化尽可能小的物体就行了），接着研究作用在该物体的尺寸上的自然现象，探求引起物体尺寸变化的原因，想办法做出与此相应的适当装置，以便尽可能地使其变化小一些（例如标准米尺的装置那样），与此同时，还要合计出使尺寸受到作用的原因，和由此原因引起的变化量之间的关系，建立起补正误差的方法。这样一来，在这种装置之中的某物体，通过给予补正，就远比以前的物体接近刚体。但是，正如前面说过的那样，要作好相应于温度影响的尺寸补正，首先就得知道温度，可是因为温度又是从温度计的水银柱长度读知的，* 所以就需要知道这个水银柱长度的准确值。但是水银柱长度又理应由尺寸读知，结果是两者之中任何一方都要依赖另一方，从而不可能决定出准确的值来。换句话说，物理量之间有着相互补正的关系，必须通过反复使用相互补正的方法，才能够逐渐增加其精确程度。把自然界的物体置于“相互补正的方法”和“产生尽可能小的变化的装置”之下，就相当于定义经验的刚体。也就是说，使用这样的方法、这样的途径就定义了经验的刚体；这样得来的刚体就能够满足“几何学图形不改变其形状及尺寸的公理”要求。

五、经验几何学的建设方法

利用由经验定义出来的点、直线和刚体去构造经验几何学的方法，有着如下两种可能情形。

1. 第一种方法

这种方法就是在几何学的发达时期，历史上采用过的方法，也就是古希腊人在创立几何学时采用过的方法。首先，作为经验的要素导入了直线和点的概念，再进一步探求它们之间的相互关系，经验地设定了所谓“结合、顺序公理”。但是仅仅这样还不能够建立起

---

* 温度的测量，根据被测体系之温度范围和性质的不同，还可以使用温差电偶温度计、电阻温度计、辐射高温计、气体温度计等。虽然它们的测温原理各不相同，但同样存在着“补正”问题。——编者

几何学的量的部分，因此人们导入了刚体的性质，并且还要和欧几里得所作的“合同相等的内容及意义”一样，经验地设定“能够完全重合的东西相等”，由此推断合同定理的成立。但是仅仅这样，仍然不能够唯一地决定几何学和构造出完全的几何学，还需要对于经验图形（点、直线、平面和刚体）之间的关系，作出进一步的假设，这就是人们所谓的平行公设。欧几里得关于这一公理陈述如下：

“当同一平面中的两条直线与第三条直线相交时，如果在该直线某侧的二内角之和小于二直角，则此二直线交于上述二内角之和小于二直角的一 侧。（Ⅰ）”

虽然现在通常使用的平行公设表述的内容是“通过直线外的一点，仅能够作一条直线与该直线平行（Ⅱ）”，但它是等价于欧几里得公设的。另外，平行公设也与平面几何中的“圆的存在”命题，即“通过不在同一直线上的 3 点可以画一个圆（Ⅲ）”的命题等价，与立体几何中的“球的存在”命题也是等价的。换句话说，在上述（Ⅰ），（Ⅱ），（Ⅲ）这 3 个命题中，无论使用哪一个命题，再加上由结合、顺序及合同几个公理构成的公理组，总能够诱导出其他的命题。由此，我们也可以看出，只要在刚体之中再加上圆或者球，就完全可以取代平行公设，从而我们可以用如下的代用物作为几何学的经验要素：

代直线	规尺
代平面	有方格纸的制图板（利用石磨的标准平面可以检验它确为一个平面）
代点	圆规的尖端
代刚体	圆规

因此，我们根据这种经验地导入的点、直线、平面、刚体和圆，

即构造它们的方法或者装置，使用经验地定义的几何学要素，经验地探讨它们之间存在着的基本关系，设定所谓的公理，就能够奠定几何学建设的基础。

2. 第二种方法

这种方法是由李等人创造的。按照他们的办法，考虑三重无穷数集(设 a,b,c 可以分别取从 $-\infty$ 到 $+\infty$ 之间的一切值，考虑由 a,b,c 构成的三元组 (a,b,c) 的集合。这个集合是由对应于 a,b,c 所能取到的一切值的"数组 (a,b,c)"的全体构成的，即由形如 $\left(3,-1,\frac{1}{2}\right)$，$\left(\frac{2}{3},\frac{8}{7},-1\right)$，…等三元组全体构成的集合)，借助刚体，我们设定"数组 (a,b,c)"与空间一切点的对应关系，然后导入直线和平面等概念，一步一步解析地建立起几何学来。在第一个方法中，是在建立点、直线和平面的概念之后才导入刚体的；第二个方法则刚好相反，它首先考虑刚体，再由此定义平面和直线等概念。因此，由第一种方法建设几何学的过程，大致相当于欧几里得的办法，可以说它与现在中等学校中使用的几何学大同小异，因而没有必要在此叙述了。我想在这里就第二种方法中我认为有趣的一些东西，大致讲一讲如何考虑它们的步骤和方法。

(1) 由位置几何学的假定，建立空间点集合与"实数三元组 (a,b,c)"集合之间的一一对应的方法

第一个假定　首先，假定面 F_1 将空间分成 R_1 和 R_2 两个部分(但是，这时要假定 F_1 是非闭合的无限扩展的面，而且是单连通的没有重复点的面)；其次，设 F_2 也是有着同样性质的面，而且与 F_1 没有公共点，F_2 将 R_2 分成 R_3 和 R_4 两个部分(其中 R_3 是介于 F_1 与 F_2 之间的空间部分)。

第二个假定　设与 F_1 及 F_2 均无公共点且有着同样性质的面 F，将由 F_1 及 F_2 界定的空间部分 R_3 分隔成两个部分（设 F 将 R_3 分成了 P_1 和 P_2 两个部分），使 F_1 在 P_1 和 P_2 的一侧，F_2 在 P_1 和 P_2 的另一侧。在这种情形下，我们就说"面 F 位于面 F_1 和面 F_2 之间"。

若我们假设上述事项总是可以成立的，则在相邻的两个面之"间"，总能够放置第三个面（不用说，这时的 3 个面两两之间没有公共点），如果我们这样依次地做下去，就能够得出下面的结论：

空间中的每个点，都在这个面序列中的一个且唯一的一个面上。从而，可以在这些面与从 $-\infty$ 到 $+\infty$ 的全体实数之间，建立满足如下关系的一一对应："当实数系统中的任一数 s 在数 m 和 n 之间时，对应于 s 的面 S 必定位于分别对应于数 m 和 n 的两个面 M 和 N 之间。"

在建立起填满空间的面集合与实数集合之间的一一对应关系之后，我们从该面集合中任取一个面，在和上面相同的假定之下，以相同的过程建立线集合与实数集合之间的关系。

首先假定，对于面集合中的任意一个面，该面上的某条线 f_1 将面分成 r_1 和 r_2 两个部分（但是，要假定线 f_1 是没有重复点的非闭合曲线）；其次，再假定与线 f_1 没有公共点且有着相同性质的线 f_2，进一步把面 r_2 分成了 r_3 和 r_4 两个部分（但是要假定面 r_3 是介于 f_1 和 f_2 之间的部分）。接下来，我们按照和用面分隔空间相同的方式，以线去分隔面，就会知道"线 f 在线 f_1 和线 f_2 之间的含义"，以及一个接一个地将第三条线置于两条已知线之"间"的方式，和用线的集合覆盖整个面的道理，而且可以在线集合与实数集合之间建立如下关系：

面上的每个点，位于这个线集合中的一条且唯一的一条线上。因此，可以在这些线与从 $-\infty$ 到 $+\infty$ 的全体实数之间，建立满足如下一一对应的关系："当实数系统中的任意一数 s 在其他两数 m 和 n 之间时，对应于 s 的线 s' 必定位于分别对应于实数 m 和 n 的两条线 m' 和 n' 之间。"

最后，假定当我们在上述面上取一条线时，这条线上的一点将该线分成两个部分。这时，我们可以采用与前面相同的方法，导入有关"点列"之"间"的概念，进而可以在"线上的点集合"与"实数集合"之间，建立满足如下关系的一一对应：

当实数系统中的任意一数 s 在其他两数 m 和 n 之间时，对应 s 的点 $\mathfrak{S}$ 必定位于分别对应于 m 和 n 的两个点 $\mathfrak{M}$ 和 $\mathfrak{N}$ 之间。

在建立了上述关系之后，现在，我们在空间中任取一点 p 进行考察。首先，由于通过该点 p 的面有一个且仅有一个，因而，我们设这个面为 S，并设与 S 对应的实数为 P_1；其次，因为在这个 S 面上通过 P 点的线有且仅有一条，因而我们设这条线为 t，并设与 t 对应的实数为 P_2；最后，因为这条线 t 上的点与实数之间有着一一对应的关系，所以必定存在一个实数与线 t 上的 P 点对应，设这个实数为 P_3。这样一来，我们就能够将 P 点与由 3 个数构成的三元组 (P_1, P_2, P_3) 相对应，进而可以在空间的任一点 P 与由 3 个数构成的三元组 (a, b, c) 之间建立起一一对应。

(2) 在空间点集合与由实数三元组 (a, b, c) 构成的集合之间，利用刚体建立一一对应关系的方法

现在，我们相对于两个"数的组合" $N_1(x_1, y_1, z_1)$ 和 $N_2(x_2, y_2, z_2)$，把 N_1 与 N_2 之间的距离函数定义为

$$\varepsilon=\sqrt{(x_1-x_2)^2+(y_1-y_2)^2+(z_1-z_2)^2}。\quad ①$$

为了使这个函数在实际空间中有意义，我们要利用刚体，在空间的点与“数的组合”之间建立一一对应的关系。

由于我们现在还不知道直线和平面是什么，要想从刚体出发，在此基础上建立几何学，就无法采用普通几何学中的办法，认为上述函数表示两点之间的距离，并用它来定义这个距离为“两点所确定的直线段”之长。相反，我们打算完全不采用直线的途径，而只利用刚体来揭示①式中的函数对于空间中任意两点有着完全确定的意义，并利用它去定义直线段，再把它导入几何学。现在来说明我们是怎样达到这个目的的。

第一　首先，在空间中任取一点 O，并利用刚体以 O 为中心构造球(α)。这个所谓的球，就是在刚体上取定两个点 O 和 P，当固定其中一点 O 并让刚体绕这个定点运动时，另一个点 P 所能够到达的一切位置上的点的全体构成的集合。* 这时，我们称定点 O 为球的中心，如果 O 点与 P 点的距离函数之值为 a，我们就说这个球的半径是 a。假设空间中的点 O 对应于数组(0,0,0)，球面上的点对应于数组(x,y,z)，球的半径为 1，则按照上述球的定义和从刚体的性质出发，马上就能看出与球面上的点相对应的任何数组(x,y,z)应该满足

(ⅰ) $(0-x)^2+(0-y)^2+(0-z)^2=1$。

反过来，我们也能看出，与满足(ⅰ)式的数组(x,y,z)对应的点都是球面上的点。其次，在这个球面上取一个与数组(0,0,1)对应的点，并以该点为中心，以 1 为半径作球(β)。这时，与球(α)和球(β)

* 实质上，这句话叙述的是球面的定义。——译者

的公共点相对应的数组(x,y,z)必然满足下面的关系式：*

$$
(\text{ii})\quad \begin{cases} x^2+y^2+z^2=1, \\ z=\dfrac{1}{2}。\end{cases}
$$

这时，我们就说上述两球交于（ii）式所示曲线。

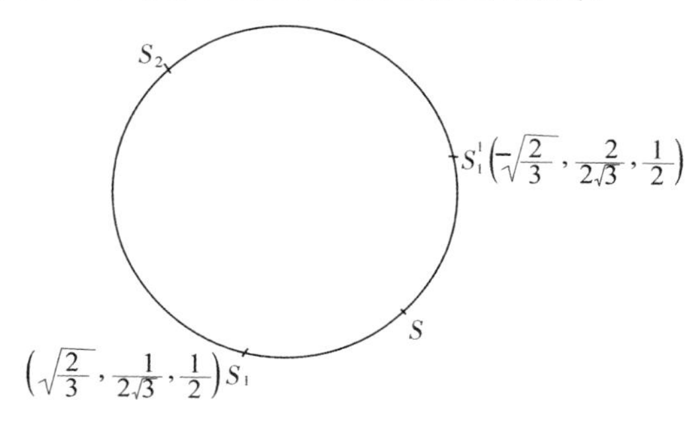

第4图

接着，我们在这条曲线上任取一个与满足（ii）式的某一数组相对应的点S，例如取$\left(0,\dfrac{\sqrt{3}}{2},\dfrac{1}{2}\right)$。如果我们以$S$点为中心，仍以1为半径作球$(\gamma)$，则该球面与（ii）式的曲线就应该交于（iii）式所表示的点S_1。

$$
(\text{iii})\quad \begin{cases} x^2+y^2+z^2=1, \\ x^2+y^2+(z-1)^2=1, \\ x^2+\left(y-\dfrac{\sqrt{3}}{2}\right)^2+\left(z-\dfrac{1}{2}\right)^2=1。\end{cases}
$$

---

* 两球面的公共点，应同时满足$(x-0)^2+(y-0)^2+(z-1)^2=1$和$x^2+y^2+z^2=1$，从而满足两式之差$-2z+1=0$，即满足$z=\dfrac{1}{2}$。所以，两球面的公共点，就是同时满足$z=\dfrac{1}{2}$和$x^2+y^2+z^2=1$的点。

即
$$\begin{cases} z=\dfrac{1}{2}, \\ x^2+y^2=\dfrac{3}{4}, \\ x^2+\left(y-\dfrac{\sqrt{3}}{2}\right)^2+\left(z-\dfrac{1}{2}\right)^2=1, \end{cases}$$

亦即
$$\begin{cases} z=\dfrac{1}{2}, \\ y=\dfrac{1}{2\sqrt{3}}, \\ x=\sqrt{\dfrac{2}{3}}\text{或}-\sqrt{\dfrac{2}{3}}。 \end{cases}$$

如果我们再接着以 S_1 为中心，以 1 为半径作球，则可以求得（ⅱ）式所示曲线上的一点 S_2，并按照与上面相同的计算方式求得与该点对应的数组(a,b,c)。要是这样依次作下去，则可以得到与点 S_3，S_4，…对应的数组。

另外，由(γ)球面与(α)球面之交所表示的曲线是

$$(\text{iv})\begin{cases} x^2+y^2+z^2=1, \\ x^2+\left(y-\dfrac{\sqrt{3}}{2}\right)^2+\left(z-\dfrac{1}{2}\right)^2=1。 \end{cases}$$

若设以这条曲线上的一点 S_1 为中心，以 1 为半径的球面与该曲线的交点为 T_1 和 T_2，则与此相对应的数组就应当满足

$$(\text{v})\begin{cases} x^2+y^2+z^2=1, \\ x^2+\left(y-\dfrac{\sqrt{3}}{2}\right)^2+\left(z-\dfrac{1}{2}\right)^2=1, \\ \left(x-\sqrt{\dfrac{2}{3}}\right)^2+\left(y-\dfrac{1}{2\sqrt{3}}\right)^2+\left(z-\dfrac{1}{2}\right)^2=1。 \end{cases}$$

若再设以 T_1 为中心，仍以 1 为半径作球，该球面与上面的曲

线(iv)的交点为 T_3;此后,在(ii)式表示的曲线中反复地这样做,就能够计算得到点 T_3,T_4,…以及与此相应的数组。如果采用这样的方法,一步一步地决定出空间中的点,那么我们总是能够计算出与这些点对应的数组来。像这种有着对应数组的空间点,我们特地称之为“命名点”。

第二　我们可以采用上述方法,构造出距离小于 1 的两个点来。例如在(ii)式的曲线上,以 1 为半径顺次构造点 S_1,S_2,S_3,S_4,S_5,S_6,则 S_1 与 S_6 之间的距离等于 0.112…,因而 S_1 和 S_6 就是其间距离小于 1 的两个点。设这个距离为 d,并以(0,0,0)为中心,以 d 为半径作一球,特称之为 d-球;其次,若在前面得到的球面(α)上分别以(0,0,1)和 $\left(\sqrt{\frac{2}{3}},\frac{1}{2\sqrt{3}},\frac{1}{2}\right)$ 两点为中心,以 1 为半径作两个球,就可以由这两个球与 d-球的交得到 d-球面上的两个点 P_1 和 P_2,而这两个点又必须对应于由下面 3 个方程式求得的数组。

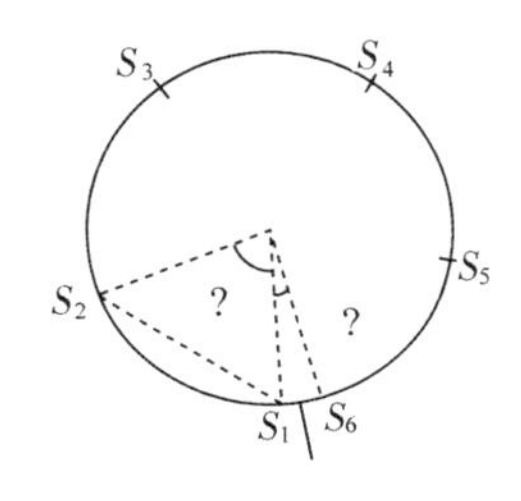

第 5 图

$$\begin{cases} x^2+y^2+z^2=d^2, \\ x^2+y^2+(z-1)^2=1, \\ \left(x-\sqrt{\frac{2}{3}}\right)^2+\left(y-\frac{1}{2\sqrt{3}}\right)^2+\left(z-\frac{1}{2}\right)^2=1。 \end{cases}$$

如果再分别以 P_1 和 P_2 为中心,仍以 d 为半径作球,则由两球面的交线得到相当于前面(ii)式的曲线。若在这条曲线上以 d 为半径,和前面的过程一样作出点 S'_1,S'_2,…,则可以进一步得到两个点 S'_1 和 S'_6,它们之间的距离 d' 小于 d,并注意 d 与 d' 之比

等于 1 与 d 之比。重复这个方法,我们就得到距离序列

$$1, d, d', d'', d''', \cdots,$$

以及相应于每个距离的两点。因为这个距离在无限地变小(由于 $d, d', d'', \cdots$ 构成了公比小于 1 的等比数列),所以,我们若以这些小的距离为半径,以所有作出来的点为中心画球,就能得到相邻两点之间有着任意小距离的点列。例如,若从(ii)式的曲线上一点 S_1 开始,以 $d^{(n)}$ 为半径画球得到球序列 $S_2^{(n)}, S_3^{(n)}, \cdots$,则在这条曲线上的相应点列中,相邻两点间的距离都是 $d^{(n)}$。又因为 $d^{(n)}$ 可以任意小,所以我们就得到了各相邻点间的距离要多小就多小的点列。毫无疑问,这时我们也能够计算出对应于其中每个点的数组 (a, b, c)。

第三 我们还能够求得具有任意大的距离的两点。也就是说,由上面的论述我们看得很清楚,当给定球面上两个命名点时,利用这两个点以及与它们对应的数组,就能够构造出这个球面上的任意多个点,而且给这些点配上对应的数组。因此,若以(0,0,0)为中心,以 1 为半径作球(α),取球面上的两个命名点 P_1 和 P_2,并以 P_1 为中心作一个通过 P_2 的球面(α_1),则可以求得两个球面(α)与(α_1)的交线 α。* 由于 P_2 是交线 α 上的一点,如果我们以 P_2 为中心,以已知长度为半径作球,则可以把该球面与线 α 的一个交点命名为 Q。从 P_2 和 Q 出发可以进一步在新球面(α_1)上确定出任意多个点 $R_1, R_2, \cdots$。现在如果在球面(α_1)上取一个位于球(α)外部的命名点 R_m,求出 R_m 与(0,0,0)之间的距离,就得到了大于球(α)的半径 1 的距离。由此再重复前面使用过的方法,则可以得

---

* 注意符号(α)和 α 的区别。前者表示球面,后者表示交线。——译者

到其间有更大的距离的点对。

第四 由第二和第三两点，我们既能够作出无论多么小的球，也可以构造出无论多么大的球。而且，利用第二点中所说的方法，我们可以在任意球面上构造出相邻两点之间具有任意小的距离的点列，因此我们能够做到使空间任何地方都密集地存在着命名点。从而我们立刻可以作出如下断言：

对于给定的数组(p,q,r)，无论另一数组(p_1,q_1,r_1)与(p,q,r)多么接近，我们都可以找到一个命名点Q，它对应于数组(p_1,q_1,r_1)。

第五 由上述方法可知，在空间中的任何地方都存在着命名点，如果在空间中任取一点，则该点必然或者是命名点，或者在这个点的周围无论多么近的地方都存在着无穷多个命名点。另一方面，由于数组(a,b,c)中的a,b,c都可以取从$-\infty$到$+\infty$的一切实数，我们就把所有这样的数组(a,b,c)构成的集合取名为“数空间”。这个“数空间”中的任一个元素(a_P,b_P,c_P)或者对应于空间的一个命名点，或者在这个元素周围无论多么近的地方都有无穷多个对应于命名点的元素。从而对于任一实数组(a,b,c)，都有着收敛于(a,b,c)的“对应于命名点的数组序列”(a_1,b_1,c_1)，(a_2,b_2,c_2)，…，数组(a,b,c)被确定为这个序列的极限（实数的性质）。与此相应，对应于数组序列(a_1,b_1,c_1)，(a_2,b_2,c_2)，…的命名点序列p_1，p_2，…，其极限点被确定为一个空间点P。如果确定了P与实数组(a,b,c)相对应，则容易知道每个实数组都对应着一个且唯一一个空间点；反过来，每个空间点都对应着一个且唯一一个实数组。**这样一来，我们就能够利用刚体和实数系统，在点空间的点与数空间的数组之间建立一一对应。**

在此基础之上的几何学建立　要以上述点空间与数空间的关系为基础建立几何学，同时找出这种几何学与普通几何学的关系，就得首先导入“直线”的概念。现在我们约定，以 $D(1,2)$ 表示点 (x_1, y_1, z_1) 和 (x_2, y_2, z_2) 的距离函数 $\sqrt{(x_1-x_2)^2+(y_1-y_2)^2+(z_1-z_2)^2}$。而且设这个距离函数带有符号，即从 (x_1, y_1, z_1) 到 (x_2, y_2, z_2) 的距离的符号与从 (x_2, y_2, z_2) 到 (x_1, y_1, z_1) 的距离的符号相反。因而有关系式 $D(1, 2)=-D(2, 1)$，$D(2, 1)=-\sqrt{(x_1-x_2)^2+(y_1-y_2)^2+(z_1-z_2)^2}$。现在我们可以按下述方式定义直线。

定义：所谓直线是这样的一条线，线上点间的距离具有可加性。

也就是说，当我们任取某条线上的 3 个点 (x_1, y_1, z_1)，(x_2, y_2, z_2)，(x_3, y_3, z_3) 时，若关系式

$$(\text{i})\quad D(1,2)+D(2,3)=D(1,3)$$

或

$$D(1,2)+D(2,3)+D(3,1)=0$$

恒成立，则称这条线为直线。

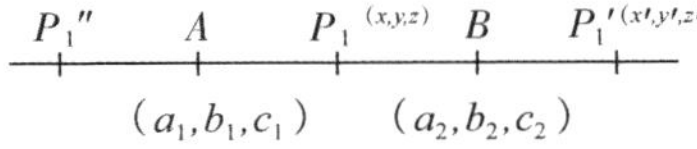

P_1''　A　$P_1\ (x,y,z)$　B　$P_1'\ (x',y',z')$

(a_1,b_1,c_1)　(a_2,b_2,c_2)

第 6 图

现在我们固定两个点 $A(a_1, b_1, c_1)$ 和 $B(a_2, b_2, c_2)$，假设第三点 (x, y, z) 是直线上的动点，则由(i)式，如下关系式成立：

当第三点在 P_1 的位置时，$|D(1,x)|+|D(x,2)|=|D(1,2)|$；

当第三点在 P'_1 的位置时，$|D(1,x)|-|D(x,2)|=|D(1,2)|$；

当第三点在 P''_1 的位置时，$-|D(1,x)|+|D(x,2)|=|D(1,2)|$。

如果分别以 a,b,c,x,y,z 表示它们，则得到

$$(\text{ii})_1\ \sqrt{(a_1-x)^2+(b_1-y)^2+(c_1-z)^2}+\sqrt{(x-a_2)^2+(y-b_2)^2+(z-c_2)^2}=\sqrt{(a_1-a_2)^2+(b_1-b_2)^2+(c_1-c_2)^2};$$

$$\sqrt{(a_1-x)^2+(b_1-y)^2+(c_1-z)^2}-\sqrt{(x-a_2)^2+(y-b_2)^2+(z-c_2)^2}=\sqrt{(a_1-a_2)^2+(b_1-b_2)^2+(c_1-c_2)^2};$$

$$-\sqrt{(a_1-x)^2+(b_1-y)^2+(c_1-z)^2}+\sqrt{(x-a_2)^2+(y-b_2)^2+(z-c_2)^2}=\sqrt{(a_1-a_2)^2+(b_1-b_2)^2+(c_1-c_2)^2}。$$

上面 3 个式子，都可以用下面一个变形了的式子表示（只能够用于计算）。*

$$(\text{ii})_2\ \begin{vmatrix} x & y & 1 \\ a_1 & b_1 & 1 \\ a_2 & b_2 & 1 \end{vmatrix}+\begin{vmatrix} y & z & 1 \\ b_1 & c_1 & 1 \\ b_2 & c_2 & 1 \end{vmatrix}+\begin{vmatrix} z & x & 1 \\ c_1 & a_1 & 1 \\ c_2 & a_2 & 1 \end{vmatrix}=0。$$

要使实数范围内的几个数的平方之和为 0，则必须其中每个数都等于 0，从而得到

$$(\text{a})\ \begin{vmatrix} x & y & 1 \\ a_1 & b_1 & 1 \\ a_2 & b_2 & 1 \end{vmatrix}=0,\quad (\text{b})\ \begin{vmatrix} y & z & 1 \\ b_1 & c_1 & 1 \\ b_2 & c_2 & 1 \end{vmatrix}=0,\quad (\text{c})\ \begin{vmatrix} z & x & 1 \\ c_1 & a_1 & 1 \\ c_2 & a_2 & 1 \end{vmatrix}=0。$$

因为可以由这 3 个式子中的任意两个导出另一个，所以我们知道

---

* 将 $(\text{ii})_1$ 中的任一个等式作两次平方，并进行有理化，再把 $(\text{ii})_2$ 的行列式展开，将两者进行比较就行了。

以其中任两个式子作为直线方程都是对的。

反过来，如果设(a)式和(c)式的联立方程式的一般形式为

$$\text{(d)}\quad \begin{cases} Px+Qy=R, \\ P'x+Q'z=R', \end{cases}$$

则可以由此求出采用(a)和(b)形式时的常数 $a_1, a_2, b_1, b_2, c_1, c_2$，进而知道它们满足(ⅱ)$_2$，也就满足(ⅱ)$_1$。因此，按照我们的定义，形如(d)的一般方程式就表示直线。

若取两个一般形式的三元一次方程式

$$\text{(e)}\quad \begin{cases} Ax+By+Cz=D, \\ A'x+B'y+C'z=D', \end{cases}$$

从两式中消去 z 就得到 $Px+Qy=R$，若消去 y 则得到 $P'x+Q'z=R'$。于是，(e)式和

$$\text{(f)}\quad \begin{cases} Px+Qy=R, \\ P'x+Q'z=R' \end{cases}$$

是等价的方程组。因为(f)与(d)的形式相同，所以我们知道了两个联立的一般形式的三元一次方程也就是直线的方程。

我们可以通过计算这个直线方程式，诱导出直线的各种各样的性质。例如，下面我们来证明“通过给定的两点可以作一条且唯一一条直线”这一命题。

因为所有的直线都可以用方程组

$$\text{(f)}\quad \begin{cases} Px+Qy=R, \\ P'x+Q'z=R' \end{cases}$$

表示，如果设这条直线通过 (a_1, b_1, c_1) 和 (a_2, b_2, c_2) 两点，则下面两个式子

$$\begin{cases}Pa_1+Qb_1=R,\\ P'a_1+Q'c_1=R',\end{cases}\qquad \begin{cases}Pa_2+Qb_2=R,\\ P'a_2+Q'c_2=R'\end{cases}$$

必须同时成立。所以

$$P(a_1-a_2)+Q(b_1-b_2)=0。$$

从而，当 $a_1-a_2\neq 0$ 时，有

$$\frac{P}{Q}=\frac{-(b_1-b_2)}{a_1-a_2};^{*}$$

把它代入 $Pa_1+Qb_1=R$，则得到

$$\frac{P}{Q}=\frac{b_2a_1-a_2b_1}{a_1-a_2}。$$

同理可以得到 P'/Q' 和 R'/Q'。所以，要求的直线方程式为

$$\begin{cases}(b_2-b_1)x+(a_1-a_2)y=b_2a_1-a_2b_1,\\ (c_2-c_1)x+(a_1-a_2)z=c_2a_1-a_2c_1,\end{cases}$$

它们由 a_1,b_1,c_1,a_2,b_2,c_2 的值完全确定，因此我们知道这时通过两个点的直线只会有一条。当 $b_1-b_2\neq 0$ 或者 $c_1-c_2\neq 0$ 时也可以作出同样的证明。这样一来，因为在 $a_1-a_2\neq 0$，$b_1-b_2\neq 0$，$c_1-c_2\neq 0$ 这 3 个式子中必须至少有一个成立，所以我们完全证明了本定理。

线段长度的定义　给出了直线的定义之后，我们立刻可以定义线段的长度。即把连接两个给定的空间点 $P(x_1,y_1,z_1)$ 和 $Q(x_2,y_2,z_2)$ 的线段长度，定义为用以表示这两个点的距离函数之值

$$\overline{PQ}=\sqrt{(x_1-x_2)^2+(y_1-y_2)^2+(z_1-z_2)^2}。$$

---

* 这时 $Q\neq 0$。否则，由 $a_1-a_2\neq 0$ 得知 $P=0$，从而 $Px+Qy=R$ 就无法用来表示直线。

关于按照以上定义得到的直线和普通几何学中的直线是同一个东西的证明

首先，按照以上定义得到的直线有着“直线上的点间距离满足可加性”的基本性质，而且正如上面证明过的那样，通过给定的两个点 P 和 Q 并具有这种基本性质的直线有一条且仅有一条，而且易知，普通几何学中的直线也有上述根本性质，并且过 P,Q 两点能引一条且仅能引一条直线（当取 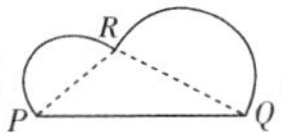 所示曲线上的 3 个点 P,Q 和 R 时，利用 $\overline{PQ}$ 与 $\overline{RQ}$ 之和大于 $\overline{PQ}$ 这一事实）。从而，无论是在普通几何学中，还是在新的几何学中，通过两个点 P 和 Q 且有着上述同一个基本性质的直线恒有一条且仅有一条。这就证明了两个几何学中的直线是完全一致的。

平面的定义　在确定了直线及长度的意义之后，我们就能够借助数组把平面定义为由满足 $Ax+By+Cz=D$ 的一切数组 (x,y,z) 对应的点构成的集合。

现在我们可以利用实数的性质诱导证明平面的一切性质。例如，可以证明“通过平面上任意两点的直线，完全包含于平面之内”，以及“有 3 个公共点的两个平面完全一致”等诸如此类的命题。

至此，我们以刚体为基础，利用实数定义了直线和平面等概念，而且说明了如何解析地建立几何学的方针及过程的大要。

六、关于由二中叙述的方法构造出来的平面就是普通几何学中的平面的证明

1. 第一种方法

在欧几里得几何学中，用 x,y,z 的一次方程式表示的面就是

满足欧几里得平面公理的唯一的面。我们可以解析地证明，与这种一次方程式对应的面，有着我们在“经验的定义中叙述过的平面性质”（称之为性质甲），此外，不存在别的什么面满足这种性质。*从而知道具有性质甲的面就是一次方程式的面，一次方程式的面就是满足欧几里得平面公理的面。

2. 第二种方法

这个方法与通常的数学方法很不一样，然而它却是一个饶有兴趣的方法。我们在这里只打算叙述一点梗概性的知识。这个方法的要点，在于通过换用数学的逻辑学（或逻辑代数学）符号来记述实际构造平面的实验方法，从已经建立起的各种事实出发，纯粹逻辑式地诱导出有关欧几里得几何学的平面和直线的公理。要这么办，就必须懂得数理逻辑中使用的各种符号的意义，以及数理逻辑的大体知识。数理逻辑构成了近代数学的一门重要基础学科，同时它本身就是一门极富兴味的学科，现在我们首先来叙述一下它的梗概。

---

* 证明上述结论的大体步骤如下：正如在平面的经验定义中说过的，铁板面是互相研磨得总是能够贴合的面。因此，这些面至少有着这样的性质：在一个面上任取两点，并用直线连接起来，则当该面沿着这条直线的方向摩擦移动时，总能够与另一个面贴合；而且即使两个面摩擦旋转也总是能够互相贴合的。这些就是性质甲的实质。现在设具有这种性质的面其方程式为 $\varphi(x,y,z)=0$①，这个面上的任意两个点为 $P(\alpha_1,\beta_1,\gamma_1)$ 和 $Q(\alpha_2,\beta_2,\gamma_2)$，则连接该两点的直线方程式就是 $\frac{X-\alpha_1}{\alpha_2-\alpha_1}=\frac{Y-\beta_1}{\beta_2-\beta_1}=\frac{Z-\gamma_1}{\gamma_2-\gamma_1}$，因此，当将该面沿 PQ 直线的方向仅移动 $\gamma=\overline{PQ}$ 时，不管 PQ 直线的方向及 PQ 的长度如何，这个面必须与以前的面完全贴合。从而，对应于后者的面的方程式由必须与以前的面的方程式①同一的条件，必然地能够证明 $\varphi(x,y,z)=0$ 肯定是关于 x,y,z 的一次方程式。由此可知，凡具有性质甲的面都可以用一次方程式表示；反过来，一次方程式的面也满足性质甲，这是大家都知道的结论，采用普通的方法就能够证明。

第三节　逻辑代数学的梗概及其在数学中的应用

数理逻辑研究的是所谓“概念的计算”和“命题演算”。正如在代数学中用 a,b 等文字表示数和量一样,在逻辑代数学中使用 a,b 等文字表示概念和命题;并且与代数学一样,也使用“相等＝”“大小≦”“加法＋”“乘法×”等记号去表示各概念或命题之间的关系。在分别赋予这些记号适当的意义之后,就可以像普通的代数学符号一样使用,而且在设定的若干公理的基础之上纯粹逻辑式地诱导出定理,研究思维法则和逻辑法则。这些研究不仅本身极富趣味,而且还开拓了逻辑研究的新领域,同时它们也是逻辑研究向前发展的推动力。

一、概念和命题的相等及大小

定义 1　在数理逻辑中,当用 a,b 表示概念时,则令记号 $a<b$ 表示“所有的 a 都是 b”的意义。也就是说,$a<b$ 表示概念 a 含于概念 b 之中。举例说吧,当 a 和 b 分别表示“是人”和“是要死的”的意义时,“$a<b$”则表示“所有的人都是要死的”。

其次,当用 a 和 b 表示命题时,情形刚好相反。“$a<b$”表示命题 a 包含命题 b,从而表示可以由命题 a 推出命题 b。我们常常使用“命题 a 包含命题 b”这一句话来表达它的含义。

定义 2　在我们采用记号“<”表示概念之间或命题之间的关系后,现在就可以得到有关两个概念或命题等价的定义。即是,当

$$a<b, b<a$$

同时成立时,我们就说概念 a 和 b(或命题 a 和 b)相等,并且用记号表示为“$a=b$”。因此,若 a 和 b 表示概念,则当所有的 a 都是 b,

同时所有的 b 都是 a 时，就说 $a=b$（这时，a 和 b 不一定非得一模一样不可。例如三角形和三边形；等角三角形和等边三角形就是如此）。

其次，若 a 和 b 表示命题，则当命题 a 真时命题 b 亦真；当命题 b 真时命题 a 也真，就说 $a=b$。从而当我们用 a,b,c 表示概念或命题时，在下面可以看到相等原理及三段论式原理成立。

1. 相等原理　$a<a$（Ⅰ）

（ⅰ）当 a 表示概念时，则（Ⅰ）式表示“所有的 a 都是 a”。即是说，它表示不管什么概念什么集合，都自己包含自己。

（ⅱ）当 a 表示命题时，（Ⅰ）式表示“命题 a 包含命题 a；若 a 真则 a 亦真”。这时（ⅰ）和（ⅱ）都是理所当然的。

由这个原理和“相等”的定义，就得到 $a=a$。因为从 $a<a$ 和 $a<a$ 得到 $a=a$。因此常用记号 $a=a$ 表示相等原理。

2. 三段论式原理　$(a<b)(b<c)<(a<c)$（Ⅱ）

这里，记号 $(a<b)(b<c)$ 的意思是 $a<b$ 和 $b<c$ 同时成立。

（ⅰ）当 a,b,c 表示概念时，（Ⅱ）式表示“如果所有的 a 都是 b，并且所有的 b 都是 c”，则可由此推出“所有的 a 都是 c”的结论。

（ⅱ）当 a,b,c 表示命题时，（Ⅱ）式表示“如果 a 包含 b，且 b 包含 c”，则可由此推出“a 包含 c”的结论。或者这样来看，因为 $a<b$ 的意思是“若 a 真则 b 必真”，则（Ⅱ）式表示“如果 a 真则 b 必真，并且如果 b 真则 c 必真”这两个命题同时成立，就可以推出命题“若 a 真则 c 必真”。

由相等原理及三段论式原理，立即可以得到以下公式：

$$(a<b)(b=c)<(a<c);\qquad ①$$

$$(a=b)(b<c)<(a<c);\qquad ②$$

$$(a=b)(b=c)<(a=c)。 \quad ③$$

让我们来说明公式①成立的理由，其他两个公式也可以同样说明。首先，$(a<b)(b=c)$意味着 $a<b$ 和 $b=c$ 同时成立。当 $a<b$ 和 $b=c$ 同时成立时，由相等原理 $a<b$ 和 $b<c$ 应同时成立，从而得到$(a<b)(b<c)$，再根据三段论式原理知道，若$(a<b)(b<c)$成立，则$(a<c)$成立。因此，如果 $a<b$ 和 $b=c$ 同时成立，必然 $a<c$ 成立。所以

$$(a<b)(b=c)<(a<c)。$$

其次，我们还能够把(Ⅱ)式及③式写成下面更一般的形式：

$$(a<b)(b<c)(c<d)<(a<d)；$$

$$(a=b)(b=c)(c=d)<(a=d)。$$

二、概念命题的加法和乘法，以及与此有关的各种法则

在数理逻辑中使用的运算，通常有加法、乘法和否定法 3 种。它们的意义如下：

定义 3　所谓概念 a 和概念 b 之和(或者集合 a 和集合 b 之和)，指的是这样的概念：它包含该两概念中的每一个概念，并且包含于一切包含该两概念的其他概念之中。通俗地讲，我们把包含这两个概念(或集合)的所有概念(或集合)之中最小者，称为这两个概念(或集合)之和。举例来说，所谓整数(正负)概念(或集合)与分数概念(或集合)之和，就是包含这两个概念的所有概念——有理数、实数、复数等概念——之中最小的一个，那就是有理数的概念。

定义 4　所谓 a 和 b 两个概念(或者集合)之积，指的是如下一个概念：它包含于该两概念的每一个概念之中，并且包含一切同

时包含于该两概念之中的其他概念。也就是所有同时包含于 a 和 b 中的概念(或集合)之中最大的一个。因此,两个集合之积是这两个集合的公共部分;而两个集合之和却是由组成这两个集合的一切元素构成的集合。

定义 5　所谓两个命题之积,指的是如下一个命题:它包含两个命题之中的每一个命题,并且包含于一切同时包含这两个命题的命题之中,也就是说,两个命题 a 和 b 之积,意味着"a 和 b 同时为真""命题 a 和命题 b 同时成立"。因为"a 和 b 同时为真"这一命题包含"a 为真"和"b 为真"这两个命题,而且包含于"a 和 b 和 c 和……同时成立"的命题之中(前面已经讲过,所谓命题甲包含命题乙,意味着当甲成立时,乙必然成立)。

定义 6　所谓两个命题之和,指的是如下一个命题:它包含于这两个命题之中,并且包含一切包含于这两个命题之中的任何其他命题。由此可知,两命题 a 和 b 之和意味着"或者 a 为真,或者 b 为真",也就是说:"两者之中必有一个是真的。"因为如果"a 为真"成立,则必然"或者 a 为真,或者 b 为真"成立;同样地,如果"b 为真"成立,毫无疑问"或者 a 为真,或者 b 为真"也能成立。从而"或者 a 为真,或者 b 为真"既包含于"a 为真"之中,也包含于"b 为真"之中。而且,凡是包含于"a 为真"和"b 为真"两个命题之中的任何命题,例如命题"或者 a 或者 b 或者 c 为真",显然也包含于"或者 a 或者 b 为真"这个命题之中。即当"或者 a 或者 b 为真"成立时,命题"或者 a 或者 b 或者 c 为真"必然成立。

1. 简化原则和结合律

在我们像上面那样定义了概念和命题的加法及乘法运算之后,马上就知道下述公式成立。

$$ab<a, ab<b; \quad ①$$

$$a<a+b, b<a+b; \quad ②$$

$$(x<a)(x<b)<(x<ab); \quad ③$$

$$(a<x)(b<x)<(a+b<x)。 \quad ④$$

说明 $ab<a, ab<b$ 两式的成立

当 a 和 b 表示概念时，根据概念之积的定义，ab 是一个既含于概念 a 中又含于概念 b 中的概念，因此，立刻知道 $ab<a, ab<b$ 都成立。其次，当 a 和 b 表示命题时，因为 ab 意味着“a 和 b 同时为真”，而“a 和 b 同时为真”就意味着“a 必然真”和“b 必然真”，所以知道 $ab<a, ab<b$ 都成立。

同样也可以证明其他几个式子的成立。我们称①式和②式为简化原则；称③式和④式为结合律。

定理　结合律可以变成等式的形式：

$$(x<a)(x<b)=(x<ab); \quad ③'$$

$$(a<x)(b<x)=(a+b<x)。 \quad ④'$$

证明　我们首先证明③式之逆，即

$$(x<ab)<(x<a)(x<b)$$

成立。如果证明了它成立，则由它和③式再根据“相等”的定义立刻可以断定③′式的成立。

首先假定 $x<ab$，由 $ab<a, ab<b$①，根据三段论式原理可得

$$(x<ab)(ab<a)<(x<a),$$

$$(x<ab)(ab<b)<(x<b)。$$

因此，如果 $x<ab$ 的假定成立，就知道 $x<a, x<b$ 同时成立。即由 $(x<ab)$ 的正确性推出了 $(x<a)(x<b)$ 的正确性。所以

$$(x<ab)<(x<a)(x<b)。$$

由这个式子及

$$(x<a)(x<b)<(x<ab), \quad ③$$

就得到

$$(x<a)(x<b)=(x<ab)。$$

同理可证

$$(a<x)(b<x)=(a+b<x)。$$

2. 数理逻辑中的交换律、结合律和重言法则

（1）交换律及结合律

因为概念及命题的和以及积的定义，与相加项和相乘项中各元素的顺序没有关系，所以立刻可以断定交换律和结合律的成立：

$$ab=ba, \qquad a+b=b+a;$$

$$(ab)c=a(bc), \qquad (a+b)+c=a+(b+c)。$$

（2）重言法则(或重复法则)

在概念及命题的加法和乘法运算中，名为“重言法则”的规律成立。即

$$a=aa, \qquad a=a+a。$$

证明　(a)由简化法则 $ab<a$ 立即得到

$$aa<a。 \quad ①$$

另外，根据结合律$(x<a)(x<a)=(x<aa)$得到

$$(a<a)(a<a)=(a<aa)。 \quad ②$$

然后根据相等原理，$a<a$ 恒成立，从而由②知道 $a<aa$ 成立。再根据①，②，利用“相等的定义”得到

$$a=aa。$$

(b)由简化原理得到

$$a<a+a, \quad ①$$

由结合律得到

$$(a<a)(a<a)=(a+a<a), \quad ②$$

从而由 $a<a+a$，$a+a<a$ 得到

$$a+a=a。$$

注意　在普通数系统中，关系“$aa=a$”是“1”的特征；关系“$a+a=a$”是“0”的特征。然而在逻辑代数学中，可以看到所有的概念和所有的命题 a 都同时满足带有“0”及“1”特征的两个关系式，岂不是有趣的么？

3. 吸收律(或同化法则)

在数理逻辑中，名为吸收律的运算规律成立。这个法则与普通代数学中的法则完全两样，应该特别加以注意。这个法则是：

$$a+ab=a, \qquad a(a+b)=a。$$

证明　(a)根据相等原理及简化原理，$a<a$，$ab<a$ 成立，从而由结合律得到

$$(a<a)(ab<a)<(a+ab<a);$$

再利用简化原理可得

$$a<a+ab。$$

由此可知 $a+ab<a$ 和 $a<a+ab$ 同时成立。所以

$$a+ab=a。$$

(b)与上面一样，根据相等原理和简化原理知道 $a<a$ 和 $a<a+b$ 成立，从而由结合律知道

$$(a<a)(a<a+b)<[a<a(a+b)],$$

即 $a<a(a+b)$成立。另外，由简化法则知道 $a(a+b)<a$ 成立，再利用相等的定义就得到

$$a(a+b)=a。$$

注意　在 $a+ab=a$ 中，a 吸收了项 ab；在 $a(a+b)=a$ 中，a 吸收了项 $(a+b)$。

由上面的介绍可以看到，在逻辑代数学中既有着普通代数中的运算法则和公式，也有着显著不同的、乍一看颇为奇异的法则，要是我们懂得一些今天在纯数学中论述的各种各样的特异代数学，就会知道，即使在以数为研究对象的代数学中，也有着各种各样与此不相上下的、看起来奇特的定理和法则。假如篇幅允许的话，我就会在书末“数学的逻辑基础”的有关论述中，叙述若干个这样的代数学和几何学的例子。为了下面研究作为代数学基本法则之一的“分配律”是否仍然在逻辑代数学中成立起见，我们首先证明下面两个定理。

定理 1　$(a<b)<(ac<bc)$，$(a<b)<(a+c<b+c)$。

证明　由简化原理可得

$$ac<a,ac<c; \qquad ①$$

如果对于①中的 $ac<a$ 及假设 $a<b$ 运用三段论式原理，则得到

$$(ac<a)(a<b)<(ac<b); \qquad ②$$

如果进一步对于①中的 $ac<c$ 及②的结果运用结合律，则得到

$$(ac<b)(ac<c)<(ac<bc)。 \qquad ③$$

由上面几步可知，由假设 $a<b$ 可以导得 $ac<bc$。所以

$$(a<b)<(ac<bc)。$$

同理可证　$(a<c)<(a+c<b+c)$。

定理 2　$(a<b)(c<d)<(ac<bd)$，

$(a<b)(c<d)<(a+c<b+d)$。

证明　由简化原则可得

$$ac<a; \qquad ①$$

由假设

$$a<b;\qquad ②$$

由三段论式原理可得

$$(ac<a)(a<b)<(ac<b)\qquad ③$$

及

$$(ac<c)(c<d)<(ac<d)。\qquad ④$$

再对③和④的结果运用结合律，则得到

$$(ac<b)(ac<d)<(ac<bd)。$$

即由假设 $a<b$ 和 $c<d$ 可以诱导出 $ac<bd$。所以

$$(a<b)(c<d)<(ac<bd)。$$

同理可证　$(a<b)(c<d)<(a+c<b+d)$。

在以数为对象的代数学中，也有着与定理 1 和定理 2 相应的定理。我们可以利用这些定理去研究分配律。

4. 分配律

当 a,b,c 表示概念或命题时，下述命题成立：

(a) $ac+bc<(a+b)c$，　(b) $ab+c<(a+c)(b+c)$。

证明　(a)　由简化原则，

$$a<(a+b),\qquad b<(a+b),$$

由这两个式子和定理 1 中的 $(a<b)<(ac<bc)$ 可得

$$[a<(a+b)]<[ac<(a+b)c],$$

$$[b<(a+b)]<[bc<(a+b)c]。$$

对这两式利用结合律得到

$$[ac<(a+b)c][bc<(a+b)c]<[(ac+bc)<(a+b)c],$$

由此可知，$ab+bc<(a+b)c$ 成立。

证明　(b)　由简化原则，

$$ab<a, ab<b;$$

根据定理 1 知道

$$(ab<a)<(ab+c<a+c)$$

及

$$(ab<b)<(ab+c<b+c)$$

成立，即 $ab+c<a+c$ 和 $ab+c<b+c$ 两式同时成立。再运用结合律得到

$$[(ab+c)<(a+c)][(ab+c)<(b+c)]<[(ab+c)<(a+c)(b+c)]。$$

这就证明了

$$(ab+c)<(a+c)(b+c)。$$

虽然我们利用迄今为止所叙述的定理和法则证明了(a)和(b)的成立，然而要证明它们的逆

(c)　$(a+b)c<ac+bc$,

(d)　$(a+c)(b+c)<ab+c$

也成立，则很遗憾眼下还办不到。我们必须在这两个式子中任取一个式子作公理。假如把(c)式当成公理，则由(a)和(c)两式立刻得到

$$(a+b)c=ac+bc,$$

这就是所谓分配律。现在我们利用分配律来证明下面几个定理。

定理　(e)　$(a+b)(c+d)=ac+bc+ad+bd$;

(f)　$(a+c)(b+c)=ab+c$。

证明　(e)　根据分配律立刻可得

$$(a+b)(c+d)=(a+b)c+(a+b)d$$
$$=ac+bc+ad+bd。$$

(f)　根据(e)可得

$$(a+c)(b+c)=ab+ac+bc+cc$$
$$=ab+ac+bc+c \quad (cc=c\text{,重言法则}),$$

再根据吸收律得 $ac+bc+c=ac+(bc+c)=ac+c=c$,把它代入前一个式子中可以得到

$$(a+c)(b+c)=ab+c。$$

我们可以利用这个定理导出下面一个有趣的定理。

定理　概念或命题的积之和等于和之积。

即　$ab+ac+bc=(a+b)(a+c)(b+c)$。

证明　$(a+b)(a+c)(b+c)=(a+bc)(b+c)$[由(f)式]

$=(a+bc)b+(a+bc)c$

(分配律)

$=ab+bbc+ac+bcc$

(分配、结合律)

$=ab+bc+ac+bc$

(重言法则:$aa=a$)

$=ab+ac+bc$

(重言法则:$a+a=a$,交换律)。

我们还可以建立其他各种与此类似的定理和法则。如果我们进一步确定概念和命题中的 0 和 1 的意义,从公理的角度确认它们的存在,则可以利用它们来定义第三种运算——非运算(否定法则)。利用非运算及前面讲过的各种法则,还可以进一步建立各式各样的定理法则。话说回来,上面讲的这些东西只能够大致表示“逻辑代数学是什么”的一个梗概,至于内容细则我们不去作进一步的详细论述。作为应用,我们将在下一节展示利用逻辑代数学的方法,证明由经验定义给出的平面概念具有普通平面的性质的

一种证明方法。

结论　总而言之，根据我们在上面简述的大致情况可以知道，逻辑代数学是一门使用文字记号表示概念或命题及其关系，研究其中成立的各种法则，根据这些法则进行概念或命题的演算，并研究逻辑法则和思维法则的饶有趣味的学问。它的方法不仅是代数的，这门学问也与其他的数学学科一样，是用公理方法建立起来的学科。

三、逻辑代数学的应用　（利用逻辑代数学证明几何平面的经验定义满足平面各种性质的梗概）

吻合关系的定义　设 a,b,c 是利用第二章第二节中叙述的方法构造的平面，则在这 3 个构造出来的平面中，任何 2 个面都能够精密地吻合，设 a 和 b 是具有这种性质的 2 个面，那么，当它们面贴着面移动时，总是能够相互吻合的。我们采用记号 $a \backsim b$（$\backsim$：相互吻合的记号）表示 a 与 b 之间的这种关系。如果把这种关系命名为“相互吻合的关系”，则依据这个关系的定义立即知道下式成立。

$$(a \backsim b) < (b \backsim a)。\qquad ①$$

合同关系的定义　其次，我们利用 3 个面之间的“相互吻合的关系”，能够定义一个新的关系。即当 a 与 c，b 与 c 同时存在着“相互吻合的关系”时，就说 a 与 b 之间存在着“合同”的关系，并记之为

$$(a \backsim c)(b \backsim c) = (a \backsimeq b)（\backsimeq\text{：合同的记号}）。\qquad ②$$

合同关系运算法则的诱导　根据上面的定义，我们立即能诱导建立“合同关系之间的运算法则”。首先，根据约定，$(a \backsim b)(b \backsim c)$ 意味着 $a \backsim b$ 和 $b \backsim c$ 两个关系式同时成立。在这个意义上，立刻

知道等式

$$(a\backsim c)(b\backsim c)=(b\backsim c)(a\backsim c)$$

成立，从而由合同的定义知道，等式

$$(a\backcong b)=(b\backcong a) \tag{③}$$

成立。即得到“若 a 合同于 b，则 b 合同于 a”的定理。

其次，关系式

$$(a\backsim c)(b\backsim c)(b\backsim c)(d\backsim c)<(a\backsim c)(d\backsim c)$$

显然是真的，由此得到

$$(a\backcong b)(b\backcong d)<(a\backcong d)。 \tag{④}$$

这就表示“若 a 合同于 b 并且 b 合同于 d，则 a 必合同于 d”。

现在，如果在④式中令 $d=a$，则得到

$$(a\backcong b)<(a\backcong a)。 \tag{⑤}$$

这说明由 a 与 b 这两个面合同一事，可以诱导得到“a 面合同于自己本身”这一命题。

所谓“平滑”关系的定义 利用“相互吻合”和“合同”两个关系，我们能够定义第三个新的关系——“平滑”关系。当两个面 a 和 b 同时满足“相互吻合”和“合同”两个关系时，我们就说 a 与 b 之间存在着“平滑”关系，并记为：

$(a\backsim b)(a\backcong b)=(a\mathrm{E}b)$（E：表示“平滑”关系的符号）。

注意 即使 a 与 b 之间存在着合同关系，也未必在 a 与 b 之间存在相互吻合的关系。例如，取 3 个各用 1 毫米厚的铁板做成的球面，设它们分别为甲、乙和丙，并设它们的里面和表面分别为甲$_1$，甲$_2$，乙$_1$，乙$_2$，丙$_1$，丙$_2$，再设甲$_2$ 和乙$_1$，丙$_2$ 和乙$_1$ 是有着相同半径的球面，因而它们相互之间存在着吻合的关系。

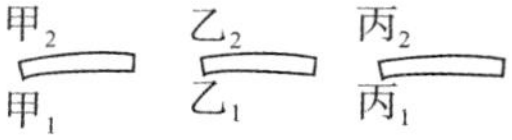

甲$_2$ 乙$_2$ 丙$_2$
甲$_1$ 乙$_1$ 丙$_1$

第 6 图

由此可得

$$(甲_2 \backsim 乙_1)(丙_2 \backsim 乙_1)。$$

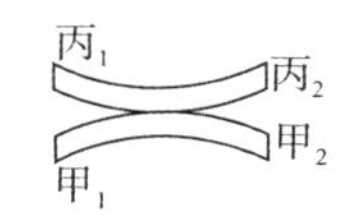

第 7 图

根据合同的定义知道甲$_2$与丙$_2$是合同的，即两者之间存在着($甲_2 \backsimeq 丙_2$)的关系。但是甲$_2$面与丙$_2$面作为具体的实际的东西，无论它们多么薄(或者，即使对于抽象的东西，也可以考虑面的表和里)，也不可能使它们重合，即不可能满足相互吻合的关系。这就是为什么我们说只有同时满足"相互吻合"和"合同"两个条件的面才存在着所谓"平滑"关系的道理。

有关"平滑"关系法则的诱导

(ⅰ) 当 a 相对于 b 存在着"平滑"关系时，则反过来 b 相对于 a 也存在着"平滑"关系。即如果($a\mathrm{E}b$)，则($b\mathrm{E}a$)。

证明　根据相互吻合和合同的性质可知

当 $a \backsim b$ 时，$b \backsim a$；

当 $a \backsimeq b$ 时，$b \backsimeq a$

成立，从而当$(a \backsim b)(a \backsimeq b)$时，

$$(b \backsim a)(b \backsimeq a)$$

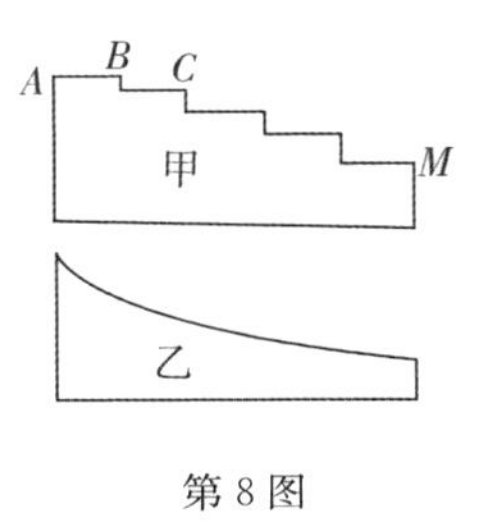

第 8 图

成立。所以

$$(a\mathrm{E}b) < (b\mathrm{E}a)。$$

同理可证$(b\mathrm{E}a) < (a\mathrm{E}b)$成立，因此得到等式

$$(a\mathrm{E}b) = (b\mathrm{E}a)。$$

(ⅱ) 为了导出"平滑"关系的其他性质，我们首先要证明下面的重要定理。

定理　$(a \backsimeq b)(a \backsim c) < (b \backsim c)$。

证明　根据合同的定义，

$$(a \backsim c)(b \backsim c)=(a \backcong b)。$$

由此立即得到

$$(a \backcong b)(a \backsim c)=(a \backsim c)(b \backsim c),$$

从而又得到

$$(a \backcong b)(a \backsim c)<(b \backsim c)。$$

我们利用这个定理立刻可以导出下面有关“平滑”的主要性质。

定理　当 a 与 c 之间存在着“平滑”关系，而且 b 与 c 之间也存在着“平滑”关系时，则 a 与 b 之间必存在着“平滑”关系。即

$$(a\mathrm{E}c)(b\mathrm{E}c)<(a\mathrm{E}b)。$$

证明　$(a\mathrm{E}c)(b\mathrm{E}c)=(a \backsim c)(a \backcong c)(b \backsim c)(b \backcong c)$

$$<(a \backsim c)(b \backcong c)(b \backsim c)(a \backcong c)$$

$$=(a \backcong b)(a \backcong c)(c \backsim b)$$

$$=(a \backcong b)(c \backcong a)(c \backsim b),$$

然而，根据上面一个定理知道 $(c \backcong a)(c \backsim b)<(a \backsim b)$，从而得到

上式 $<(a \backcong b)(a \backsim b)=(a\mathrm{E}b)$。

所以 $(a\mathrm{E}c)(b\mathrm{E}c)<(a\mathrm{E}b)$。

推论　如果在上面最后一式中令 $b=a$，则有

$$(a\mathrm{E}c)<(a\mathrm{E}a)。$$

即当 a 与 c 两个面之间存在着“平滑”关系时，a 面相对于自身也存在着“平滑”关系（不用说，c 面也有这样的性质）。因此，我们就说 a 面具有“平滑”的性质。

由 $(a\mathrm{E}a)=(a \backsim a)(a \backcong a)$ 可得 $(a\mathrm{E}a)<(a \backsim a)$。

因为 a 合同于自身的这一性质 $(a \backcong a)$ 是任何事物都具有的，再根据上述结果知道“平滑”这个东西的特征应该说成 $a \backsim a$ 更恰

当一些，即任何面相对于自身是精密吻合的。换句话说，当我们动面的一部分，想要使它与面的其他部分重合时，总存在着这样的情形：**不管怎么动，它们都能够精密地重合在一起。**

定理　如果把具有上述性质的面称为“平面”，则按照第二节二中给出的经验定义，a，b，c 这三个面都是平面。

证明　因为在 a，b，c 这三个面之间存在着$(a\backsim b)(b\backsim c)(c\backsim a)$的关系，所以立刻可以推导出关系式

$$(a\backsim b)(a\cong b),(b\backsim c)(b\cong c),(c\backsim a)(c\cong a)$$

成立。因而 a，b，c 之间存在着(aEb)，(bEc)和(cEa)的关系，即

$(a\backsim b)(b\backsim c)(c\backsim a)$	$(a\backsim b)(b\backsim c)(c\backsim a)$	$(a\backsim b)(b\backsim c)(c\backsim a)$
$<(a\backsim b)(a\cong b)$	$<(b\backsim c)(b\cong c)$	$<(c\backsim a)(c\cong a)$
$=(a\mathrm{E}b)$	$=(b\mathrm{E}c)$	$=(c\mathrm{E}a)$

由此可知，a，b，c 具有“平面”的性质。

四、平面与直线的关系

要问由经验的定义给出的平面与直线有什么关系，我们可以立刻由直线和平面的定义把这些关系推导出来。即直线被定义为两个经验平面之交。在立方体 $ABCDEFGH$ 中，若设 $ABCD$ 为经验平面，设 $DEFC$ 面和 $PQRS$ 面为互相研磨过的经验平面，而且这两个平面互相吻合，则线 DC 就是 $ABCD$ 平面与 $PQRS$ 平面的交线。由定义可知 DC 是直线。因此，当我们在 $PGRS$ 平面上任取两点，例如取 D 和 C 两点时，因为通过 D 和 C 两点的直线只可能是上面讲的那条 DC 线，所以立刻知道直线 DC 上的一切点都在 $PQRS$ 面上。也就是说，

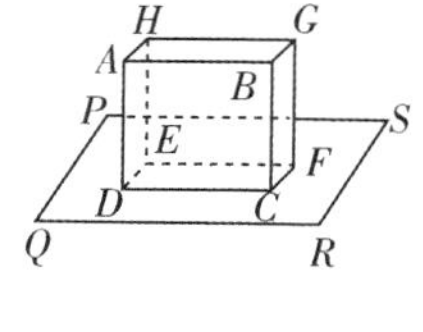

第 9 图

它满足平面的基本性质——"通过平面上任意两点的直线，全部包含于平面之中"。根据上面各条性质，我们可以得出如下结论：按照经验定义给出的平面，有着与普通几何学中相同的性质。

五、结论

前面我们叙述了如何在经验基础之上建立相当严正的几何学的一部分方法。毫无疑问，它不可能仅仅来自经验，而是以经验为依据，再加上由严密的思想发展起来的实数和解析方法等，经过相当精深的人类精神活动形成的。特别是利用逻辑代数学这一类学问来成就几何学的创举，不能说不是常人不可思议的破天荒的奇事。我仅能以惊叹和景仰之情去缅怀这些伟大的创造者。

另外，就逻辑代数学本身来说，它和数字代数学有很大的不同，在数字代数学中 $a,b,c,\cdots$ 等文字用来表示数；而在逻辑代数学中却派上了新用场，$a,b,c,\cdots$ 等文字不是用来代替数，而是用来表示概念或命题。不过，逻辑代数学也使用数学中的"＜，＝，＋，－"等记号，以连接概念或命题等讨论对象，探求这些记号之间应该满足什么样的法则，并使用数学中相类似的式子去表示这些法则，进而把它们运用于逻辑法则的研究之中，这一系列创举不能不叫人从心底里感到惊奇和折服。换句话说，**像这样使用数学式子**去研究概念思想间的关系的做法，实在是意义深远的创举。

事实上，人类要成就一项仿佛力不可及、神妙而不可思议的事业，就需要有超越常识范围的精深研讨的精神活动。这不仅表现在数学中，而且表现在其他所有学术领域、所有的发明和发现中，以及令人难以想象的现代科学技术的各种发展之中。凡此种种都是基于极大的努力和忍耐之后才开始产生的灵感。然而，依我看大多数人都经受不了这种灵感赖以产生的那种长年累月的努力及忍耐的精神活动，他们或者只能应付日常事务，或者以沉湎于俗话所说的悠闲自在的享乐生活为能事，我却宁愿信奉伟大哲人的千古不灭的名言："人生的最高幸福和真正的快乐，仅存在于精深的思考和追求之中。"

我重说一遍，虽然前面所讲的经验几何学是建立在经验基础之上的东西，但是应该说它是利用人类的力量，把实验和经验必然会有的不足之处减少到尽可能小的程度的杰作，因此我在这里对它作了略述。可以说经验几何学是连细微之处也处处留心，同时为了尽可能减少各种缺陷而倾注了人类整个精神和全部思想，并应用一切方法创造出来的学问。

另外，下一节要讲到的庞加莱把点和直线概念的基础建立在反演群和旋转群之上的思想，恐怕也是人们做梦也没有想到过的吧。

第四节 几何学的心理和感觉基础

一、庞加莱关于几何学基础的见解

庞加莱关于作为几何学基础的点、直线、平面和空间等概念的见解，与一般人的数学观点大不相同，它是一种以感觉和精神活动为基础的观点，精深且颇富趣味。下面我们来叙述一下它的要点。

庞加莱说："许许多多的人都认为空间中的点的概念是人们熟知的，没有必要给出什么定义。但是在我看来，像数学中的点那样没有长短、大小、厚薄之分的微妙概念，并不是世人想象的那样直观明了，而是需要作完整说明的东西。然而，我们并不打算在这里给‘点’下个定义，因为如果把定义按顺序向上追究，就会到达不能给出定义的地步，到了那时就不得不停止下定义了。那么，我们应该在什么时候停下来呢？大体是到达我们的感官能够感觉到的程度，或者到达我们能够产生影像的地步时就停止。到这时，定义就失去了作用。这就和我们不给小孩下羊的定义，而是用手指着羊说这个就是‘羊’，让他们用感官来认识羊的情形差不多。”庞加莱从这样的立场出发，试图把点、直线与心理上的感觉联系起来加以说明。下面我们来谈一谈他的想法要点（这里的内容摘抄自庞加莱的《几何学基础》一书，另外偶尔添加了一点说明）。

二、感觉的空间和数学的空间

我们的感觉绝不会给予我们空间的概念。空间的概念是根据先天存在于我们精神之中的因素由精神创造出来的，而经验只不过给予了施展这种能力的机会而已。感觉本身绝不带有空间的特征。这些道理在感觉是单一的场合，比如在视觉的场合下就可以看清楚了。我们首先假设有一个人只有一只眼睛，而且这一只眼睛不能上下左右转动。这时，不同的影像会映照在他的视网膜的不同点上。那么，他究竟能不能够像我们有着可以上下左右转动的两眼的人一样，将视网膜上的影像进行分类排列呢？

我们设这个不能动的视网膜上的影像是由 A,B,C,D 4 点形成的，那么，这个有着不动眼睛的假想人有没有可以说明 A 和 B 两点间的距离等于 C 和 D 两点间的距离的什么理由呢？我们正常人的确能够办到这一点，这是因为我们的眼睛只要稍许动一动，

就能够把 A 处的像挪到 C 处，把 B 处的像挪到 D 处。然而，由于这个假想人的眼睛不能移动，他就不可能像我们一样做到这一点。同样，当 A，B 之间的距离非常小，A，C 的距离非常大的时候，他也不可能判断出两者的差别。因而，问这个假想人 A 和 B 之间的距离与 C 和 D 间的距离孰大孰小，无异于问我们嗅觉和视觉的差别与听觉和触觉的差别孰大孰小！

因此，这个假想人恐怕不会有两点邻接的概念。那么，即使这个假想人能够排列他的各种感觉，他要排列其感觉的空间也会和一般几何学者的空间完全两样，很可能不是连续的空间，因为他无法区别距离的大小。即使再假定他的感觉空间是连续的，它也不会与几何学者的空间一样具有等质性和各向同性，而且也可能不是三维空间。

我们只讲了视觉方面的情况，对于其他的感觉也可以作出同样的说明，当我们的各种感觉在性质上互不相同时，就没有比较它们的共同尺度，就像无法比较“克”和“米”一样。要比较今天的感觉和昨天的感觉在种类、强度和数量方面是否相等，即便这些感觉是在同一根神经上引起的，也需要作精神上的极大努力。换句话说，要根据感觉的性质进行分类，而且要对同一种感觉按强度进行排列，就需要生动活泼的精神力量。事实上，我们之所以能够把各种各样的感觉分类排列为我们头脑之中先天存在着的一种范畴，并给予我们一种所谓的空间概念，都应归结于这种精神活动的存在。这个范畴不是我们的“感性形式”，而是我们赖以比较感觉、思考感觉的必要手段，因此，应该恰如其分地称之为我们的“知性(认识)形式”。

我们应该把这个范畴叫作“感觉的空间”，它是我们分类排列感觉的最初范畴。在这个空间中，虽然可以比较同一种类的感觉，却不能够量度它们。也就是说，我们能够知道甲感觉比乙感觉大，却不能够说出甲是乙的 2 倍大呢还是 3 倍大。因而这个范畴与几何学的空间大不一样。在几何学中，当我们取“3 个坐标轴”作为基本系，并把问题中的一切“对象”放进系中考虑，当能够排列整顿时，就说我们导入了与前面相同的范畴——空间，这就是数学中的空间。可是，在感觉的范畴中，关联于感觉的基本系却只是许许多多的神经纤维，仅这一点就与数学的空间有着显著的不同。不仅如此，在数学的范畴内得到的相应坐标，不但可以比较它们的大小，而且可以用数量来刻画它们。还有，数学的空间是无限的、等质的和各向同性的。由此不难看出两者之间存在着显著的差异。那么，我们是怎样从这个粗糙的感觉空间范畴出发，最终得到了精密的数学空间范畴的呢？

三、物体的变位，以及状态变化与感觉变化的关系

虽然无论谁都懂得感觉和引起感觉的刺激会产生变化，但是，只有支配这些变化的法则，才是我们赖以创造几何学和空间概念的根据，要是我们的感觉不产生变化，大概就不会产生出几何学来。同样，如果不能导致我们把接受刺激的变化分成两类，大概也不会产生出几何学来。一些时候，产生刺激的物体由于受状态变化的影响，会随之改变刺激；另一些时候，由于物体受位置变化的影响，也会随之改变刺激。虽然我们承认有这样的两种变化，可是，区别这两种变化的基础究竟是什么呢？

我们首先假定眼前有一个半边蓝色半边红色的球在旋转，先出现蓝色的一面，接着出现红色的一面；再假定装在玻璃瓶中的蓝

色液体发生了化学变化，变成了红色液体。虽然在这两种场合，对我们感官的刺激都是由蓝的刺激换成红的刺激，可是实际上我们却可以区别这两种变化：第一种情况是由物体的位置改变引起的刺激变化；第二种情况是由物体的状态变化引起的刺激变化。那么，我们把这种相同刺激的变化区分为两类的理由和准绳究竟在哪里呢？在第一种情形下，为了在面对另一半球时再接受蓝色刺激，我们只要绕球转移位置就行了；然而在第二种情形下，不管怎样转移位置都再也无法接受蓝色刺激了。这就是二者的显著区别。而且我们自身转移位置，或者只是眼睛转移位置一般都是有意识的，因而随之会产生一种感知。因此我们可以把接受的刺激变化分成两类：

（ⅰ）第一类是"与我们的意志无关，完全不带感知的变化"。我们称之为外变化。

（ⅱ）第二类是"与我们的意志有关，带有感知的变化"。我们称之为内变化。

当外变化改变对我们的刺激时，我们往往能够有意识地使它发生内变化，并借此来恢复原来的刺激。这时外变化就可以由内变化予以补正。因此，我们又可以把外部物体的变化分成两种：

（ⅰ）第一种变化是可以由内变化给予补正的变化，这就是"物体的反演变化"。

（ⅱ）第二种变化是不可以由内变化给予补正的变化，这就是"物体的状态变化"。

因此，那些不能自己动的"生物"，就不可能作出上述的区分。对这种"生物"来说，即使它的感觉有变化，而且它周围的物体在动，它也绝不可能创造出几何学来。

四、内变化和外变化的分类

我们把半边蓝半边红的球换成半边绿半边黄的球，再做上节中讲过的实验。我们把这两种情况下的外变化都取名为“反演”或“变位”，并且说这两种外变化都属于名为“旋转”的“相同反演变换”。然而，反过来想一想，这时由黄半球及红半球产生的刺激之间与由蓝半球及绿半球产生的刺激之间一样不存在任何关系。因此，我们找不出任何理由说明在黄和绿的刺激与红和蓝的刺激之间存在着同样的关系。换句话说，仅就外变化而言，我们没有任何理由把两者的变化归结为相同的反演。实际上我们仅仅能够说这两种情况下的外变化都是由同一内变化给予补正的。话说回来，我们又怎么知道这两种情况下的内变化是同一的呢？实际上，这是因为两者引起了同一感知的缘故。因此，在上面的推究中，我们没有必要懂得几何学，也没有必要在几何学空间中考虑自身的运动。

至于内变化，我们也可以作出同样的分类。并不是所有内变化都能够补正外变化，我们仅仅把其中能够补正外变化的内变化称为“反演”。可是，一个外变化可以由许许多多不同的内变化给予补正，如果用几何术语来讲，就好比我们由 A 处走到 B 处，可以选择许许多多不同的道路一样。其中的每一条道路，都对应着一系列感知，而且，这时两种“感知系列”之间并无任何相似之处。那么，我们有什么理由认为它们表示“相同的反演”呢？这仅仅因为其中每个内变化都可以补正同一个外变化的缘故。根据以上种种考察，我们发现，内变化和外变化的分类中隐含了如下重要的结果：

（ⅰ）这种分类排列不是由粗糙的经验得到的。因为上述的内、外两种变化的补偿绝不可能精密地实现，所以不能说上述分类是得自经验的结果。实际上，它是精神活动的一种产物，是精神尝试在“先天存在的形式”中，即在“一种范畴”中插入并排列粗糙的经验结果之后得到的产物。这种精神活动的本质，就在于当两种变化具有共同的性质时，即使它们没有精密的共同特征，它也会把这两种变化判定为同一个东西而试图对它们进行分类排列。话说回来，正是“经验”给予了精神赖以达到行为目的的机会。因为只有经验才会给精神指点，“近似地产生补偿的道理”。

（ⅱ）这种分类使我们能够认定“两种反演是同一的”。进而使我们知道一种反演可以重复产生 2 次、3 次，乃至多次。我们从这件事情产生了“数”的概念，进而在仅仅给出纯粹的质的地方，也得到了能够添入量的概念的基础。

五、变位群和旋转群

如果在变化 A 之后接着产生变化 B，我们就把依照这个顺序出现的两个变化的整体看作一个变化，并记为“$A+B$”（这时 $A+B$ 不一定与 $B+A$ 相同）。因而，当变化 A 和变化 B 都是“变位”（反演）时，它们的合成变化也是一种“变位”。在数学中就说这种“变位”的全体所成之集构成一个群，并把这个群叫作“变位群”。

那么，我们要问，怎样看待“变位”的集合构成一个群？这究竟是来自纯粹推理（先天的东西），还是来自经验（后天的东西）？有人尝试过利用纯粹推理来证明它，即当 A 和 B 都表示“变位”时，根据变位的定义，设外变化 A 由内变化 A' 给予补偿，又设外变化 B 由内变化 B' 给予补偿，故外变化 $A+B$ 应该由内变化 $(A+B)'$

给予补偿。然而，根据变位的定义，$A+B$ 也表示一个变位。因此，我们证明了当 A 和 B 是变位时，$A+B$ 也是一个变位。

但是，这个推论也难免会遭到许多反对。虽然根据定义，A 由 A'补偿、B 由 B'补偿的道理是显然的；但是在 A 和 A'这两个变化之后，还能够说 B 由 B'补偿一事是靠得住的吗？也就是说在 A 和 A'一起产生之后，两者互相进行补偿，不但刺激要恢复到原来的状态，而且 B 和 B'也还要保持它们原来的性质，特别是要毫无所失地保持两者相互进行补偿的这一性质是靠得住的吗？换言之，是否可能在 A 和 A'产生之后，B 和 B'也会在不丧失上述性质的情况下像 A 和 A'一样产生出来呢？假如果真如此，则当 A,A',B,B'按照

$$A,A',B,B'$$

的顺序产生时，可以得出刺激要恢复到原来状态的结论，而按照纯粹推理者的说法，当刺激按照

$$A,A',B',B$$

顺序产生时，也同样会恢复到原来的状态，这就不能仅仅由纯粹推理来断定了。

我们仍然规定，当 α 和 α'这两个外变化是由同一个内变化 A 补偿时，α 和 α'是同一的；当 β 和 β'这两个外变化是由同一个内变化 B 补偿时，β 和 β'是同一的。那么，仅仅根据这个定义，我们是否就有权认为 $\alpha+\beta$ 和 $\alpha'+\beta'$是由同一内变化补偿的，从而两者是相同的呢？不！这样的命题，本身就不是显而易见的，即使它是真的，也不可能是纯粹推理的结果。

那么，“变位的集合构成一个群”的提法是根据经验的结论得到的吗？对此，我们的内心处于矛盾的境地：一方面禁不住想承认

它，另一方面禁不住想否定它。这种心情完全出自一种担心，唯恐将来某日根据较今日更加精细的实验结果，有可能证明出上述法则只不过是近似的东西而已。

那么，应该怎么办才好呢？我们大体只有根据经验的指引并加上我们的精神作用，去求得所需要的结果。当经验向我们指出“某现象”不遵从上述法则时，我们就从“变位”表中去掉这个现象好了。当经验向我们指出“某现象某变化”近似地遵从上述法则时，我们就根据约定（人为的约定），把这个变化看成是组成它的两个变化的合成好了。例如，设由于外变化α，刺激的集合A转移到刺激的集合B；再进一步假定，上面的变化由于由有意识的内变化β给予补偿，又恢复到刺激集合A。再设想接着产生的新外变化α'重新把刺激A移至刺激B。这时，我们就期待着这个变化α'和β产生同样的感知，并能够由恢复刺激A的其他有意识的内变化β给予补偿。假如这时经验使我们的期待落了空，从而无法认为这种预言是正确的，我们对此也没有必要产生任何的困惑。因为，虽然这时变化α'与变化α一样把刺激A转换为刺激B，但是我们只要说它和α并不是同一个东西就行了。要是这时经验近似地证实了我们的预言，我们就说变化α'和变化α是同一个“变换”，只是带有很少的质变罢了，总而言之，上述法则不是由自然界加之于我们的，而是我们加之于自然界的。不过，我们的这种加之于自然界的做法，并不是毫无根据和随心所欲的强加，而是在符合自然界的要求下加之于它的（即按照经验的指引加之于自然界的）。要是自然界坚决拒绝我们加之于它的法则，我们就要在贮存有各种各样“形式”的精神内，寻求别的“形式”，采用新的方法，重新建设更适合于自然界的法则。

六、变位群的存在对于空间概念的影响

“变位”的集合构成“群”，这包含着许多重要的问题。由这件事情知道，第一，它包含有空间的等质性（空间中一切点起着相同作用的性质）以及空间的各向同性（从同一点出发的一切方向都起着同等作用的性质）的萌芽。因为如果一个变位 D 将我们从一点移到了另一点，或改变我们的方向时，我们必须在变位 D 之后也能够作与变位 D 之前一样的运动，同时，这个运动必须天然具备我们能够把它编入变位之中的基本性质。否则，当在变位 D 之后还接有其他的变位时，就不会发生其结果等价于第三个变位的事情，即变位不能构成群。由此可知，由于变位而被转移的新点或新方向，必须和这之前存在的点或方向有着相同的性质，起着相同的作用。也就是说，空间必须是等质的而且是各向同性的。

第二，空间是无界的。因为，假如空间是有界的，那么它就应该有境界。由于境界上的点与中央部分的点有着不同的性质，因而空间就不是等质的了。但是，这并不等于说我们主张空间必定是无限宽广的。因为，像球的表面这类东西尽管没有境界可言，却是有限的。

虽然上述两点是作为一种萌芽含于变位群性质之中的东西，但是我们却不可能明确认识它们。这是因为我们尚不知道所谓“方向”、所谓“点”究竟是什么东西（上面使用的点和方向二词，是庞加莱为了方便说明问题而采用的众所周知的数学语言）。

七、变位群的连续性（暗示空间的连续性）

由于同一个变位 D 能够重复施行 2 次、3 次等，我们就得到了

许多的变位，它们被看成是这个变位 D 的倍数。那么，同一变位 D 的所有倍数变位合在一起就构成一个群。因为把这些倍数变位中的任何 2 个变位依次施行的结果，得到的仍是 D 的倍数变位。这样，我们先把变位 D 重复 3 次，再接着重复 4 次所得到的变位，与我们先把变位 D 重复 4 次，再接着重复 3 次得到的变位是完全一样的，因此这个变位群是可换的。这个由 D 的倍数构成的群，是一切变位所成之群 G 的一部分，我们就把这个群称为 G 的子群(或者约群)。

其次，任何一个变位 D 都可以分解成 2 个、3 个等部分。换言之，当我们给定变位 D 时，就存在着变位 E，在变位 E 重复 2 次、3 次……之后，最终将变成变位 D。这样，我们能够将变位 D 进行 2 次、3 次乃至无穷多次分割的想法，自然地给我们导入了物理的连续概念。不过，这个道理需要有相当深刻的说明，并不是简单地想一想就可以解决的。

首先，我们无法直接证明“可以无限分割”。当一个变位非常小的时候，要确认这句话的正确性是极其困难的。另外，当 2 个变位仅有极其微小的差异时，我们也无法区别它们。因此，当变位 D 非常小的时候，我们要区别它的 n 倍和 $n+1$ 倍，是非常困难的。不过，尽管我们不能够区别 $9D$ 和 $10D$，$10D$ 和 $11D$，却有办法区别 $9D$ 和 $11D$。也就是说，如果我们把经验的粗糙结果翻译成算式，则可以得到

$$9D=10D,10D=11D,9D<11D。$$

这就是物理的连续公式。可是，这些公式与我们的理性不一致。在我们看来，这些关系式和我们意识中现有的任何范畴模型都对应不起来。我们要想冲破这人为的迷惘，就得用数学的连续去代

替这种物理的连续和感觉的连续，我们把感觉和产生这种感觉的原因分开考虑，虽然这个“构成原因的某物”与存在于我们精神之中的某范畴模型完全吻合，可是，只因为我们的感觉的粗糙性，而把它看成了不同于这种完全模型的结果。也就是说，虽然感觉的原因构成了数学的连续性，但感觉本身感受到的却是物理的连续。

其实，当我们在上述情况下测定对于变位的感觉时，可以采用各种各样的观点去解释它。

第一种观点，把每个变位看成是“由我们几乎无法明确认识的非常小的变位 ε 的所有倍数构成的群”中的一个元素。即对于任意变位 D，我们把它看成是变位 ε 的 n 倍变位 $n\varepsilon$。这时，尽管这种变化的全体不是连续的，但是由于我们粗糙的感觉无法区分相邻的两个感觉，因而这时的群是以“物理连续”的形式表现出来的。

第二种观点，把每个变位看成是“由此第一种更复杂更丰富的元素构成的群”的一部分。这时认为属于这个群的任何 2 个变位（例如 α 和 β），都是作为这个群元素的某第三个变位的倍数，同时认为任何变位都可以 2 等分、3 等分……而且每个等份都仍然是这个群的元素。那么，由此可知每个变位 α 与别的变位 β 之间都存在着可以通约的关系，α 构成 β 的分数倍（包括整数倍）（当 $\alpha=n\gamma$，$\beta=m\gamma$ 时，$\alpha=\frac{n}{m}\beta$），这是数学连续中的一种，即所谓稠密性的连续。就连续而言，它属于不完全的一类，因为在这个变位群中缺少与无理数相对应的变位。

第三种观点，把变位群看成是完全连续的东西，即认为这个群中的每一个变位都对应着一个实数，反过来，每一个实数也对应着一个变位。这就是完全的数学连续。

在这3种解决办法中，我们为什么要采用第三种呢？当然我们可以举出种种理由来。现在就举出两个：

（ⅰ）我们从经验上得知很大的变位能分解成几个变位，同时，随着测量仪器精密度的提高，即使对于非常小的变位也可以进行这种分割。这样，我们就知道这种可分割性与变位的大小无关，而且承认它是一切变位的共同性质。其结果，自然要抛弃第一、第二两种解决办法，而趋向于采用第三种"无限分割"的观点。

（ⅱ）在第一、第二种解决办法中，有着与我们从其他实验得知的"变位群的其他性质"不能相容的东西。也就是说，从实验得到的启发说明，与其把变位群看成是物理的连续或不完全的数学连续，倒不如看成完全的数学连续更符合实际一些。不过，假如将来能够证明变位群的性质与数学的连续难以并立，毫无疑问，我们只好采用第一、第二两种解决办法了。

八、旋转子群

现在，我们来考虑一固体绕其中一固定点旋转的情况。这时，旋转体的影像投射在我们的视网膜上，每条视神经纤维就向我们的大脑传送着刺激的信息。因为这时物体在不断地旋转，所以产生的刺激也在不断变化。不过，在这些视神经纤维中，也有着不断向我们的大脑传送"不变化的同一刺激"的神经纤维，这就是定点的影像所触及的映照神经的末梢部分。这样，我们就知道了，当物体不断产生某种变化时，为什么我们的某些感觉在改变，另一些感觉却保持不变的道理。这是变位所具备的一种性质。因此，变位可以区分我们的哪些感觉保持不变，哪些感觉在不断地变化着。所有具有前一种性质的变位构成的集合就是一个群。例如绕一定点 A 按确定方向旋转 $50°$的变位、旋转 $70°$的变位等，都是相应于 A 点的感觉保持不变的变位。我们把上述 2 个变位依次施行(即绕 A 点沿同一方向旋转 $50°$后再旋转 $70°$)的结果，等于绕 A 点沿同一方向旋转 $120°$的变位，也是保持对 A 点的感觉不变的变位。另外，即使这些旋转不是沿同一个方向进行的，我们仍然考虑绕固定点 A 旋转的全部变位。因为不管依次施行什么样的两个变位，得到的仍是绕固定点 A 旋转的变位，所以，根据“群”的定义，这些变位的全体构成一个群。这个群只是旋转群的一部分，因而它是一个“旋转子群”。在旋转群中存在着具有上述性质的旋转子群的事实，是我们从粗糙的经验启示中得到的结论。

其次，我们来考察与这个旋转子群相对应的所谓“变换子群”。

变换群的意义 设有 2 个变位 D 和 D'，我们把“在变位 D'之后接着作变位 D，再作变位 D' 的逆变位 D'^{-1}”(记为 $D'DD'^{-1}$)，称为“依赖 D'的 D 的变换变位”。现在，我们利用某一个变位 D'去变换构成某个“变位子群 g”的所有变位，则又得到一个子群(因为 $D'D_1D'^{-1} \cdot D'D_2D'^{-1} = D'D_1D_2D'^{-1} = D'D_3D'^{-1}$)，我们称之为“依赖 D'的 g 的变换群”。

九、点和直线概念的根源与旋转群的关系

现在，设利用变位 D_1'，D_2'，D_3'，…对 g 进行变换后所得到的群分别是 g_1，g_2，g_3，…。经验尽管很粗糙，但是它也提示了我们如下事项：

（ⅰ）在由上述旋转子群构成的集合中，存在着 2 个旋转子群，它们有着共同的变位（例如，设 g_1 是以 A 为定点的旋转群，g_2 是以 B 为定点的旋转群，则以直线 AB 为轴的所有旋转既在 g_1 中也在 g_2 中，因而是群 g_1 和群 g_2 的共同变位）。

（ⅱ）凡属于 2 个子群的共同旋转都是可交换的（存在着许许多多以 AB 为轴的旋转，它们都是可以交换的。比如说，变位 S 是以 AB 为轴 $50°$的旋转，变位 R 是 $30°$的旋转，它们都是 g_1 和 g_2 的公共旋转。现在，不管是在作旋转 S 之后再作旋转 R，还是在作旋转 R 之后再作旋转 S，所得的结果都完全相同）。这些共同旋转的全体也构成一个旋转子群，我们把它叫作旋转束（faisceau rotatif）（它无非是绕定轴旋转的群）。

（ⅲ）旋转束不仅是 2 个旋转子群的公共部分，而且是无穷多个旋转子群的公共部分（旋转束除了构成分别以 A 和 B 为定点的旋转子群 g_1 和 g_2 的一部分外，同时也构成以 AB 轴上任一点为定点的旋转子群的一部分）。

按照庞加莱的观点，旋转子群可以说是"点概念的根源"，而旋转束可以说是"直线概念的根源"。因为旋转子群的变位都是绕一定点 A 的旋转，旋转束的变位都是绕一定直线 AB 的旋转，所以，旋转子群和旋转束分别确定一定点 A 和一定直线 AB。

总而言之，庞加莱想要从经验和感觉的角度，说明点和直线概念的根源，但是，经验和感觉又过于粗糙，不像数学概念那样极其精密，因此，只凭感觉和经验还不能够马上得到作为几何学中基本要素的点和直线概念，而是要透过经验的启示，从我们精神之中先天存在的范畴里，抽出最适合于这些经验的东西，通过经验与精神的结合，才能够求得精密数学概念的建立。庞加莱为了更精确地论述它，在论述中使用了群的概念。他还常常利用这种见解，颇有兴趣地论述空间的维数概念。

第五节　数概念的经验的、直觉的和心理的基础

一、自然数

1. 从历史角度考察数与量的关系

不用说，数在其产生的初期完全是出于人类生活的需要，是为了方便处理具体的量。因此自然数、分数、无理数等在其产生初期都与量紧密相关。在古代，凡是与具体的量没有关系的数，几乎都没有被当作数看待的资格。比如负数和虚数等来源于代数方程求根，它们和量没有直接关系，因而在很长一段时间里都不被当作数而弃置一旁。等到后来笛卡尔和阿尔冈等人找到了这些数与几何学的量的关系之后，人们才开始把它们看成数。在这之后相继出现过许多伟大的数学家着手研究各种各样的数学，他们不再把实用摆在第一位，而是单纯从知识欲望的角度出发，建立起了各种数学分支。与此同时，有关数的本质的研究也蓬勃地开展起来，人们发现完全离开"量"来考虑数不仅可能，而且更为恰当。为了保持数的独立性，人们终于去构造完全脱离"量"的一切数系统。

2. 原始的自然数

众所周知，最早使用的数是自然数。简单的自然数恐怕是在人类出现的同时，出于计数不连续量的需要，为任何原始人类使用过的东西。在计数某事物时，他们以手指、石头或贝壳等具体什物为"筹码"。随着人类智力的稍稍提高，人们在计算数目时出于记

录的需要，在原始人类中使用了各种各样的记数法。例如巴比伦人使用过楔形符号的记数法：

$$\gamma=1,\gamma\gamma=2,\gamma\gamma\gamma=3,\begin{matrix}\gamma\gamma\gamma\\ \gamma\gamma\end{matrix}=5,\langle=10,\langle\langle\gamma=21,\gamma\rangle=100。$$

另外，古罗马人把从 1 到 9 的数用并排的符号表示；又如阿兹特克人，把从 1 到 19 的数分别用 1 到 19 个圆圈来表示，等等，都是这样的例子。现在一般使用的数字 0,1,2,3,4,5,6,7,8,9，叫作阿拉伯数字，它们是由印度的婆罗摩和尚发明的，后来在公元 800 年前后传入阿拉伯，在公元 1200 年前后传入欧洲，其后 100 年间，这些新型的数字慢慢地取代了罗马数字 Ⅰ，Ⅴ，Ⅹ，L，C，D，M。

随着这些原始自然数的逐渐发展，许多学者对这些数的性质进行了研究，发现了很多存在于这些自然数之间的美的关系，最后终于形成了数论这一门内容极其广泛的数学学科。

3. 自然数概念的产生及结构

(1) 心理学家及哲学家的意见

虽然我们在前面已经说过，人类使用自然数是出于计数同类事物的需要，但是，要说自然数概念究竟是怎样从我们头脑中产生出来的，应该如何去说明产生自然数概念的心理过程，这在心理学家和哲学家中，则存在着两种不同的见解。一部分人认为，数概念的产生与时间有着密切的关系。照他们看来，数的概念产生于反复刺激（注意）的结果。要使这些刺激能够形成数的概念，就非得具备下述条件不可。

（ⅰ）能够确认各种刺激之间的区别；

（ⅱ）能够识别各种刺激之间的类同之处，从而能够把这些刺激看成一个整体加以概括；

（ⅲ）这些刺激应该接连发生。

根据这种说法，数的概念包含着顺序的意义，而且与时间概念有着密切的关系。因为说到底，时间概念也产生于刺激的接连发生。

但是，有不少心理学家和哲学家反对这种观点。他们认为数的概念产生于事物的同时共存，事物的同时共存是构成空间概念的必要条件，因此，数和空间有着密切的联系。

总的说来，由前者产生的自然数，具有顺序数的性质；由后者产生的数，主要具有基数的性质。在教育上来看，偏重数与时间的关系的人，就会成为计数主义教授；而偏重数与空间的关系的人，就会成为直观主义教授。我们将这些情况概括成下表：

数概念的构成
- 认为与时间概念有密切关系者……顺序数……计数主义教授；
- 认为与空间概念有密切关系者……基数……直观主义教授。

（2）数学家的意见

从心理学角度来看，显然我们的精神起了计数的作用。这种作用的基本条件如下：

（ⅰ）顺次逐个认识所要计数的对象；

（ⅱ）把所要计数的对象与作为筹码的对象顺次地逐一对应起来。

可是，虽说我们的精神起到了计数的作用，但是不能马上说自然数是计数行为的结果。在心理学家和哲学家中，虽然也有人持这种看法，但是，利用这种方法去定义基数是不可能的，因为这需要预先考虑到被定义者的知识。其理由如下：

（ⅰ）计数一个集合中的对象，无非是把这些对象与1,2,3,4,…这些数一一对应起来。因此，在计数对象之前，就得首先存在1,2,3,4,…这些自然数。

（ⅱ）如心理学家所说，计数一事是由接连的刺激产生的。如果这种接连的刺激结果就是自然数，则不外乎说6这个数就是6次刺激作用的结果。显然这是循环论证法。

（ⅲ）即使容许这种方法，这种方法也仍然存在两个缺点。第一，这个方法仅适用于计数一个有限集合中的对象，因而得到的自然数总是有限的。利用这种方法，不可能到达“自然数有无穷多个”这一思想。第二，这个方法要预先设想能够把一个集合中的对象一个一个地依次排列起来。可是，要把集合中的元素按这个顺序排列起来不一定能办到，并且在任何场合中，顺序这个想法也是一种新的想法，不是必然包含于数的想法之中的东西，因此，在定义数的时候应该避开它。

总之，数概念的起源与发生，虽然是产生于接连的刺激以及事物的同时共存等结果，但是，由此得到的数，都只限于较小的自然数。而我们今天处理的自然数这个“数集合”却有无穷多个数。要利用上述解释来说明我们怎样得到这样的自然数，是无论如何也不能令我们的理性满意的。实际上，它还是一种朴素的观点，和古代处理分数及无理数的概念所使用的方法差不多，要把它作为学术上的数概念的构成方法，则决不能说是完善的。我们确实不能容忍作为整个数学基础的自然数概念仍旧具有上述一些毛病。要想构造今天这样的没有那些缺点的自然数概念，就势必采用抽象的逻辑方法。这实际上是近世的数学家惯用的方法，使用这种方法可以使数的概念完全独立于时间和空间的概念，而把数概念作为思维法则的直接结果来考察。明确提出这种主张的人有戴德金，他在那本著名的《数是什么？数应当是什么？》中这样写道：

> 数是人类理性的自由创造物，是为了容易而且精确地理解外界各种事物间差异而创造出来的东西。即是采用纯粹逻辑的方法创造数的连续区域，用它来研究时间和空间概念的东西。

总而言之，在数概念的构成上的认识论及心理学的根据中，至少可以看到3种观点：

（ⅰ）归结为接连的刺激（哈密顿）；

（ⅱ）直观地归结为同时共存的事物（赫尔巴特）；

（ⅲ）归结为精神的特殊能力（戴德金和韦伯）。

此外，完全脱开认识论和心理学的根据，也不依赖经验的基础和直觉，而是采取其他途径构成数概念的另外2种方法是：

（ⅳ）公理法；

（ⅴ）纯逻辑式的建设法。

4. 数学家的自然数构成法大要

在采用上面第三种观点详细地构造自然数概念的人中，最有名的要算戴德金了。他尝试在使物与物对应的心灵能力上（没有这种能力，就完全不可能思维），在这样一个决不应该回避的基础上建设数的整个科学体系。他从这种精神作用出发，一步一步地追踪使自然数无限体系发展的思维过程的顺序，以最严密的逻辑形式组织起自然数的整个体系。其详细论述见于前面说过的戴德金的著作《数是什么？数应当是什么？》。其次，韦伯第一个发表了《从精神的能力出发，利用无穷集合的理论构造一般自然数的方法》的文章。他承认的精神能力是：

（ⅰ）相对于单一事物构造“多个事物”概念的能力，以及把这多个事物看成“新的单一事物”的能力（例如，把由许许多多人组成的东京都居民看成“东京都人”这种单一事物的能力。称这种单一事物为集合或总体）；

（ⅱ）将“一个事物”或“事物的某一集合”同其他一切事物分开考虑的能力；

（ⅲ）使事物间相互结合和对应的能力。

后来，他又发表了题为《在经验的基础上，利用有限集合理论构造一般自然数的方法》的文章。为了避开考虑有关无穷集合概念的难点，他主要采用有限集合的概念导出各个自然数，而且得到了这些自然数的全体并不是有限多个的思想。他导出了排列集合和有限集合的概念，而把排列集合和有限集合的存在作为经验加以认可，由此证明数学归纳法的成立，再一个接一个地导出对应和等价的概念，以及有限集合大小的概念，一步一步地导向自然数的概念。最后他证明了自然数集合不是有限集。在他的自然数理论中，尤其值得注意的有如下两点：

（ⅰ）他的自然数理论是尝试论述“每个自然数是有限的，但是所有自然数的集合却不是有限的”这一事实的具体方法的一个例子。

（ⅱ）他把自然数当作“属于由一切互相等价的集合构成的总体的概念”，从而不是用顺序的概念，而是用等价的概念去定义自然数。

这种方法指出了数学家是如何达到自然数个数无限这一思想的，以及不利用顺序概念去定义自然数的途径，这些见解很值得注意。

以第四种观点为基础的方法大致可以分为：第一种，皮亚诺和帕施等人以数的结构性质为公理的自然数构造法；第二种，亨廷顿等人以运算法则为公理的自然数构造法。它们都属于自然数的公理建设法，是完全抛开数的概念，纯理论地构造自然数的极为抽象的一般性方法。

此外，还有想把数理基础置于逻辑基础上的所谓逻辑派。采取第五种观点的先驱是莱布尼茨，他认为，数理应该植根于最普遍的逻辑形式，逻辑与数理的区别只不过是普遍与特殊的区别，他因而主张没有必要从逻辑以外的经验或直觉之类中寻找数理的基础。一些著名人物如弗雷格、罗素和库蒂拉等人接受并进一步发展了这种思想，并努力使它适应于近代数学的发展。这些人从逻辑学概念形成的定义出发，尝试分析式地演绎数理科学，而且试图从这些定义及逻辑出发，建立全部数学的基础（由于篇幅所限，无法在这里叙述这些人的高论的具体内容。要想了解详细情况，请参看拙著《数学的基础》中卷）。

5. 自然数的概括

总的来说，因为自然数是整个数学的基础，而且又是和我们最接近的数，所以关于它的建立、构成和本质等当然是诸学者进行深入研究的课题；又由于每个研究者的立场不同，自然会提出各种各样的见解和各种各样的方法。这些研究者，有的看重经验，有的看重先验综合判断，有的看重纯逻辑方式，也有的说公理建设法最为恰当。在自然数的基础概念方面，有的看重基数，有的则把序数摆在首位。有的把自然数看成是人类精神的创造物，有的人又说自然数是通过经验的积累而发展起来、在我们的记忆中加深印象后得到的东西。因而有的人从心理学立场出发，有的人从数理哲学的立场出发，有的人从纯数学的立场出发去考察自然数，互相诘难攻击，彼此争长斗短。这样一来，对于自然数的构成方法及其体系，根据各个人观点的差异，要肯定或要否定的地方都不相同。在我看来，以最低限度的直观为基础，纯逻辑地组织自然数体系也罢；或者按照公理方法，以互相独立的完全的公理组为基础，将这些公理本质的研究全都委托于数理哲学也罢，走其中任何一条道路都是非常正确的。

总之，我认为以上事实说明了这样一个道理：只要人类的精神及思想非常深入地考虑事物，把考察的锋芒指向普通人不会考虑或认为完全没有关系的方面，就可能达到目的。我非常崇信这些伟大的见识和深奥的思想。

二、分数

1. 分数的历史概述

从历史上看，紧随自然数之后产生的数当然是分数。在日常生活中理所当然地会产生测定连续的量或者等分一个量的需要。因此，为满足这种需要而产生出简单的分数也是理所当然的。实际上，在公元前 1700 年前后埃及人阿默士已经广泛地使用了$\frac{1}{3}$，$\frac{1}{4}$…等分数。尽管欧几里得研究了与今天的分数相同的“比”，但是他并没有把这个“比”看成是数。第一个使用今天这种常见分数的人，大概是亚历山大的丢番图(公元 300 年左右)。而今天这种书写分数的方法，则是由比萨的列奥纳多(公元 1200 年前后)首先使用的。

2. 分数的量的导入法(分数概念的经验根源)

数原本是产生于人类生活需要的东西，自然在它开始的时候要和量保持密切的关系。其中，自然数来源于人们计量不连续的量，与此相反，分数却是产生于等分连续的量或测定连续的量。因为这种由量的等分或测定产生出来的原始分数，其处理方式及性质就是小学和中学教的内容，所以大家都知道得很清楚，我就没有必要在这里叙述它们了。我只打算在这里对于等分和测定问题讲一两个重要的事项，同时讲一讲由于测定方法上的差异而产生的 3 种分数的统一起源问题。这些是普通教科书中所没有的相当有趣的话题。

(1) 关于量的等分问题

现在要把 3 个苹果分给 4 个小孩，那么每个小孩平均能够分得多少个苹果？这时，一般人都会说每个小孩可以分到$\frac{3}{4}$个苹果，而且还能够将分法作具体说明，如何将每个苹果分成 4 等份，然后每个小孩取其中的 3 份就行了，等等，并因而认为这时处理的是等分不连续量的苹果问题。然而，这种想法是不正确的。比如不能够说人的 2 等份就是半个人；又如，我们虽然可以把 1 000 元钱分成 2 等份，却同样不能够说千元纸币的 2 等份就是 500 元。这意思是说，当一个苹果保持它的完整形式时，是苹果；当把一个苹果分成 2 等份以后，再把它说成是苹果就不妥当了。这就与不能把人的一半仍然叫作人一样，事不同而理同。因此，这时谈的不是 4 等分一个苹果，而应该是 4 等分一个苹果的质量。也就说，不是 4 等分不连续的量，而是 4 等分质量这个连续的量。前面说到的1 000元钱也是个连续的量，而一张千元纸币就不是连续的量。

(2) 量的测定及由量的测定产生的3种分数

根据量的测定方法的不同，可以导出3种不同的分数。在以$\overline{AB}$为单位长去计量$\overline{PQ}$的长度时，可以采用如下的3种方法：

第一种方法　在满足某种条件之下等分单位长的方法　这种方法就是适当地等分单位长$\overline{AB}$，使得$\overline{PQ}$正好是小等份部分的整数倍。在将单位长$\overline{AB}$进行5等分后，$\overline{PQ}$等于每个小等份的3倍时，就说$\overline{PQ}$之长是单位长度的$\frac{3}{5}$。这样做的结果，生成的分数就是普通的分数。然而，要把单位长重新等分，以便把要测量的量变成每个等份的整数倍，是一件非常困难的工作。因此，采用这种方法只能够近似地表示$\overline{PQ}$的长度，要想精确地给出$\overline{PQ}$的长度，就会遇到很大的困难。

第二种方法　任意等分单位长的方法　鉴于第一种方法遇到的困难，自然就过渡到先把单位长$\overline{AB}$按照某一定数(比如10)等分，把其中一个等份取为小单位长，再将$\overline{PQ}$与它进行比较的方法。假如这时$\overline{PQ}$正好是这种小单位的整数倍，那么$\overline{PQ}$立刻就能表示成普通的分数。但通常的情况是，$\overline{PQ}$不会正好是这种小单位的整数倍，而常常要剩下一个比小单位还要小的部分。这时再把小单位按前面的方式一样等分，取其中一个等份为新单位去计量$\overline{PQ}$的剩余部分，重复上述过程，一直做下去就行了。在我们采用这种方法时，得到的是十进制小数$\frac{a_0}{10}+\frac{a_1}{100}+\frac{a_2}{1\,000}+\cdots$。

第三种方法　原封不动地使用单位长进行计量的方法　当利用单位去计量某个量时，假如这个量比单位小，则或者将单位进行等分之后再作计量，或者动脑筋想出合适的方案原封不动地使用单位进行计量，在这两种办法中必然要选择一种。在采用前一种办法的情况下，我们得到的是普通的分数和十进制小数。现在让我们来研究后一种办法是否可能，假如可能的话，我们又能够构造出什么样的分数来。

首先，我们把要测的量$\overline{PQ}$放置在未作任何改动的单位$\overline{AB}$上，检查$\overline{AB}$是$\overline{PQ}$的多少倍。如果设这时$\overline{AB}$正好是$\overline{PQ}$的 3 倍，那么$\overline{PQ}$就是$\overline{AB}$的$\frac{1}{3}$。即是说，这时分数中的分子恒为 1，分母则是$\overline{AB}$中含有$\overline{PQ}$的倍数的数目。现在，假设 $\overline{AB}$ 含有 $\overline{PQ}$ 的 3 倍且还有少许剩余，那么这时分数就变成了 $1/(3+O_1)$，因而还需要进一步测量 O_1。如果这时设$\overline{AB}=\overline{PQ}\times 3+\overline{A_1B_1}$，则以$\overline{PQ}$为单位测量$\overline{A_1B_1}$所得的数就应该是 O_1 了。因此，要想找出 O_1，就得重复前面的办法，把要测的量$\overline{A_1B_1}$放置在单位$\overline{PQ}$上，看一看是多少倍。如果这时$\overline{PQ}$是$\overline{A_1B_1}$的 5 倍，则$\overline{A_1B_1}$在以$\overline{PQ}$为单位时应该表示成分数$\frac{1}{5}$，因此 O_1 是$\frac{1}{5}$，从而$\overline{PQ}$的长度要用分数 $1/\left(3+\frac{1}{5}\right)$表示。这时，如果$\overline{PQ}$不是$\overline{A_1B_1}$的整倍数，$\overline{A_2B_2}$是剩下的零头，则和前面的方法一样，$\overline{A_1B_1}$为单位计量$\overline{A_2B_2}$就行了。如果设所得结果为 O_2，则$\overline{PO}$可以用 $1/\left(3+\frac{1}{5+O_2}\right)$来表示。采用这种方法有时作有限次就能够停止，但是有时也会无限地继续下去。不管哪种情形，我们都把这样得到的分数命名为“连分数”。

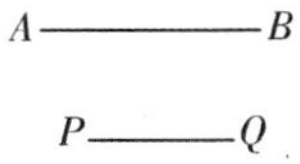

A————B

P————Q

第 10 图

虽然在小学和中学阶段不让学生学习这种分数，但是连分数无论在理论上还是在实用上都是极其重要的分数，人们对其数学性质进行过充分的研究。现在不妨举一个例子，从中可以了解到连分数的如下优良性质：当我们把$\overline{PQ}$的长度$\cfrac{1}{3+\cfrac{1}{5+\cfrac{1}{7+\cdots}}}$用$\cfrac{1}{3+\cfrac{1}{5}}=\dfrac{5}{16}$来表示时，设其误差为$a$，那么，无论用什么分数来表示$\overline{PQ}$，都可以证明，如果它是分母小于16的分数，则其误差必然大于a。因此，当我们想要得到给定误差以内的数时，如果要使近似分数的分母尽可能地小，我们就应该取在中间某处截断的连分数作近似分数。例如，对于$\pi=3.141\,592\,65\cdots$，当我们求其具有$\dfrac{1}{1\,000}$以内误差的近似分数时，如果使用十进制小数，就得到

$$3+\frac{1}{10}+\frac{4}{100}+\frac{1}{1\,000}=\frac{3\,141}{1\,000},$$

它的分母是1 000；如果使用连分数，在

$$\pi=3+\cfrac{1}{7+\cfrac{1}{15+\cfrac{1}{1+\cfrac{1}{292+\cdots}}}}$$

中截取

$$3+\cfrac{1}{7+\cfrac{1}{15+\cfrac{1}{1}}}=\frac{355}{113}=3.141\,59\cdots,$$

所得近似分数的分母是113，而它与π的误差不超过十万分之一，由此可见使用连分数的便利之处。

根据以上论述，我们知道，由于考虑了测量方法上可能产生的

各种情况，对应于这些情况能够导出3种重要的分数来。因此我们也就知道，从量的测定的立场出发，是有可能统一建设3种分数的。

3. 分数概念的其他导入方法

前面已经说过，在人类社会发展的初期，分数概念具有经验的起源，是从连续量的等分或测量产生出来的。然而，随着人类智力的提高，数理的研究逐渐盛行起来，或者出于把数从量中独立出来的考虑，或者出于系统性地论述各种数的见解，人们采用了各种方法去研究分数的起源及其计算法则。如果把其中主要的方法进行分类，则可以分成解析法、综合法和公理法3类。而解析法又可以进一步分为代数法和算术法2种。所谓代数的方法，就是从代数方程式导出分数的方法。例如，设a，b是整数，且b是a的倍数（设b是a的n倍），那么$x=\frac{b}{a}=n$满足代数方程$ax=b$；当b不是a的倍数时，则在整数范围内不存在满足这个方程式的数。这自然就需要扩充数的范围。因此，当b不是a的倍数时，设存在新的满足方程$ax=b(b\neq 0)$的数，我们把它定名为分数，并且约定用记号$\frac{b}{a}$来表示它。从而$\frac{b}{a}$就是满足方程$ax=b$的数x，即“分数$\frac{b}{a}$是这样一个数，它乘以a便得到b”，这是由代数方法建立的分数的基本性质。我们再进一步制定有关新数（分数）运算的规约，规定在含有整数和这种新数的有理数集中，原来在整数中成立的有关比较（大小）和运算（加法和乘法）的基本法则（交换、结合及分配的法则）仍旧统统有效。这样一来，我们从这些规约和上面给出的分数定义出发，就能够导出分数的全部性质来。这就是分数的代数导入法。然而，严格地考察一下这种方法，就会发现它有逻辑上的缺陷。因此，除去了这种缺陷，而在严格的逻辑的基础上建立分数的方法，就是所谓算术导入法。这个方法的要点在于把由两个整数 a 和 b 组成的对偶作为新数，并把它表示成 (a,b)，再给出与此相应的比较规则和运算规则，由此诱导出分数的各种性质来。

由于篇幅的关系，我只能在上面的论述中讲一点点有关解析方法的梗概。由于同样的理由，这里也不能再谈及综合的方法及公理的方法了（这些方法的详细情况载于拙著《数学的基础》中卷）。

综合上述，我们可以把分数概念的导入方法之间的种类关系表示成以下形式：

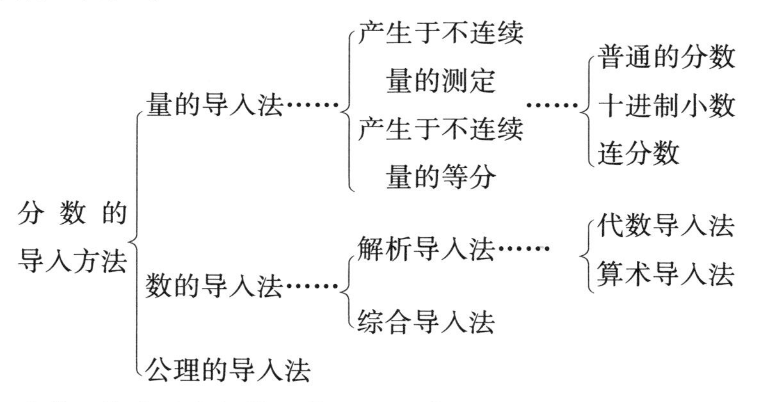

我曾经构造了全部数系统的统一建设方法，发表在《东北数学》杂志上。下面是这个方法的要点。

这是一个想使用同一个设想、同一种方法来系统地构造全部数系统的方法。首先从最简单最原始的自然数着手，由一个“物”和两个“运算”构造出全部的自然数；其次，用两个自然数去组合成一个整数，根据这种方法，使用全部的自然数构造出全部的整数。同样地，由两个整数构造一个有理数，由两个有理数构造一个实数，由两个实数构造一个复数，由两个复数构造一个四元数，由两个四元数构造一个超四元数，由两个超四元数构造一个交错数，等等，根据同一种方法、同一个设想，一步一步地从低级的数系统出发构造出高级的数系统。这里常常利用"以前者的两个数为一组，再加上两个简单同构的公理去创造后者的同一原则"来建设由全部数系统构成的一个大体系，以此来构造"一件科学的艺术品，一座科学的宫殿"。

这种构造方法的主要思想，是把最近由两三位学者用于新数创造中的"由已知两数创造新数的方法"，以及最近逐渐发展起来的"公理法精神和扩张法精神"，同"以简洁而同一的方法系统地创造所有的 10 种数系统的美妙念头"相结合。这里所采用的"由已知两数创造新数的方法"是被人们推为缺点最少的新数创造法。

结论　从以上的简略叙述中不难看到，在分数理论的研究中也与自然数理论的情形一样，可以看到旺盛的研究精神活动，新思想新见解的不断涌现，以及卓越的构造方法和导入方法。不仅如此，在无理数、负数、复数和超复数等的研究中，我们还能够进一步看到更加显著的研究精神活动、更进一步发展了的研究方法及研究方案。事实上，数系统的发展史、组织化以及系统化的壮观，显示了数学中伟大思想、精神和方法的丰富多彩。欲知详情者，请见拙著《数学的基础》一书中的《数系统原论》部分。

第二章　数学的逻辑的、学术的基础，数学的新精神、新思想、新方法的好范例

引　　言

我在第二编第一章“数学发展的状况”中，论述了数学在质和量方面的发展和变迁概况。在工程技术方面，发明了古人梦想不到的飞机、收音机、无线电通信、潜水艇、电子计算机等，令世人震惊、倾倒。与这种情形一样，在数学领域毫不逊色于这些成就的珍奇的新数学蓬勃兴起，我们想象不到的理论、看起来与常识矛盾的事项不断被发现、被证明。这使得罗素说了一句奇特至极的话，他说，数学的两大特征是：

第一，数学研究的对象是什么，是不清楚的；

第二，它研究的结果是真的还是不真的，也是不清楚的。

并且，不能不承认各种各样流派的几何学、数系都成立，而这些流派的主张又是互相矛盾的。比如，几何学甲主张三角形的内角和为二直角，几何学乙却认为三角形的内角和大于二直角或小于二直角，就属此列。这些都是在数学的纯理论方面，即在数学的逻辑的、学术的基础研究中一定会涉及的内容。于是，“像这样具有相互矛盾的主张的各种几何学代数学能够同时成立，其根据到

底是什么呢?""像这样包含了很多相互矛盾的事项而自己又作为科学的基础的数学,其本质到底是什么呢?""为什么数学必然要发生这样的根本变化呢?"等等,这些根本性的问题迫切地需要我们去回答、去解决。这里,我力图尽可能不用数式和证明,通俗地说明数学的这些问题的学术意义和根本思想。实际上,这就意味着具体地说明数学的新精神、新思想和新方法。

第一节　数学本质发生变化的诱因,数学家为解决平行公设煞费苦心两千多年的失败的历史

一、使数学的基础方面产生大变革的原因

要探究数学家对数学本质的看法产生大变化的原因,要探究使数学的基础方面产生大变革的原因,就应追溯到遥远的欧几里得时代。他所提出的平行公设,实际上是激发出近代数学思想的导火线。如前所述,欧几里得所提出的平行公设,是以下述形式给出的:

> "在同一平面内的两条直线与第三条直线相交时,若第三条直线的同一侧的两个内角和小于二直角,则前两条直线在内角和小于二直角的一侧相交。"

这个公设的特点　一看到这个公设立即就会发现,它的表述比较长,内容也不那么好懂,与其他直接、简明的公理比起来,确实显得不一样,从它的外观到内容都不像是一个公理。所以,后世的数学家都认为它不应被当作一个公理,而应作为一个定理给予证

明。因而，力图去证明它就是很自然的事了。实际上，不仅是后世的数学家，就连欧几里得本人似乎也认为它应与一般的公理相区别，所以他不是将它当作一个 axiom（公理），而是把它当作一个 postulate（公设）。我认为欧几里得本人似乎曾企图把它证明出来，但未能成功，一定是要证明又证明不了，而没有它很多定理又推导不出来，不得已才把它作为公设而提出来了。因为，甚至像"三角形两边之和大于第三边"这样更简明的命题，欧几里得都作了证明，对上面那样复杂的命题，他不可能没有想到要去证明它。

然而，平行公设的证明，看起来似乎能够做到，但实际上无论怎样都做不到。正因为如此，长久以来它一直都保持着吸引学者们的魅力。事实上，欧几里得以后的两千多年间，称得上数学家的数学家都染指过这个问题，为证明它作过许多努力，出现了许多恶战苦斗。实际上，正如佐恩克所说，在数学中还未曾有过什么像平行公设那样，经过那么多议论和那么多研究，但却没有得到任何确定的结果。正因为它长期使许多人费尽了心力，所以，对这个问题的研究涉及了许多方面，如果将这些研究分类，它们大致可分为如下 3 类：

（ⅰ）试图通过另给出平行线的新定义以避开这个困难的研究；

（ⅱ）试图用以为比欧几里得平行公设缺点更少的其他公设来代替它的研究；

（ⅲ）企图用平行公设以外的公设来证明它的研究。

二、企图通过另外给出平行线的新定义来解决平行线问题的尝试及其失败

欧几里得本人所给出的平行线的原始定义是：

所谓平行线，就是在同一平面上无论怎样延长都不相交的直线。

即使是不用平行公设也能轻易证明，合于这个定义的平行线必定存在，并且过已知点至少可以作一条直线与已知直线平行。但是，这样的平行线是不是只有一条呢？这是个非常重要的问题。如果不用欧几里得平行公设就能确定只有一条，则平行线的唯一性这个难题就解决了，然而，要确认这一点是很困难的，它使许多数学家苦恼、困惑。作为避开这一困难的一种方法，有人提出了平行线的新定义来取代欧几里得的平行线定义。下面，我们举出其中的两种，然后综合起来给予简单的评价。

1. 平行线就是具有相同方向的直线（莱布尼茨）

从表面上看，只要按照这个定义，似乎就没有必要再用平行公设了。即是说，若按常识来解释，则很显然，“过一个已知点，与已知直线保持相同方向的直线只能引出一条”。所以，按照这个定义，就能够证明欧几里得平行公设了。在这一点上，这个定义似乎具有很大的优点。但只要回过来仔细玩味这个定义就会明白，初看起来这个定义似乎很简单，其实，它包含了非常复杂的概念，首先值得提出的是，这个定义中的“相同方向”的意义是什么。但是，在运用这个方法去解决平行公设的书中，都没有规定这一用语的意义。若仅仅按常识来理解它，其意义就一定非常模糊，而且也容易产生误解。例如，点在圆周上运动时，有时候我们说“这个点在圆周上沿同一方向（在沿顺时针或逆时针方向运动的意义上说的）运动”，而有时候对同一事实，又说“这个点在圆周上各点不断地改变其方向地运动（在把圆的切线方向看作动点的运动方向的意义上说的）”。与此类似，又如，尽管常常把直线定义为“在它上面的任一点，方向都不改变的线”，但有时，同一直线又被看作是具有两个相反的方向，并且根据这一点不同的人在不同的时间，在这两个方向上加上不同的正负号而用于各种不同的情形。所以，要用这个用语来科学地定义其他用语，就必须正确地规定它的意义，在目前的情形，至少有必要知道足以区别相同方向和不同方向的标准。然而，基林引用高斯的话说明了，“相同方向”这一用语，只有在预先承认了平行公设成立的条件下，才能完全定义。即是说，这个平行线的定义以一种隐蔽的方式包含了平行公设，所以，根据这样的定义不能解决我们的问题。

2. 平行线就是其间的距离处处相等的直线(杜尔)

表面上看，这个定义也是非常简明的，并且，根据这个定义立即可知：过已知点只能引已知直线的一条平行线，即是说，若能引两条或两条以上的平行线，那么立即就会导致与这个定义矛盾。从而根据这个定义，也会得到这样的好处：平行公设没有必要了，于是问题就解决了。但是，只要仔细地推敲一下这个定义，就会知道随之出现了种种别的困难。

第一，与前面莱布尼茨的定义类似，在这个定义中，要确定“距离”一词的意义就很困难。这是因为一说到距离，就必然包含了量的测定(关于长度的测定)，量的测定又必然要包含不可通约量的全部理论，而这一理论就有许多假设和涉及许多困难。

第二，即使能避免第一个困难，我们还必须仔细地考察，不用平行公设能不能证明具有上述性质的平行线存在。而我们可以证明，要作出这种证明是不可能的。因而，使用这个定义就是默认了合于这个定义的平行线是存在的，从而默认了平行公设。所以，以为使用了这个定义，平行公设就没有必要了的想法是错误的。

结论 这里,我们举出了两个外观上很简明的,看起来似乎能代替平行公设的定义,并且指出了这两个定义表面上看很简明,实际上却包含了非常复杂且模棱两可的概念,同时,它们还以一种隐蔽的形式包含了平行公设。像这类在简明的定义中以隐蔽的形式包含着一个定理的事实,是想从学术的角度考察事物的人应该特别留心的,若不养成以所谓能入木三分的锋利、敏锐的眼光来看待事物的习惯,往往就会犯这类意想不到的错误。还有人提出了其他各种各样的定义,但都具有大致相同的困难,要想完全排除这些困难,其工作量就变得与使用平行公设一样大了。因此,这种努力并没有为我们解决问题带来哪怕一丝光明。

三、企图用被认为是比欧几里得公设更简单的其他公设来取代它的尝试

这种尝试也是由不同的人在各种不同的考虑之下作出的。但是,这些努力只是稍稍减轻了困难的程度,而并未证明出欧几里得公设,从而就未能解决前述的问题。下面,介绍这方面的几个最简单的例子。

1. 普莱费尔公理

两条相交的直线不能同时平行于一条直线。

凯莱认为这个公理是简明的,确实是个公理性的命题。这也许是受到的反对最少的公理之一。可以认为,这个公理和欧几里得公设的作用、地位是完全相同的,它们只是在形式上有所不同而已。这是为什么呢? 因为可由平行公设以外的公理和普莱费尔公理证明欧几里得平行公设成立,而反过来又可由欧几里得公设证明普莱费尔公理成立。

注意　由普莱费尔的这个公理可以立即导出现在通常采用的平行公设：

过直线外一点，只能引这条直线的一条平行线。

实际上，二者只是在叙述方式上不同而已。

2. 把圆的性质作为公设的尝试

可以把初看起来与平行公设没有任何关系的事项作为公设，且可用它来取代平行公设。例如，若把“过不在同一直线上的 3 点可以作一个圆”作为公设，则能用它证明欧几里得平行公设。而且显然，反过来，由欧几里得平行公设可以证明这个性质。这个证明在任何一本中学教科书中都可找到。

3. 使用公理性公设的尝试

可以通过承认谁都不会怀疑其正确性，看起来极为简明，且与平行公设毫无关系的普通公理性事项，来证明平行公设。例如，

“一个量不能全部包含在比它小的量内”

这一命题就属此列。很多人都认为这个命题是一个公理，它简单明了，人们在不知不觉中就使用了它，并没有注意到它只是一种假设。不过，若这个命题为真，我们利用它轻易就能证明平行公设为真。

关于公设 3 的评价　这里我想说明，这个公设并不像人们想象的那样简单明了。

在两个量都是有限的条件下，这个公设完全是一个公理，它是很显然的，根本用不着考虑真伪的问题。但当两个量都为无限时，就未必如此了。例如，我们要比较

$$1+2+3+\cdots=K$$

与从它减去 1 的数

$$2+3+4+\cdots=K-1$$

时，若让 K 的 1，2，3，…分别与 $K-1$ 的 2，3，4，…对应，则 $K-1$ 的数都恒比与之对应的 K 的数大。在这个意义上我们可以说 $K-1$ 比 K 大，从而可以说 $K-1$ 包含了 K。然而，另一方面，$K-1$ 是从 K 里取出了作为它组成部分的 1 后得到的，当然，在这种意义上可以说 $K-1$ 比 K 小。于是，这时可以说从一个量 K 中去掉一部分后得到的较小的量，反倒包含了全量 K（这里所谓包含，按上述意义理解）。因而我们看到了关于量的这个第三公设是不能无条件地成立的。在数学中，具有这种特点的量非常之多，为了处理这些量就要分别作特殊的规定，制定特殊的方法。实际上，这样的特点是用来区别数学中的有限量和无限量的重要根据，常常用来定义无限量。与此相同，"全体大于部分"这一公理，对有限量是毫无疑义的，但对无限量来说却不能无条件地承认。在前例中，因 $K-1$ 的各项总比对应的 K 的各项大，所以，在某种意义上 $K-1$ 比 K 大；也可以说 K 比 $K-1$ 小，即是说，不能说作为全体的 K 必定比它的部分 $K-1$ 大。这样的例子不胜枚举。实际上，无条件地使用"全体大于部分"这一命题，就免不了在数学中引起矛盾、混乱。

4. 把三角形的性质作为公设的尝试

"三角形内角和为二直角"这一命题，也可用来取代平行公设。即，利用这一命题可以证明平行公设为真（反之，如一般中学教科书所述，可用平行公设轻松地证明这一命题）。这一命题与平行公设的关系是极为著名的。如下节所述，试图解决平行公设问题的许多数学家都曾力图不用平行公设而证明三角形的这个性质，以代替直接证明平行公设。

结论　以上,我们列举了几个可以取代欧几里得平行公设,并且被认为比欧几里得公设更简明的命题。其中的 2,3,4,不仅看起来与平行公设没有什么关系,而且它们彼此之间也看不出有什么关系。然而,我们知道,它们各自与平行公设以外的公理组结合时,都能表现出同样的功能,它们都能作为平行公设的替代物。这一点,应是公理的研究者,不,应是一般的数学研究工作者特别注意的。能够识破这种隐藏着的关系的能力,将变成使研究得以彻底完成的原动力。实际上,发现并利用表面上看来没有任何关系的命题之间所隐藏的关系的能力,是数学研究中非常重要的素养。伟大数学家的新研究得以完成,难题得以解决,很多时候都正是得益于这种能力。能够识破并利用一般人看来不存在任何关系而被忽视的地方隐存着的关系,是使发明、发现得以完成的最大原因,这是不能否定的事实。我认为,把连分数用于数论,把群论用于方程论,都是这方面的恰当例子。

四、企图用平行公设以外的公设来证明平行公设的尝试及其失败

许多数学家都曾作过这种尝试,但均以失败告终。不过,详细考察失败的原因就会使人明白数学证明是多么困难,并且明白困难的理由在哪里。所以,这里将介绍其中的两种尝试。

1. 蒂鲍特的证明

蒂鲍特曾企图不用平行公设而证明三角形内角和为二直角。如第 11 图所示,他将$\triangle ABC$的边顺次延长,并将 CD 绕 C 旋转 x 度,使它与 CA 重合,然后将 C 滑动到 A,再绕 A 旋转 y 度,使 CD 与 AB 重合,再使 C 滑动到 B 点,又绕 B 旋转 z 度,最后将 C 滑动

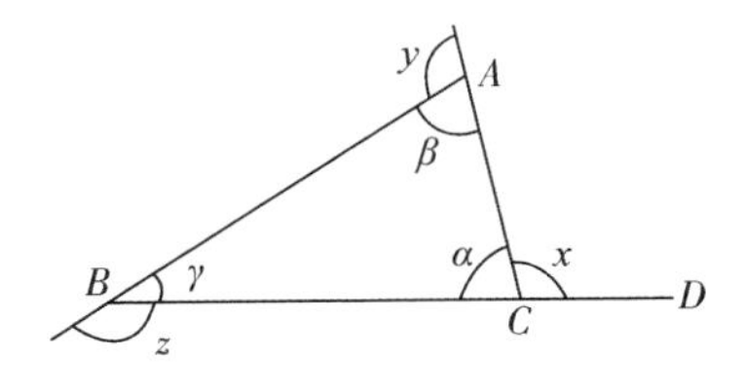

第 11 图

到它原来的位置。这样，CD 转动了一周后就回到了原来的位置。从而，其间直线 CD 旋转的角度 x,y,z 的和就应为 360°，然而，

$$\alpha=180^\circ-x,\beta=180^\circ-y,\gamma=180^\circ-z,$$

所以，

$$\alpha+\beta+\gamma=180^\circ\times3-(x+y+z)=180^\circ\times3-360^\circ=180^\circ。$$

故三角形内角和为 180°。由此，根据前一小节第 4 段中所述的事项，就可证明欧几里得平行公设为真。

对这个证明方法的评价　这确实是一个简单有趣的方法，而且乍一看似乎没有什么漏洞。但只要仔细地考察一下就知道，它也是以一种隐蔽的形式包含着一个漏洞。这个漏洞就是：假定了直线绕不同的点旋转几次后回到原来的位置时，与绕一点旋转一周而回到原来的位置一样，都是画出了 360°的角。然而，绕一点旋转一周时所画出的角，与顺次地绕不同点旋转时所画出的角，是不是相同的呢？这一点并不是明确的（前者只有旋转，而后者是同时施行了旋转和移动）。因而，说它们是相同的就无非是一种假定了。为了说明这个假定也是需要证明的，下面我们举一个立体几何方面的例子。

现在，取立体几何中的一个三面角来代替三角形，取三面角的一个面 E 代替三角形的一边 CD，作为代替 CD 顺次绕 C,A,B 这 3 点转动分别得转角 x,y,z，让平面 E 依次绕三面角的 3 条棱转

动得转角 x_1, y_1, z_1,使平面 E 回到原来的位置。现设这 3 条棱处的 3 个二面角分别是 $\alpha_1, \beta_1, \gamma_1$,则由立体几何学的定理知,这些二面角的和大于 180°,于是,因 $x_1+\alpha_1=180°$, $y_1+\beta_1=180°$, $z_1+\gamma_1=180°$,故

$$\begin{aligned} x_1+y_1+z_1 &= 180°\times 3-(\alpha_1+\beta_1+\gamma_1) \\ &= 180°\times 3-(\text{大于 }180°\text{的角})<360°。\end{aligned}$$

即,这时平面旋转的角度小于 360°。然而很显然,若平面绕该平面上的一条直线旋转而回到原来的位置,则是画出了 360°的角。于是,在立体几何中,平面以一条直线为旋转轴转回到原来的位置时,与依次以多条直线为轴而旋转回到原来的位置,旋转角度的大小是不同的。所以,在平面几何的情形,两者的旋转角是否相等,若既不作证明又不作假定,就无法作出断定。可是蒂鲍特却没有注意到这一点,他以为一定相等,而他的证明的漏洞正是潜伏在这里。对于数学问题来说,要求连这样的细微之处也必须一一考察并给出没有任何漏洞的证明,数学证明的困难也正在于此。在通常的几何证明中,常常要用到与此类似的所谓几何直观。由于这些事项过于简单明白,常常是不知不觉就用起来,或者即使是注意到了,也以为它是明确可信而无须证明的,就直接引用了。但是,如上例所示,对这样看起来细微的事项作一番仔细的研究,就知道它常常起着完全同于一个重要假定的作用。因而,忽略了这一点的证明,从纯学术的观点看是没有任何价值的。故在纯数学中要给出严格的证明,就一定不能在认可的公设以外随便利用任何几何直观(不管看起来多么细微,即使认为是非常简明的事项也不能用)。于是,必然会提出这样的要求:把过去的几何学建立在一个坚固的基础之上。因此,作为几何学的基础,采用希尔伯特所倡导

的那种公理组的必要性已经发生了。

下面，我想再举一例，向大家说明在平行公设的证明中，就连勒让德那样的大数学家也会发生类似于上述的错误，以供大家参考、反省。

2. 勒让德的证明

勒让德的证明方法是，企图不用平行公设证明三角形内角和不大于二直角，也不小于二直角，从而断定三角形内角和等于二直角。在这个证法中，大家都承认前一半是正确的，而后一半是极其细微的，但暗中用到了本质上极为重要又难以承认的假定。勒让德的后一半证明的要点如下。先假定$\triangle ABC$的内角和小于二直角，设它为$180^\circ-\varepsilon$。现作全等于$\triangle ABC$的$\triangle DBC$，再过D点在$\triangle BCD$外引一条直线，设它分别与AB，AC的延长线交于B_1，C_1。于是，$\triangle AB_1C_1$的内角和就等于从4个三角形ABC，BDB_1，BCD，CDC_1的内角和中，减去在B，C，D点处的角之和(2直角×3)。然而，$\triangle ABC$，$\triangle BDC$的内角和各为$180^\circ-\varepsilon$，而$\triangle DBB_1$，$\triangle DCC_1$的内角和至多不过二直角(根据已证明的前一半——三角形的内角和不大于二直角)，所以$\triangle AB_1C_1$的内角和w_1必满足$w_1\leqslant 2(180^\circ-\varepsilon)+180^\circ\times 2-180^\circ\times 3=180^\circ-2\varepsilon$。若把这个方法反复用$n$次，则得$w_n\leqslant 180^\circ-2^n\varepsilon$。从而，当$n$充分大时，$w_n$就应为一个负值了，即三角形的内角和变为负的了。这显然是不合理的。由此可以得出结论：三角形的内角和不小于二直角。

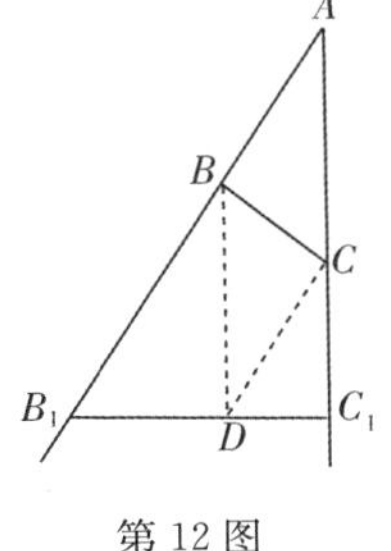

第12图

这个证明的缺点　上述证明方法似乎没有一点漏洞，但只要仔细地推敲就会看出，在这个证明中,作过 D 点且与两直线 AB,AC 相交的直线 B_1C_1 时,并没有证明这一点是可能的就直接用了它,这正是该证法中的漏洞。即是说,这个证明中,暗暗地用了如下假定:若从一点引出两条射线,则从这两条射线所围的平面内一点,一定能引一条直线与两条射线都相交。

但是,我们可以证明,这一假定与假定平行公设成立是一回事。我们上面的证明,是以证明平行公设为目的而提出的,但这时却暗中用了与平行公设等价的假定,因而,这是个失败的证明。

不过,上述那样的假定,在今天的中学数学的证明中,都作为理所当然的事项来引用,似乎可以说几乎没有考虑到是不是应该证明后才能引用的问题。大约勒让德也是这样处理的。然而,只要想到,在研究数学的基础事项时,忽视了像这样的重要东西而得出的结果,往往有使整个证明全然无效之虞,那么就会充分理解数学证明是多么困难了。所以,在数学证明中,虽然经过再三的深思熟虑,也很难保证不隐含任何一点小的漏洞。这是学习和研究数学这门学科的人应特别牢记的。

(不用说,承认了欧几里得平行公设就能证明上述假定。但我们现在用这个假定是为了证明平行公设为真,所以,要证明这个假定就一定不能引用平行公设或与它等价的任何命题。)

此外,还有许多想证明欧几里得平行公设的尝试,但都有漏洞,尚无所有人都满意的证明,如此,这一平行线问题在两千多年中使许多数学家煞费苦心,直到 19 世纪初叶,才渐渐地看到了解决它的曙光。

第二节　平行线问题的解决

作为这个问题获得解决的必然结果，出现了彼此的主张相互矛盾的 3 种几何学。

一、解决平行线问题的方针

平行线问题获得解决的曙光发自高斯，又经鲍耶、罗巴切夫斯基、黎曼以及近代许多数学家的努力，才使问题得到了完全的解决。他们看到许多数学家不懈的努力都化为泡影，于是改变了想法，想到了是不是根本就不能由其他公设来证明平行公设，并且努力去证明他们的想法是正确的，最后取得了成功。这种根本思想的改变，在今天看来似乎并没有什么了不起，但当时人们把欧几里得几何学奉若圣经。在那个时代，大家一致确认平行公设是正当合理的，所以若持有与它不同的想法，甚至将这类想法公开发表出来，就必然会被斥为异端邪说。在这种风气之下，能够有这种所谓叛逆思想，并且最后把它完成、实现，确实令人敬仰。

大数学家高斯对平行线问题进行了多年思考（高斯自己说，他反复思考这个问题达 30 年之久），认为无论怎样都不能由其他公设来证明平行公设，并且似乎已研究得到了他自己十分满意的结果。但不知为什么，他没有详尽地发表他的研究成果，而常常在给许多朋友的信中透露一点自己的想法。若把这些信息综合起来看，无疑可以看出他个人的思想中实际上已经有了一种完整的非欧几里得几何学，但由于他没有将它公开发表，所以很遗憾，无法确切地了解它究竟是什么。首先发表这种几何学的是俄罗斯人罗巴切夫斯基和匈牙利人鲍耶。这种非欧几里得几何学的建立就完全解决了平行线问题，明确了平行公设不能由其他公设来证明的问题，其理由略述如下。

若设平行公设(将它称为公设 A)能由另外一组公设(将它称为公设组 B)来证明，即是说，若平行公设蕴含于另一组公设中，我们选取一个与平行公设矛盾的公设(称它为公设 A')来代替平行公设，并把它与公设组 B 结合在一起，那么在公设组 $A'+B$ 中，就包含了 A,A'这两个相互矛盾的命题，所以，从这个公设组推出的许多命题中，就一定会有相互矛盾的命题。所以，鲍耶和罗巴切夫斯基都试着把与平行公设矛盾的命题——过已知直线外一点，能作无穷多条与已知直线不相交的直线(平行线)——作为一个公设来取代平行公设，并把它与欧几里得的其他公设结合起来，由此推导出种种定理，其结果是得到了一个由许多定理组成的命题系统，然而在它们中间却没有任何矛盾发生。由此我们能断定：欧几里得平行公设，绝不能由另外的一组公设去证明。

二、平行线问题是以怎样的形式解决的呢？

不用说，上面的证明方法是正确的、合理的，然而，仅仅根据这一点还不能说完全没有什么疑问了。为什么呢？因为在迄今的研究中，在鲍耶、罗巴切夫斯基几何学内没有发生任何矛盾，但尚不得知，今后发现了新定理，会不会使这个系统内出现矛盾呢？若鲍耶、罗巴切夫斯基几何学中绝对没有包含矛盾，那么平行线问题就彻底解决了。但是，怎样才能知道他们的几何学中绝对不包含矛盾呢？只要这个先决问题没有解决，就不能说平行线问题充分严格地解决了。不过，在欧几里得几何学中也有同样的困难问题。即，在欧几里得几何学中，在迄今已知的定理中没有出现矛盾，但是,却不知道由于今后发现了新定理,会不会出现矛盾。所以,必须进一步用另外的方法证明:这些几何学是绝对不包含矛盾的,否则就只得用别的方法来解决平行线问题。

然而,后来许多数学家费了很多心血,在这方面进行了深入的研究,发现欧几里得几何学和这种新几何学之间存在着密切的关系,确实地证明了:这两种几何学的定理,分别相互对应,若某一方出现了矛盾,那么另一方也必然要出现矛盾;而只要一方不发生矛盾,另一方也绝不会发生矛盾。也就是说,证明了两种几何学存在共存亡的关系。因此,如果不幸,新几何学在今后出现了矛盾,为此,前面的证明变为无效,那么欧几里得几何学同时也必然要出现矛盾,两种几何学就会落得同样的下场——两者一起崩溃。这时,平行线问题也就自然消失了。所以,只要平行线问题存在,只要欧几里得几何学存在,新几何学也就一定存在,这样,就能在严格的意义上断定:我们解决平行线问题的观点是正确的、合理的。

三、旧几何学与在平行线问题得到解决的同时出现的新几何学
(新旧几何学的关系的一个方面——彼此矛盾的主张)

如上所述,旧几何学中的平行公设认为,过直线外一点,只能引这条直线的一条平行线,而新几何学的平行公设却说这样的平行线可引无穷多条。而且很明显,这样的平行线当然不可能只有2条或3条(一般地,不可能只有有限多条)。因为,若过直线 g 外一点 P,有2条直线 h,h' 不与 g 相交,则在这2条直线所形成的角内,过 P 点任引一条直线都不与 g 相交,并且像这样的直线可引无穷多条。所以,只要有2条平行线,就必然会有无穷多条平行线。于是,除上述两种平行公设外,还可能有的另一种公设就是:

这样的平行线一条也不能引出。但，如前面所提到的那样，由欧几里得公设组(不包括平行公设)容易证明，至少能引一条这样的平行线，所以，既然保留了平行公设以外的全部欧几里得公设，那么上述第三种平行公设是不能成立的；而就是欧几里得公设也不是绝对真的，它也不是不能有与它相反的主张的绝对权威。特别地，像“直线能无限延长”这样的公理，纯系一种约定。到底直线是不是真能无限延长，是完全不得而知的。因为，我们能确实考虑到的，都是有限的。说直线是无限的，这不仅是我们的经验不能达到的，就算是从思维方面来说，我们无论如何也不能以科学的准确性知道，在有限的范围以外的部分到底是什么。果然，黎曼在鲍耶等人的新几何学发表后不久(1850 年)，就发表了否定直线的无限性的见解，他把“过直线外一点，不能引出这条直线的平行线”这一命题作为平行公设，从而建立起了本身没有什么矛盾的一种新几何学。而且可以证明，在这个几何学中，三角形的内角和大于二直角。在鲍耶几何学中与这个定理相对应的，有“三角形的内角和小于二直角”这一定理成立。

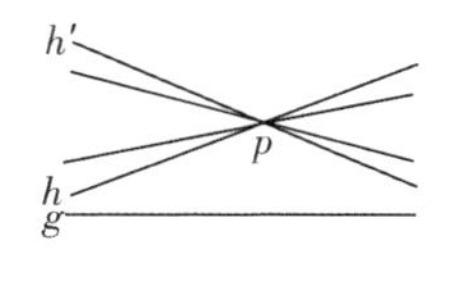

第 13 图

后来，克莱因建立起了属于黎曼新几何学这一类的新几何学系统。这种几何学与黎曼几何学只在个别处有所不同，而在许多主要性质上都是一致的。实际上，在黎曼和克莱因的几何学中，因为不存在平行线，所以在同一平面上的两条直线都是相交的；但在黎曼几何学中，任意两条直线都交于两个点，而在克莱因几何学中，任意两条直线都交于一个点。这是两种几何学的主要不同之处。除了直线是有限无终的和平行线不存在之外，与欧几里得公设相同的公理都成立的几何学中，两条直线的交点只可能是一个或两个这两种情形。从而在上述的条件下，只能有黎曼和克莱因几何学成立。但在与之不同的公理之下，可有这样一种几何学成立：在这种几何学中，两条直线可有两个以上的交点，比如克莱因—克利福德几何学就是这种几何学。下面，我们把 3 种几何学[（ⅰ）鲍耶—罗巴切夫斯基几何学，（ⅱ）欧几里得几何学，（ⅲ）黎曼—克莱因几何学]彼此矛盾的主要观点作一对比。

〔Ⅰ〕三角形的内角和

（ⅰ）三角形内角和小于二直角；

（ⅱ）三角形内角和等于二直角；

（ⅲ）三角形内角和大于二直角。

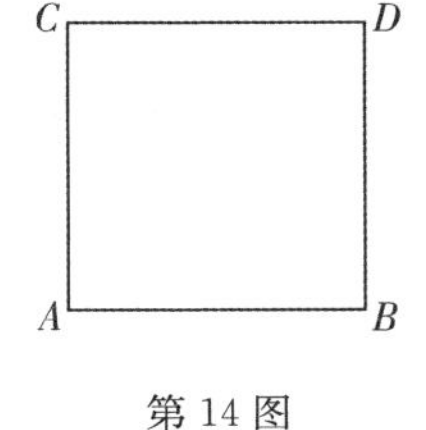

第 14 图

〔Ⅱ〕半圆周上的角

（ⅰ）半圆周上的角小于直角；

（ⅱ）半圆周上的角等于直角；

（ⅲ）半圆周上的角大于直角。

〔Ⅲ〕四边形的对边

在 AB 上作 AC，BD 垂直于 AB，然后在 D 作 CD 垂直于 BD，则$\angle C$ 在 3 种几何学中分别为锐角、直角、钝角。

而且，这时四边形对边的关系如下：

（ⅰ）$\angle C$ 的两边 AC，CD 分别大于它们的对边 BD，AB；

（ⅱ）$\angle C$ 的两边 AC，CD 分别等于它们的对边 BD，AB；

（ⅲ）$\angle C$ 的两边 AC，CD 分别小于它们的对边 BD，AB。

〔Ⅳ〕在同一平面内，同时垂直于两条直线的直线

（ⅰ）具有上述性质的直线或者不存在，或者，若存在则只有一条；

（ⅱ）具有上述性质的直线或者完全不存在，或者，若存在则有无穷多条；

（ⅲ）具有上述性质的直线必存在，并且只有一条。

〔Ⅴ〕平行线的数目

（ⅰ）过已知直线外一点，与这条直线平行的直线必存在，而且有无穷多条；

（ⅱ）上述平行线必存在，且只有一条；

（ⅲ）上述平行线不存在。

〔Ⅵ〕直线交点的种类的数目以及无穷远点的数目

若在有限处的通常点以外，我们承认有无穷远点和虚点，并且分别用适当的面和线来表示这三种几何学的平面和直线，就会得到下面有趣的结论。

不论是欧几里得几何学还是非欧几里得几何学，在同一平面内的任意两条直线必相交，并且交点的种类有如下关系：

（ⅰ）任意两直线交于实点、无穷远点、虚点的三者之一；

（ⅱ）任意两直线交于实点或无穷远点；

（ⅲ）任意两直线只交于实点。

即，对于3种几何学，两直线交点的种类分别为3种、2种、1种。

并且，对于（ⅰ），（ⅱ），（ⅲ）3种几何学来说，一直线上的无穷远点分别为2个、1个、0个。

第三节　为什么必须承认相互矛盾的几何学同时成立（理论根据和实验根据）

一、承认相互矛盾的几何学同时成立的理论根据

1. 新旧几何学之间存在着密不可分、共存亡的关系

我们在前一节曾谈到 3 种几何学的相互矛盾之处，若只从这一方面来看，则会认为这些几何学中只能有某一个为真，其余的就都是不真的了。但是，若从另一方面来看，正如前面提到的那样，这 3 种几何学有密不可分的关系，有共存亡的关系。由很多个命题组构成一个学术体系时，从纯理论上说，若这些命题组中不存在矛盾，那么，它们就完全可以作为一门学问而成立；反之，若包含着矛盾，显然就失去了作为学问的资格。然而，在 3 种几何学中，有相互对应的命题存在，所以，若一种几何学的命题间包含了矛盾，即可证明其他两种几何学中也必然会发生矛盾。因此，很显然，如果这 3 种几何学有一种崩溃了，其余两种也就必然不复成立。也就是说，因为已从理论上证明了，绝不可能是一种几何学成立而其他两种不成立，所以，要么是 3 种几何学都不成立，要么是 3 种几何学都成立。它们之间就存在着这种共存亡的密不可分的关系。

2. 彼此的主张相互矛盾的 3 种几何学相辅相成，构成了一大完美的几何学系统，任缺其中一种，这一体系就会产生缺陷

除前一段所述的关系之外，我们已经知道了这 3 种几何学还有更令人惊奇的密切关系，即：可以认为它们是从同一根基派生出来的，不仅在本质上并无矛盾冲突，相反，还相辅相成地构成了一大几何学系统，而任缺其中一个，这个系统就不完整了。这一点可以从种种方面给予论证，在这里，我们略去它的数学证明，只介绍这种思想的主要思路。

首先，完全不用平行公设和直线的无限性，只用其他的公理，推导出在同一式子中包括了 3 种几何学的基本三角公式的公式，并且，这种公式在外观上是很美的。今设三角形的 3 边分别为 a,b,c，3 个角分别为 α,β,γ，则在上述考虑下，我们能得到如下公式：

$$\frac{\sin\alpha}{\sin\frac{a}{k}}=\frac{\sin\beta}{\sin\frac{b}{k}}=\frac{\sin\gamma}{\sin\frac{c}{k}}; \qquad ①$$

$$\cos\frac{a}{k}\ \sin\frac{b}{k}=\sin\frac{c}{k}\ \cos\alpha+\sin\frac{a}{k}\ \cos\frac{b}{k}\ \cos\gamma; \qquad ②$$

$$\cos\frac{a}{k}=\cos\frac{b}{k}\ \cos\frac{c}{k}-\sin\frac{b}{k}\ \sin\frac{c}{k}\ \cos\alpha。 \qquad ③$$

其中的 k 是常数，由 k 的取值不同上面的公式或为欧几里得几何学，或为鲍耶几何学，或为黎曼几何学的公式。也就是说，（ⅰ）$\frac{1}{k^2}$ 为正值时，即 k 为正负实数时，上面的 3 个公式原封不动地为黎曼几何学的公式；（ⅱ）$\frac{1}{k^2}$ 为 0，即 k 为无穷大时，上面 3 个公式就表示欧几里得几何学的公式，经过适当的计算，就得如下结果：*

$$\frac{\sin\alpha}{a}=\frac{\sin\beta}{b}=\frac{\sin\gamma}{c}; \qquad ①'$$

$$c\cos\alpha+a\cos\gamma=b; \qquad ②'$$

$$a^2=b^2+c^2-2bc\cos\alpha。 \qquad ③'$$

最后，（ⅲ）$\frac{1}{k^2}$ 为负值，即 k 为虚数 k' 时，$\sin\frac{a}{k}$，$\cos\frac{a}{k}$ 分别为 $\frac{1}{\mathrm{i}}\sinh\frac{a}{k'}$，$\cosh\frac{a}{k'}$，从而，①，②，③式就变为

---

* 例如，由 $\frac{\sin\alpha}{\sin\frac{a}{k}}=\frac{\sin\beta}{\sin\frac{b}{k}}$，得 $\frac{\frac{a}{k}\ \sin\alpha}{a\ \sin\frac{a}{k}}=\frac{\frac{b}{k}\ \sin\beta}{b\ \sin\frac{b}{k}}$，故 $\lim\limits_{k\to\infty}\frac{\frac{a}{k}\sin\alpha}{a\ \sin\frac{a}{k}}=\lim\limits_{k\to\infty}\frac{\frac{b}{k}\ \sin\beta}{b\sin\frac{b}{k}}$；因 $\lim\limits_{k\to\infty}\frac{\frac{a}{k}}{\sin\frac{a}{k}}=\lim\limits_{k\to\infty}\frac{\frac{b}{k}}{\sin\frac{b}{k}}=1$，故 $\frac{\sin\alpha}{a}=\frac{\sin\beta}{b}$。——译者

$$\frac{\sin\alpha}{\sinh\frac{a}{k'}}=\frac{\sin\beta}{\sinh\frac{b}{k'}}=\frac{\sin\gamma}{\sinh\frac{c}{k'}};\qquad ①''$$

$$\cosh\frac{a}{k_1}\sinh\frac{b}{k'}=\sinh\frac{c}{k'}\cos\alpha+\sinh\frac{a}{k'}\cosh\frac{b}{k'}\cos\gamma;\qquad ②''$$

$$\cosh\frac{a}{k'}=\cosh\frac{b}{k'}\cosh\frac{c}{k'}-\sinh\frac{b}{k'}\sinh\frac{b}{k'}\cos\alpha,\qquad ③''$$

其中 sinh，cosh 称为双曲函数，它们的定义分别为

$$\sinh x=\frac{e^x-e^{-x}}{2}=x+\frac{x^3}{3!}+\frac{x^5}{5!}+\cdots;$$

$$\cosh x=\frac{e^x+e^{-x}}{2}=1+\frac{x^2}{2!}+\frac{x^4}{4!}+\cdots。$$

上面的①″，②″，③″是鲍耶几何学中的三角公式。像这样，公式①，②，③包含了 3 种几何学的公式，这 3 种几何学归根到底只是由同一个公式中给予 k 不同的值来区别而已。即，$\frac{1}{k^2}$为正值时，与之相应的是黎曼几何学，若在正数范围内改变$\frac{1}{k^2}$的值，则就有与之对应的种种黎曼几何学；与$\frac{1}{k^2}$为负值时对应的，是鲍耶几何学，若让$\frac{1}{k^2}$的值在负数的范围内变动，则可得与此相应的种种鲍耶几何学。所以，存在无穷多种黎曼几何学，无穷多种鲍耶几何学，而对于$\frac{1}{k^2}$取某一确定的值，就有一种确定的几何学与之对应。现让$\frac{1}{k^2}$取正值而逐渐地趋于 0。正因为在这个极限过程中，$\frac{1}{k^2}$变为 0 了，所以，可把欧几里得几何学看成黎曼几何学的极限。当$\frac{1}{k^2}$取负值而

趋于 0 时,同样,因$\frac{1}{k^2}$的极限为 0,故又可把欧几里得几何学看作鲍耶几何学的极限。

于是,当$\frac{1}{k^2}$连续地取正、负值时,对这一个个的数,分别地存在着相应的几何学:对于正值,总是有黎曼几何学与之对应;对于负值,总是有鲍耶几何学与之对应;而对于两者的共同极限 0,有欧几里得几何学与之对应。由此能使鲍耶、欧几里得、黎曼几何学的全体,与从$-\infty$到$+\infty$的全体实数对应起来,并且,就像全体实数构成了一大数系一样,这些几何学的全体共同构成了几何学的一大系统。而且,如果缺少了其中任一种几何学,这个系统就不完整了。这也像连续的实数系缺了一个数就不完整了一样。这样,我们知道了,迄今几乎被当作唯一真正的几何学崇敬的欧几里得几何学,只不过是这个系统中的一点,就像 0 在实数系中只是一个点一样。而对于曾被最发达的头脑认为是永恒为真的欧几里得平行公设,早先总以为采用了与它矛盾的公设的几何学,即使在理论上能成立,也不会具有多大的意义。然而,后者却构成了一大几何系统的重要部分,相反,欧几里得几何学却只是这个系统中的最小部分。它只具有这样的地位和价值,真是连做梦也没有想到。学术界把这样微妙的关系弄得清清楚楚,其进步和成绩实在令人惊叹。

二、3 种几何学中,三角形的内角和与三角形面积之间的令人惊异的关系

众所周知,在欧几里得几何学中,任一三角形的内角和都为一定值:二直角。但在非欧几里得几何学中,却发现了这种令人惊异的事情:三角形的内角和的大小不是一定的,它依三角形的形状、

大小不同而不同。并且三角形的面积 f 与它的内角和 $A+B+C$ 之间的关系，遵从一定的法则，它可用简单的公式表示如下：

鲍耶几何学：　$f=k^2\{\pi-(A+B+C)\}$，

黎曼几何学：　$f=k^2\{(A+B+C)-\pi\}$。

从而，不仅这两种几何学的公式可以统一成一个公式

$$f=k^2\{(A+B+C)-\pi\},$$

而且欧几里得几何学的有关公式，也可从这个式子推导出来。即在上式中若取$\frac{1}{k^2}$为正值，就是黎曼几何学的公式；若$\frac{1}{k^2}$取负值，就是鲍耶几何学的公式；若$\frac{1}{k^2}$取 0，就是欧几里得几何学的公式(事实上，$\frac{1}{k^2}$为 0，即 k^2 为无穷大，则$\frac{1}{k^2}$为 0，故由上式即得 $A+B+C=\pi$，即得到了：不管三角形的面积为多大，三角形的内角和总为二直角)。由这个公式，我们可以导出下面重要结果。

（ⅰ）在上面的公式中，给 k 某个确定的值，即考虑黎曼几何学或鲍耶几何学中确定的一种几何学时，随着三角形面积 f 变小，$(A+B+C)-\pi$ 也渐逐变小，当 f 为无穷小时，$(A+B+C)-\pi$ 也为无穷小，从而 $A+B+C$ 无限地接近二直角。即，面积 f 在一个小的范围内时，黎曼几何学和鲍耶几何学都无限地接近欧几里得几何学。

（ⅱ）然后在公式 $f=k^2(A+B+C-\pi)$中，即在$\frac{f}{k^2}=A+B+C-\pi$中，让 f 一定，当 k^2 的绝对值逐渐增大时，$A+B+C-\pi$ 总是变小，从而，k^2 的绝对值无限增大时，$\frac{f}{k^2}$的极限就为 0，即 $A+B+C-\pi=0$，亦即 $A+B+C=\pi$。在这一点上，欧几里得几何学也可

看作黎曼几何学、鲍耶几何学的极限。我们还能由这个关系看出，在欧几里得几何学中，无论面积为多大的三角形，内角和总为一定值（二直角）的理由。因为，无论给 f 什么值，只要它为一个定值，则当 $k^2\to\infty$ 时，$\frac{f}{k^2}\to 0$，所以，不管面积如何，都有 $A+B+C=\pi$。因此关于三角形面积与内角和的关系，我们得到下面有趣的结论。

第一，在鲍耶几何学中，随着三角形面积的改变，三角形内角和也相应地改变，当面积变小时，内角和逐步变大而趋于二直角；反之，面积变大时，内角和逐步变小而趋于 0。实际上，在鲍耶几何学中，三角形内角和可变为任意小，可考虑 3 个内角同时都趋于 0 的三角形（而且，这时三角形的面积最大，为 $f=-k^2\pi$）。我们能在欧几里得空间中，建立起具有这种三角形的鲍耶几何学来。

第二，在欧几里得几何学中，无论三角形的面积怎样变化，它的内角和总为一定值：二直角。

第三，在黎曼几何学中，三角形的内角和随着三角形的面积而变化，当三角形的面积变小时，三角形内角和也变小并无限趋近二直角。

由（ⅰ），（ⅱ）我们还可有如下的叙述：

第一，在鲍耶及黎曼几何学中，若三角形面积变小，则三角形的内角和能任意地接近二直角；

第二，可以通过选择适当的 k 值，使鲍耶及黎曼几何中，具有一定面积的三角形的内角和，任意地接近二直角。

从而可知，当我们采用鲍耶和黎曼的几何学时，为了使得在我们能够实践的范围内，三角形的内角和与二直角的差小到无法测量的程度，只要取具有充分大的 $|k^2|$ 值的几何学便可以了。

结论　不能从理论上确定 3 种几何学的真伪的理由

我们已从诸方面说明了 3 种几何学的密切关系，略述了不能从理论上判定 3 种几何学真伪的理由，以及由它们具有共存亡的关系、它们都是一大学术体系的要素的关系等，只能认为这 3 种几何学具有同等地位和同等价值的理由，从而知道了欧几里得几何学绝非得天独厚的唯一几何学。下面，我们将进一步从实验方面考察，看是否能以实验来判定它们的真伪。

三、承认相互矛盾的几何学同时成立的实验根据

1. 不能由实验断定 3 种几何学正确与否的理由

要以实验直接判断 3 种几何的真伪，可用下列 3 种方法之一。

（ⅰ）直接用实验验证欧几里得平行公设；

（ⅱ）间接地验证平行公设，即验证由平行公设和其他公设结合而导出的定理中，与平行公设等价的定理（例如三角形内角和为二直角）；

（ⅲ）验证由与欧几里得平行公设矛盾的公设推导出的定理的真伪。

但是，无论用上述哪一种方法，都不可能由实验来确定 3 种几何学的真伪。其主要理由如下。

（ⅰ）几何学的直线、平面，与实验中用到的实际的直线、平面，并不完全一致的，也无法使两者完全一致。无论用多么细、多么强有力张拉着的线来代替几何学中的直线，它都必定有一定的宽度，所以，在两直线并不一致（不重合）时，也可能看上去好像是一致的。另外，无论多么细心地作出一张平面，也只能是近似于理论上的几何平面，两者并不绝对一致。所以，用这种粗略的直线、

平面，去确定两条直线是否精确地一致，以及角的和是否恰好等于二直角，显然是不行的。实验只不过是给出了近似值，提供了一种近似的情况。故实验并不具有决定精密科学的真伪的作用。

（ⅱ）在实验中，角的大小、直线的长短、直线是否重合，是用我们的眼睛和仪器来感知的，而测量时所用的仪器的精密度、我们视力的准确度，自然是有一定限度的，不可能达到数学上的精确。实际上，$\frac{1}{1\ 000}$秒以下的角就已经不能测量了。即是说，角在这种程度上的大小差别，从理论上看是存在的，但实际上却辨别不了。故，即使从这个方面来考虑，在测量角的大小和线段的长度时，也只能得到一个近似值。然而，为了决定 3 种几何学的真伪，就要求以理论的精确性断定三角形的内角和是否恰好等于二直角。所以，对于这种要求而言，就不能不说实验是完全无能为力的了。

（ⅲ）实验只能限于一个比较小的范围内。然而，如前一小节所述，在小范围内，3 种几何学有几乎相同的定理成立。虽然在鲍耶和黎曼几何学中，三角形内角和分别小于和大于二直角，但是，在面积很小的范围内，它们与二直角之差，可以变得充分小。从而，在小范围的实验中，即使存在差别，也无法确切地感知。实际上就算在大范围内，在应该是非欧几里得几何学成立的场合，也会因实验的范围很小，说不定反倒显得欧几里得几何学的定理是成立的。如果与宇宙之大相比，可把地球看成是极小的，所以，由这个小范围的实验结果，几乎无法看出 3 种几何学哪一种是真的。

（ⅳ）又，如前一小节所述，即使是在大范围内做实验，若把 k^2 的值选得充分小，则在鲍耶几何学和黎曼几何学中，因三角形的内角和可任意地接近二直角，所以，既然实验只给出了近似值，那么，我们根据这样的实验去决定 3 种几何学哪个是真的，显然是不可能的。

结论　由上所述，我们知道了既不能从理论上也不能从实验上决定 3 种几何学的真伪。即，既不能先天地也不能后天地确定其中哪个是真的。所以，我们只得从学术上把它们看作是有同等地位同等价值的东西，只能肯定它们同时存在同时成立，更何况 3 种几何学还有这样一种密不可分的关系：它们相辅相成，构成了一大几何学系统，缺少其中任一个，就会使这个系统变得不完整了。

四、彼此的主张相互矛盾的几何学都可供实用及其理由

另外，从实用方面来看，欧几里得几何学也不是唯一可供实用的几何学。现暂且假定没有欧几里得几何学。那么，用其他几何学是不是也能有效地研究说明宇宙中的诸种现象呢？从今天已建立起了非欧几里得数学、非欧几里得力学等来看，此事的可能性是很明显的。所以庞加莱曾经说了这么一句话：问 3 种几何学的真伪如何是非常愚蠢的，这就像要计量长度，却要问以英尺来计量和以米来计量哪个是真的一样。实际上，在计量物体长度时，由于计量单位不同而用不同的数字来表示，大概决不会仅仅由于数字不同这一理由而问“2 米长”和“6 英尺 6 英寸长”哪个是真的吧！这里根本没有什么要问其真伪的那种性质的东西，不过是由于方便和习惯，我们才用不同的单位来表示而已。所以，在测量物体时，虽会发生用哪种单位最为方便的问题，但不存在具有值得提出真伪问题的性质的东西。与此类似，虽可以提出用哪种几何学来说明宇宙现象最方便的问题，但并不存在具有值得提出几何学真伪

问题的性质的东西。那么,对于我们来说,哪种几何学最为方便呢？对于这个问题,也许任何人都会不假思索地指出是欧几里得几何学。但是,说欧几里得几何学是最为方便的,又是在什么意义上讲的呢？说它的理论最简单大概不是理由吧。因为,如果从这方面考虑,克莱因几何学反倒可以说是最简单、最美的。可是,理论上最简单的,却未必是最容易为我们理解的。最容易为人理解,并且用数来表示几何图形的关系时表达式最为简单,从而处理起来最为方便的,实际上就是欧几里得几何学。欧几里得几何学在这一点优于其他几何学,因而它已经长久地、恐怕将永远地具有受到我们人类尊重的特权。

为了说明我们居住的世界,既可看作欧几里得空间也可看作非欧几里得空间,并且说明非欧几里得几何学也能供予实用,可以举出庞加莱考虑过的非欧几里得空间来。这一点在第一编中已叙述过,故这里就从略了。

第四节　平行线问题的解决给基础数学的发展带来的影响

一、许多新几何学蓬勃兴起

1. 平行线问题的解决所产生的影响,数学本质的阐明,数学基础的确立

建立起了非欧几里得几何学,并且还知道了,无论从理论上还是实践上,再也没有什么危及它成立的东西存在了。平行公设于是完全失去了它昔日的权威。很自然,自此以后,学者们就转向了

其他公理，对它们进行了类似的研究。结果发现，许多公理，不论是先天的（理论上）也好，还是后天的（经验上）也好，都没有任何真实性，并且还发现了，使用与这些公理矛盾的公理，也能建立起其自身并没有任何矛盾的独立的几何学来。这时，公理、定义的本质渐渐地变得清楚了，甚至知道了纯数学的本质是什么。这样一来，数学的基础就发生了很大的变化。实际上，采用了与过去的公理相矛盾的公理，各种几何学及各种数系都还能作为一种学术而成立。看到这种情况，大概谁都会惊叹不已。对于具有与我们过去的看法完全不同的性质的数学居然还能成立，谁也不能不感到震惊，通观了这些情况以后，大概谁都会同意康托尔所竭力宣扬的有关数学本质的观点了。如康托尔所说，“纯数学的本质在于思考的充分自由”，对于这个纯数学来说，它是否有什么具体的用途，是否合于经验、现实社会的情况，都完全对它没有限制，它仅仅是人类纯思维的产物，只要其中不包含矛盾，它就一定是成立的。这样，数学一方面满足了人类最高最远的要求，另一方面又有待于自然科学家、哲学家、教育家、实业家等把它应用于现实社会。而数学之所以会如此，之所以从过去的几何学、代数学一下子产生一个大飞跃，使得许多种几何学、许多种代数学都能成立，使得数学的天地像今天这样自由、这样广阔，使得人类的思维能在远远超越现实世界的极高极远的境界中活跃，可以说其根源实际上正在于平行线问题的解决。解决了平行线问题的第二个显著的影响，是数学公理、定义的本质的变化，数学基础的根本变化，从而使数学变得明显抽象、概括了，使数学更加严格了。只要想到平行线问题的解决给予数学的本质和数学的基础以如此大的影响，使数学大大地向前发展了，那么可以说两千多年中数学工作者的苦劳，在这里得到了应有的报偿。

在本段中，本拟略述两三种新几何学的性质，以具体说明第一个影响。但要详述这种理论须占很大的篇幅，并且需要高等数学的知识，故就不再叙述了。由于篇幅的限制，连摘要介绍几个性质也是困难的。

2. 由否定了过去的公理而产生的几种新几何学

（1）欧几里得平行公设及其否定

肯定这个公理的几何学是欧几里得几何学，否定它的几何学是鲍耶几何学和黎曼几何学。这在前面已作过介绍。

（2）关于直线的无限性公理及其否定

肯定这个公理的几何学是鲍耶几何学和欧几里得几何学。否定这个公理而认为直线是有限无终的几何学是黎曼几何学。

（3）关于直线的连续性公理及其否定

欧几里得、鲍耶、罗巴切夫斯基、黎曼都是假定了直线具有连续性而建立起各自的几何学的，但是，希尔伯特研究了不用直线的连续性是否可以建立起几何学的问题。希尔伯特把几何公理分为（Ⅰ）结合公理，（Ⅱ）顺序公理，（Ⅲ）合同公理，（Ⅳ）平行公理，（Ⅴ）连续公理等 5 种，其中连续公理还进一步分为(a)阿基米德公理，(b)完全公理。通俗地说，阿基米德公理就是：

> 设在直线上 A，B 两点间任取一点 A_1，无论 AA_1 是多么短的线段，只要取足够大的 n，就可使 AA_1 的 n 倍大于 AB。

希尔伯特在其著名的《几何基础》一书中，详细论述了不用连续公理，也可以建立起欧几里得平面几何来，并且他还建立起了否定了阿基米德公理的几何学，即所谓**非阿基米德几何学**。希尔伯特首先构造了不满足阿基米德公理的数系，即所谓**非阿基米德数系**，然后利用这个数系，根据解析几何的思想，建立起了非阿基米德几何学。阿基米德公理在本质上是很简明的。对于数来说，这个公理就可改述为：对无论多么大的数 a，只要取充分大的 n，就一定可使某个数 b 的 n 倍大于 a。无疑，对于通常的数（整数、分数、无理数）来说，这是显然的。但无论对几何学的量也好还是对数系也好，我们都可找出不满足这个公理的例子。例如，对复数$a+b\mathrm{i}$，我们规定 $a_1+b_1\mathrm{i}$，$a_2+b_2\mathrm{i}$ 的大小为

$a_1>a_2$ 时，$a_1+b_1\mathrm{i}>a_2+b_2\mathrm{i}$，

若 $a_1=a_2$，$b_1>b_2$ 时，$a_1+b_1\mathrm{i}>a_2+b_2\mathrm{i}$，

则无论将 $0+b_1\mathrm{i}$ 多少倍，都不能大于 $1+b_2\mathrm{i}$。即是说，遵从上述大小规定的复数系就是不满足阿基米德公理的数系。

非勒让德几何学，半欧几里得几何学　勒让德用平行公设以外的欧几里得公设，证明了如下定理。

定理 1　若有一个三角形的内角和为二直角，则所有其他三角形的内角和也为二直角。

定理 2　三角形的内角和不大于二直角。

但是，勒让德是利用了直线的连续性来证明这两个定理的。直到近代，戴恩在希尔伯特的指导下，研究了不利用直线的连续性上面的定理是否也成立的问题。他得到了非常有趣的结果，即关于定理 1 是肯定的，并且他没有用连续公理而证明了如下 3 个定理。

若一个三角形的内角和（ⅰ）小于二直角，（ⅱ）大于二直角，（ⅲ）等于二直角，则所有三角形的内角和也分别小于、大于、等于二直角。

但是，关于定理 2 却是否定的结论。戴恩首先从希尔伯特的

非阿基米德几何学出发，用适当的方法建立起了一种新几何学，并证明了这个新几何学中有如下的定理成立。

定理　（ⅰ）过直线外一点，能引这条直线的无穷多条平行线；（ⅱ）三角形的内角和大于二直角。

故，在新几何学中勒让德的第二定理不成立。戴恩把这种新几何学叫作非勒让德几何学，戴恩还进一步建立起了第二种非阿基米德几何学并证明了在这种几何学中有如下定理成立。

定理　（ⅰ）过直线外一点，能引这条直线的无穷多条平行线；（ⅱ）三角形的内角和为二直角。

在这种新几何学中，虽然平行线的性质同于鲍耶几何学，但三角形的内角和却与欧几里得几何学相同，戴恩把这种几何学称为半欧几里得几何学。最后，戴恩证明了，在非阿基米德几何学的范围内，凡是没有平行线者（在非阿基米德几何学的范围内，不存在平行线的几何学），其三角形内角和总是大于二直角。于是，我们可把新几何学的相互关系表示如下：

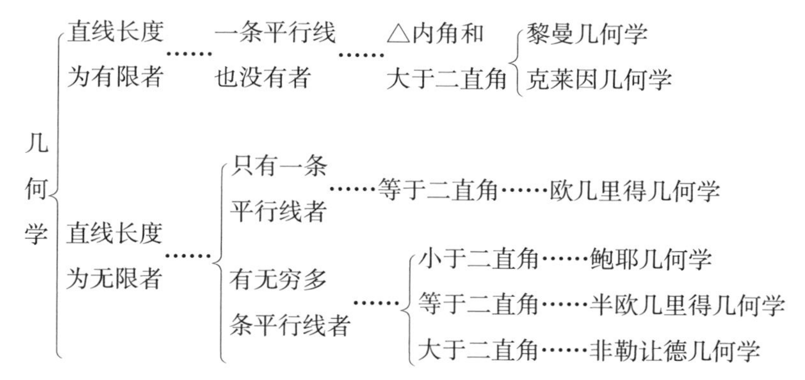

（4）运动公理及其否定

欧几里得用“凡能重合者均相等”这一公理，证明了许多定理。

但为了使两个图形重合,必须至少使其中一个图形运动。从而,必须规定,图形运动时它的大小及形状是否发生了变化。不用说,欧几里得是在“通过运动,图形的形状及大小都不改变”的假设下建立起他的几何学的。今天一般的几何学也都采用了这个公理。但是,如将这个运动公理付诸实践,则显然不能说它在实践上也是真实的。这是因为,在现实世界中,运动某个物体时,多多少少总要改变它的形状和大小。对固体来说这种变化相对小些。但即使是固体,让它在温度不同的地方运动,由于膨胀或收缩,形状和大小当然多少要发生一些变化,这种变化的大小只是因场所和物体不同而有所不同而已。所以,不能说上述公理在实践上也是真实的。实际上,在有关运动的另外的假设(与上述考虑完全不同的假设)下,我们能建立起各种另外的几何学来。克莱因－克利福德几何学就是一例。

克莱因-克利福德几何学　为了理解这种几何学的奇特性质,必须先知道展开面(直圆柱面、直圆锥面)上的几何学的性质,但限于篇幅,无法对它作说明介绍,这里只摘录这种几何学的一些用分析方法得到的性质。本来,克利福德几何学可按曲率为 0、为正、为负而分为 3 类,但我们只就曲率为 0 的情形作些介绍。在这种情形下,只有两种二维几何学成立。第一种是能够映射到欧几里得平面内的两条直线所界的带状区域上的几何学(图形的线的长度、角的大小、面积的大小等都不改变),从而,这种几何学应能由欧几里得空间中的直圆柱面(若顺着母线切开,就变成为带状面)上的几何学来表示。于是,这种几何学中的直线就既有闭合的,也有无限长的,并且所有闭合直线都是等长的,每一条闭合直线都把平面分成两部分,而无限长的直线却不能把平面分成两部分。在这一点上，这种几何学与欧几里得、鲍耶、克莱因几何学形成了有趣的对照。在欧几里得、鲍耶几何学中，直线的长度是无限的，任一条这样的直线都把平面分为两部分；在克莱因几何学中，直线的长度都是有限的，任一条这样的有限直线都不能把平面分为两部分。然而在克利福德几何学中，有限长的直线都把平面分为两部分，无限长的直线都不能把平面分成两个部分。在这一点上，前者与后者正好具有相反的性质。

第二种几何是能被映射到欧几里得平面上的某个平行四边形内的几何学，因而它的性质就同于把平行四边形作为全空间的几何学。在这种几何学内，既存在闭合直线，也有无限长的直线。但与第一种几何学不同，这种几何学有长短不同的各种闭合线，并且，具有无限长的直线还有一个出人意料的性质，即它无限接近于平面上的任何一点。

更出人意料的是，虽然这两种几何学具有与通常几何学显著不同的性质，但是，在适当小的范围内，所有欧几里得几何学的定理都成立。克利福德几何学的这些奇异性质，都不是根据理论虚构的，只要在欧几里得空间中取直圆柱面、直圆锥面、平行四边形，并将这些图形作为全平面，且将这些面在普通平面内展开时变成直线的线作为这种几何学的直线，那么，这些奇异性质都能具体地被表现出来。

我们已看到了具有上述那些奇异性质的几何学确实存在。其实还不止于此，另外还有许多几何学也具有奇异的性质，所有这些几何学都以同等的权利、同等的资格存在于数学之中。今天，无论从理论上还是实践上，完全没有威胁着这种存在的东西了。与此同时，正如前面所述，不管哪个公理也不能是绝对正确的，就连通常的公理（ⅰ）“全体大于部分”，（ⅱ）“能够重合的一定相等”，也不能无条件地承认。即使假定以不能重合的为相等，能重合的为不相等，也可建立起其自身完全没有矛盾的几何学来。再者，如果无条件地承认上面的两个公理（ⅰ），（ⅱ）同时成立，则也可以证明会出现矛盾。由此可以想到，今天的数学发生了多么大的变化，它是多么自由，多么深奥微妙了吧！

第五节　解决平行线问题所产生的影响

一、公理和定义的本质的阐明

1. 公理本质的阐明

在数学家还没有完成前一章所述的研究之前，欧几里得几何学公理，从而整个欧几里得几何学具有至高无上的权威，被数学家和哲学家们当作绝对真的东西来信奉。然而，近代数学的发展否定了这种观点。现已清楚，不论是从先天上还是后天上，都不能断定欧几里得几何学公理是正确的。即是说，现已知道，采用与欧几里得公理矛盾的公理，也能建立起本身没有任何矛盾的完整的几何学——一个在理论上没有任何漏洞的独立的科学。从而可以断言，欧几里得公理并不是建立起几何学的唯一基础。那么，作为几何学基础的公理，它的本质到底是什么呢？这就是：它既然已经失去了绝对真实这一本质，那么，它就只不过是一种假设或约定而已。如果是这样，我们还必须再问：如果公理只是一个假定，那么这样的假定对几何学的建立是不是必不可少的呢？若这种假设、约定是必不可少的，那究竟又是为什么呢？只要我们考虑一下作为一门演绎科学的几何学的本质，就能很容易地回答这些问题。

且设有一个由很多命题构成的几何学（一般地，一个演绎科学），并把这些命题想象为按逻辑推理的顺序连续地排列着的。如果是这样，那么，为了证明某个定理，就必须有已知的定理，而要证明这个已知的定理，就需要它前面的若干已知定理，结果，像这样追根溯源，最后一定会达到若干不能证明的命题。为什么呢？因为若不如此这个过程就不能完结，这种没有证明的若干个命题就是所谓几何公理。只要是一门演绎科学，不管它具体是什么，都在所难免地要采取这种方式来建立，即首先设置若干个没有证明的命题，然后由这一组命题逐个推导、证明所有的定理。最初设置的那些命题的正确性是没有经过证明的，所以它们本身的真伪是不明确的。若这一组命题是真的，则由它们演绎出来的所有定理都应是真的；若这一组命题是近似真的，则由它们演绎出来的所有定理也应是近似真的。

于是，要想建立起作为一门演绎科学的几何学，就要首先不加证明地列出若干个命题，这是绝对必要的、不可避免的。而若能由先天的判断或后天的判断，或者以其他任何根据，确保承认这些命题是真的，那么由此而导出的整个几何学的全部定理都应该是真的。但是，如前所述，站在数学的立场上，无论是先天地还是后天地都不能断定一般的几何公理是绝对真的。因此，无论是对欧几里得几何学还是鲍耶几何学，都不能断定它是不是真的。

至此，我们会感到，现在已经能理解前面所引的罗素关于数学的特征所说的那段奇特至极的话了。即是说，要想站在纯数学的立场上建立起纯逻辑演绎的几何学，就必须首先取若干不作数学证明的命题，并只施以纯粹的逻辑演绎而不添进几何直观那样的东西，推导出尽可能多的定理，把它们按演绎推理的顺序排列，从而建立起一门科学。然而，用这样的方法建立起来的数学，其基础既然是无证明的命题，这些命题只不过是一种约定，一种假设，那么很显然，由此而借助逻辑推理所得到的全部定理，都不具备有关它们在本质上到底真不真的性质。这就是罗素说了如下一句话的原因：数学家研究所得的定理是真实的还是不真实的呢？任何人都无法知道。使数学的本质成为这样的原因，实际上就是对平行公设以及与此有关的事项长期深入研究的结果。这种研究弄清了不论是先天地还是后天地都不能断定几何学的各种定理是真的。于是，既然我们的理性不能否定这些研究成果，那么数学成为现在这样就在所难免了。从而，纯数学的本质超越了真伪性这一点，绝非两三个数学家任意地作成的，也不可以随意变更；如果我们相信自己的理性，那么，不管是否愿意，我们都必须承认这一点。

2. 构成纯数学基础的公理组（无证明命题组）应具有的根本特征

公理既然只是一种假设，一种约定，那么，从理论上说，无论把什么命题作为公理都是可以的。因此，在建立起某种几何学时，必须采用的，作为它的基础的公理组，应该能有很多种选择。但为了使所采用的公理组能构成一门演绎科学的基础，它必须满足一定的条件。实际上，只要满足如下 3 个条件就可以了。

条件一　属于这一公理组的各个公理以及由它们演绎出的定理，相互之间不可发生矛盾。

条件二　属于这一公理组的各个公理，彼此应是相互独立的，即，其中任一公理都不能由其他公理证明。

条件三　属于这一公理组的公理，作为构成我们要建立的那门科学的基础,应该是充分的。即是说,由这组公理应能推导、证明属于这门科学的全部定理。

只要上面3个条件都得到满足,不管是什么命题组,在理论上都可采用作为一门科学的最完整的基础。不过,自不待言,实际上我们希望各公理在满足上述3个条件的基础上,要尽可能简明,使大多数人都易于理解。

3. 定义本质的阐明

在前一段,我们说明了公理的本质,从而说明了今日数学是怎样的以及为什么必须是这样的。但这只是一个方面,下面,我们将进一步阐明定义的本质,从而说明近世数学的另一方面。

本来,从纯学术的角度来看,该门学科所用的术语必须是完全定义了的,其含义是极其明确而没有任何怀疑的余地。而这种定义的最完全的形式,正如逻辑学中所说,首先要列出包括了该术语所指的那个东西的类别的名称,然后要挑选能与该类中的其他东西区别的性质,并把它附在术语上。例如,“两条边相等的三角形是等腰三角形”这一定义中,“等腰三角形”这个东西就属于“三角形”这一类,只是在其两边相等上,显示了它与别的三角形不同。像这样的定义,称为逻辑定义。然而,要由这一定义来明确地理解等腰三角形,必须首先知道所谓“三角形”是什么,所谓“两边相等”的意义又是什么。即是说,为了给出“等腰三角形”的定义,需要先给出“三角形”的定义以及“两边相等”的定义。而为了给出这些定义,又要用到另外的术语,所以又需要先给出后者的定义。如此逐步地追根溯源,最后就要达到若干不能定义的术语,否则就不能避免循环定义的错误。这完全与证明定理情形一样。在证明某个定理时,为了证明它一定要用到别的定理,而要证明所用到的定理,又要用到另外的定理，要证明后者，又要用到其他的定理……像这样逐步地追根溯源，最后就只能达到不能证明的若干命题(基本公理组或无证明命题组)。我们把这样无定义而首先设置的若干术语称为基本术语组(或无定义术语组)。

依上面的叙述，要想纯学术地建立几何学，只要首先设置若干无定义的术语组和无证明的命题组，然后由这些术语出发，导出这种几何学的全部术语，又从那些命题出发论证、推论出这种几何学的全部定理即可。因而，几何学的性质是由这个无定义术语组和无证明命题组的性质所完全确定的，而几何学的基础就由这两者构成，此外再没有别的任何东西。所以，从学术上研究几何学，归根到底，无非就是研究这个术语组和命题组的性质罢了。

从理论上讲，无论什么几何学，最初都必须设置若干无定义的术语组，但实际上很多教科书中，任何一个术语都必定要给出定义。因此，我们必须从学术上讨论这些定义是不是确实为合适的、满足要求的。几何学的基本术语是哪些？不同的人看法多少有些不同，但多数人认为几何学的基本概念是点、线、面、直线、平面等。下面，我们仔细地研究其中的两三个定义，以便触类旁通推知其余。

(1) 点，线，面

很多教科书中所给出的点、线、面的定义都是：

(ⅰ) 所谓点就是有位置而没有大小者；

(ⅱ) 所谓线就是有位置和长度但没有宽度和厚度者；

(ⅲ) 所谓面就是有位置、长度和宽度但没有厚度者。

我们自然要问，在这些定义中，所谓“位置”“长度”到底又是什么呢？为了定义点、线、面，使用了“位置”“长度”“大小”等用语，而从学术上定义这些用语的明确概念，是否可能不用点、线、面这些概念呢？本来，从数学上说，长度的明确概念通常都是从直线得出的。即，取直线上的一部分为单位，然后把它重合到某直线上去，看后者是它的多少倍，由此得到直线的长度的概念。而曲线长度的概念，是由依次用直线连接曲线上的许多个分点，当这些分点无限接近时上述连线的和的极限而得出的。即不论在哪种情形，长度多半都是由到某个确定物的距离及角度等来表示，这就必定要用到直线的概念。那么，是不是能够完全不用点、线、面的概念而给出直线的定义呢？直线有各种各样的定义，但不论哪一种，一般都是说它是具有某种性质的线。于是，为了定义点、线，要用到直线的概念，而为了定义直线，又用了点、线这些术语。由此可知，从学术上讲，这种定义是不正确的。

另外，作为第二种定义，也有人说“面是两个立体的边界”“线是两个面的边界”“点是两条直线的交”。但这时要从学术上定义“什么是立体”“什么是边界”，最后一定会达到无定义术语，否则就要陷入循环定义之中（要从学术上考察“边界”这一用语的含义是极为困难的，由下述的内容也可理解这一点）。

(2) 霍尔斯特德的看法

如前所述，当有人问霍尔斯特德线是什么时，他用白粉笔在黑板上画了一条直线，然后回答说，这个使白粉笔的白色和黑板的黑色分开的边界即是直线，而且他还进一步反问在座的人：这样的边界是否果真存在呢？其中一位神学者回答说“存在”，而另一位科学家却回答说“不存在”。这时，他自己回答说：“虽然线是我经常用到的，但我是站在回答说不存在的科学家一边的。”由此，也许我们会悟出，通常认为是很明了的事情，实际上却是很难抓住其实质认清其真相的。

我们再进一步推敲直线的定义。

(3) 勒让德的定义

在普通的教科书上，有很多种直线的定义(从学术上给出的定义)。其中，最初由勒让德给出的那个定义，由于简单，看上去很明白，所以常为后世所采用。这个定义是：

所谓直线就是最短线(两点间的距离最短的线称为直线)。

但是，若仔细推敲一下这个定义，那么除需要“线”“距离”这些概念以外，还要一些假设，如果不除去这些假设，就不能把这个定义作为学术定义来使用。现将其主要之点叙述如下。

难点一　为了使“两点间的距离最短的线”一语有意义，要假设过两点的所有线的长度都是可以测量的。但是，所有线的长度都是可以测量的一事，一般来说不是真的。实际上，在数学中存在着大量不能考虑长度的线。若尔当研究了能测量长度的线及不能测长度的线的性质，并且弄清了，线必须满足什么条件才能测量其长度。

难点二　今姑且假定所有的线都能被测量长度。但为了测量长度还必须有一个标准长度，而这个标准长度通常都是由直线给出的。故犯了为定义直线却用了直线这一循环定义的错误。

难点三　即便前两个困难都能避免，还有第三个困难。这是因为，即使过两点的所有的线都是可以测量长度的，但它们中间是否存在最短者，还不得而知。当然，过两点的线为有限条时，无疑必存在最短者，但有无穷多条时(这里，显然是有无穷多条)，就很难说其中总是存在最短者。例如，对 $1, \frac{1}{2}, \frac{1}{3}, \cdots, \frac{1}{n}$ 来说，当 n 为正整数时，其中就不存在最小者。也许有人会说，这时 0 为最小。但 0 并不存在于上列数中，因为，无论用什么正整数去除 1，都绝不可能为 0(无穷大不是普通意义上的数)。所以，要用勒让德的方法来定义直线，首先必须证明，在这两点的无穷多条线中，必定存在最短者。否则，就是把事实上并不存在的东西赋予了直线这一名称。

正如由这个例子所看到的那样，外表上看来似乎很简单明白的定义，从学术上考察却可能是非常复杂非常难以理解的。若以这种观点来考察直线的其他定义，也会发现若干难点。

(4) 定义的本质

以上，我们从理论上说明了使用无定义术语的不可避免性。这里，我们再从实际方面指出，通常给出的定义，从学术上看都是不完全的。所以，要建立起严格的几何学，就只有首先不作定义列出若干个术语，再把它们结合起来而定义出其他全部术语。像这样的事，或许正是我们所希望的。但是，不管这是不是我们的希望，既然我们要尊重自己的理性，并且遵从它，这样的事就确实是不得不如此的了。

若如此，则最初列出的那些术语意义未经规定就被使用了，从学术的观点来看，就完全不清楚它们到底指的是什么东西。因此，由它们结合起来所定义出的全部几何术语所指的是什么，应该说也是不明确的。即，今若不定义点、线、面这些术语，这 3 个术语都只不过被当作一种空泛抽象的记号来使用罢了，它们到底意指什么，我们是全然不知的。这样一来，将这些术语结合起来而定义的三角形、四边形等术语，其本身就不具有任何具体的意义。这就是罗素说谁也不知道“数学所讨论的到底是什么”的理由。

(5) 新几何学中的公理和定义的关系

本来,无证明的命题组(公理组)就是规定无定义的术语之间的相互关系的。无论是什么,只要能满足这个规定,都可看作无定义术语所意指的东西。反过来,无定义术语之间的相互关系,不能在这种规定以外去寻找。所以,在某种意义上可以认为,无证明命题组(即公理组)完全确定了无定义术语的意义,从而可把公理组看成无定义术语的完整的定义。这种定义与通常定义的不同之点在于,对通常的定义来说,一个个的术语是单独地定义的,而对这种定义来说,若干个术语是彼此同时定义的。所以,无定义术语是不能在通常的意义下定义的,但能以公理化的方式定义。因此,在这种意义上,当然也可以把由公理组给出的术语定义叫作公理性定义。于是可以说,几何学是纯逻辑地抽出潜藏在公理化方式定义的术语中的性质的学问。

无定义术语组(公理性定义)所应有的性质　那么,应该选择什么样的术语作为无定义术语即基本术语呢?从理论上说,无论选择什么术语作为这种基本术语都无妨,但这时从学术的观点来看,它们还必须满足如下3个条件。

条件一　这个无定义术语组中的术语,每一个都是建立几何学所必不可少的。

条件二　这个无定义术语组中的术语,相互是独立的,即是说,其中的每个术语,都不能由其他术语来定义。

条件三　若将这个无定义术语组中的术语结合起来,应足以完全定义出几何学中的所有术语。

只要这些条件都得到满足,用哪个作为几何学的基础都无妨,所以挑选术语组的方法也和挑选公理组的方法一样,可有若干种。

第六节 建立在新观点上的数学的意义，完整地建立起数学的基础

一、建立在新观点上的数学的意义

下面我们首先略述著名的希尔伯特的欧几里得几何学公理组，然后说明，从表面上看来，这个公理组与过去的公理组几乎一样，但是在内容上却根本不同，由此而具体说明建立在新基础上的数学的意义。

希尔伯特把点、直线、平面、之间、合同等5个术语作为无定义术语，把如下21个命题作为无证明命题组（公理组），并把它们分为5类。即希尔伯特考虑了研究对象（事物）的3种集合，把属于第一种的叫作点，属于第二种的叫作直线，属于第三种的叫作平面，并按下述公理组来规定点、直线、平面的相互关系。

1. 结合公理

(1) 有关平面的公理

（ⅰ）两个相异的点 A，B，总是确定了一条直线；

（ⅱ）直线上的任意相异两点总是确定了这条直线；

（ⅲ）一条直线上至少包含了两个点，一个平面上至少包含了不在同一直线上的三个点。

(2) 有关空间的公理 5个

2. 顺序公理

这一组公理是定义“之间”这一概念的。这个概念使我们能建立起直线和平面上的点以及空间中的点的顺序。

（ⅰ）A，B，C 是同一直线的三个点，若 B 在 A 和 C“之间”，那

么 B 就在 C 和 A"之间";

(ⅱ) 若 A,C 是同一直线上的点,那么在 A 和 C"之间",至少存在一个点 B。又,至少存在一个点 D,使 C 在 A 和 D"之间";

(ⅲ) 若在一直线上任取三个点,则其中有一个且只有一个在其他两点"之间"。

接着希尔伯特定义了直线上两点 A,B 所确定的"线段"以及"线段的内点、外点",然后又列出了如下的公理(ⅳ)。

(ⅳ) 设 A,B,C 为不在同一直线上的三个点,a 是在 A,B,C 所确定的平面内不通过 A,B,C 三点的直线。若 a 通过线段 AB 内的一点,则 a 必通过线段 BC 内的一点或线段 AC 内的一点。

3. 合同公理

这一组公理定义了合同的概念。

(ⅰ) 设 A,B 是直线 a 上的两点,A'是直线 a 或另一条直线 a'上的点,那么,能在直线 a(或 a')上指定的一侧求得一点且只能求得一点 B',使线段 AB 合同于 $A'B'$;每条线段与自己合同,即 $AB \equiv AB$,且 $AB \equiv BA$($\equiv$是表示合同的记号);

(ⅱ) 若 $AB \equiv A'B'$,$AB \equiv A''B''$,则 $A'B' \equiv A''B''$;

(ⅲ) 设线段 AB,BC 在同一直线 a 上,除 B 以外它们没有别的公共点,且线段 $A'B'$,$B'C'$ 也在同一直线 a' 上,除 B' 以外没有别的公共点,这时若 $AB \equiv A'B'$,$BC \equiv B'C'$,那么,$AC \equiv A'C'$。

接着,希尔伯特由结合公理和顺序公理定义了"从 O 点引出的半直线"一语,并利用从 O 引出的两条半直线 h,k,确定了这两条半直线所构成的"角"的意义以及"角内部的点"和"角外部的点"的意义,然后,列出了关于角的合同的公理:

(ⅳ),(ⅴ) 关于角有与(ⅰ),(ⅱ)同样的公理;

（ⅵ）在两个三角形 ABC 和 $A'B'C'$ 中，若 $AB\equiv A'B'$，$AC\equiv A'C'$，$\angle BAC\equiv\angle B'A'C'$，则必有 $\angle ABC\equiv\angle A'B'C'$，$\angle ACB\equiv\angle A'C'B'$。

4. 平行公理

5. 连续公理

它由阿基米德公理和完备公理构成。

（1）阿基米德公理

设一直线上任给两点 A，B，且 A_1 是 A，B 间的任一点。今若取 A_2，A_3，A_4，…，使 A_1 在 A 和 A_2 之间，A_2 在 A_1 和 A_3 之间，A_3 在 A_2 和 A_4 之间……并且线段 AA_1，A_1A_2，A_2A_3，A_3A_4，…彼此合同，则这时在 A_2，A_3，A_4，…中必存在这样的一个 A_n，使 B 在 A 和 A_n 之间。

（2）完备公理

构成了几何学的点、直线、平面的系统，在满足上述所有公理的条件下，是构成了一个不允许再扩张的系统（即是说，构成了我们的几何学的点、直线、平面，本身构成了一个完备的系统，若在其中再加进一点别的什么，则上述公理必有某个不再成立）。

下面，我们说明关于这个公理组应该特别注意之点。

二、关于公理组应特别注意之点

1. 新几何学的严密性

与通常教科书中所列的欧几里得公理比较起来，也许有人会对希尔伯特的公理数目之多感到惊讶，想不到他会把再明白不过的简单事项也作为公理列出来。但是，对这种新几何学的构成来说，除上述公理以外，绝对不能使用别的任何事项，无论它看起来多么明白、多么细微，而只能由上述公理进行纯粹的逻辑推理导出所有的定理。所以，公理自然就比较多。事实上，在这种几何学中，上述公理中未记载的事项，就连通常所谓的公理如“大者加大者大于小者加小者”“全体大于部分”等，都是决不允许使用的。只有经上述公理组证明后，才能使用。在一般的教科书中，屡屡未加证明地用到并未清楚地写明是公理的事项，所以，其证明就不能说是严格的。因此，虽然它们从教育的角度来说是可用的，但学术上却难以承认。特别地，在欧几里得几何学中，根本没有关于顺序的公理，而仅仅是由几何直观来弥补了这一点，因而常常出现模棱两可的事项，也经常产生各种奇论和错误。例如，似乎可以建立起一种证明方法，用这种方法能够证明“所有的三角形都是等腰三角形”，就是一个著名的例子。* 所以，新几何学的公理组的建立，重点是放在确保数学的严密性上。

2. 关于合同公理(ⅵ)的评价

在今天的一般教科书中，都对合同公理(ⅵ)作了证明，这里却把它当作公理，这也许让人惊讶。可是这个公理(ⅵ)却是不能由其他公理证明的。希尔伯特严格地证明了这一点。当然，若就此说普通教科书的证明是错误的，则未必正确。这种差异是由几何学的构成不同而产生的，是因为在不同的基础上建立起来的学术根本不同。在普通教科书中，在建立几何学时，允许“运动”，承认在运动中图形的形状、大小不会发生变化，并且在建立平面几何学时，允许用到三维空间。实际上，在普通教科书中，就是利用了运动和三维空间来证明公理(ⅵ)的。然而，希尔伯特的公理组是要

---

* 证明详见附录。

不利用运动而建立起几何学来，这就是两者的根本不同之处。

3. 新几何学是非常抽象的，从而是概括的、一般的

希尔伯特的公理组中，点、直线、平面、之间、合同等 5 个术语，完全没有给出定义，所以这 5 个术语完全没有确定的意义和确定的内容。无论将什么内容赋予这种空泛的术语，只要它们全部满足希尔伯特的 21 个公理，就可以把它们作为这种几何学的点、直线和平面而不会产生任何妨碍。并且，对于这样的点、直线和平面，欧几里得几何学的所有定理总是成立的。故，由这个无定义术语组和无证明命题组构成的几何学完全是抽象的，可以赋予它种种具体的内容。而由具体内容的不同，就能产生种种欧几里得几何学，这些几何学的定理又都分别是一一对应的，且具有完全相同的形式。从而作为抽象的几何学，都应作为完全同一的东西来看待。于是，在某种意义上可以说，遵从我们的见解的这种新几何学，是从无数多个具体的几何学中抽象而得到的一门科学。这就如同从 3 个梨、3 头牛、3 只鸟的 3 个、3 头、3 只等抽象而得到“3”这个数一样。

所以，在这种几何学中，无论是说到点、直线还是说到面，都没有任何具体的含义，当然也就不能用图形来表示了。因此，这个几何中的定理或者问题的证明，完全不用图形，只是由给出的假设及公理，用纯粹的逻辑推理而得到其结论。例如，要由上面的公理组证明合同的第一定理，“在$\triangle ABC$和$\triangle A'B'C'$中，若$AB\equiv A'B'$，$AC\equiv A'C'$，$\angle A\equiv\angle A'$，则这两个三角形合同”，就必须像下述那样证明（这时，需要常常记住，没有确定点、直线、平面、合同的具体含义是什么，故三角形的边、角等到底具体是什么也是不明确的）。

证明 由假定，$AB\equiv A'B'$，$AC\equiv A'C'$，$\angle A\equiv\angle A'$成立，故由

公理3(ⅵ)，$\angle B \equiv \angle B'$，$\angle C \equiv \angle C'$成立。因而两个三角形的5个要素都彼此合同了。故只要证明第6个要素BC和$B'C'$合同即可。今假定BC和$B'C'$不合同，则由公理3(ⅰ)，在线段$B'C'$或它的延长线上能取一个且仅一个点D'，使线段$B'D'$与BC合同。这时，因BC和$B'C'$不合同，故C'与D'必是不同的点。在$\triangle ABC$和$\triangle A'B'D$中，$AB \equiv A'B'$(假定)，$BC \equiv B'D'$(作图)，$\angle B \equiv \angle B'$(前面已证)成立，故由公理3(ⅵ)，$\angle BAC \equiv \angle B'A'D'$。然而由假定，$\angle BAC \equiv \angle B'A'C'$成立。于是同一个角$\angle BAC$合同于两个不同的角$\angle B'A'C'$，$\angle B'A'D'$，而且它们在$A'B'$的同一侧，这与公理3(ⅳ)矛盾，故$BC \equiv B'C'$。

像这样，这种几何学中的证明，完全是对构成了这种几何学之基础的公理，施以纯逻辑推理而完成的。所以，这时三角形的角和边只要满足上述公理组，无论是什么东西都无妨。在上述的证明中，除了假设和公理以外，根本未用到边和角的具体内容和意义。因此，边和角可以是曲线，可以是物品，也可以是动物，即是说，完全不是通常所指的那种边和角也是可以的。若为了帮助理解而要利用图形，则可以用任意形状的线。

实际上，我们可以把正方形作为全平面，把双曲线的弧作为直线，把通常的点作为点而建立起欧几里得几何学来。另外，也可以把圆作为全平面，把椭圆的弧作为直线而建立起欧几里得几何学来。而希尔伯特把普通的直线和圆弧组成的线(如第16图)作为直线，建立起了除合同公理(ⅵ)以外的所有公理都成立的新几何学(非笛沙格几何学)。又，在杨所建立的小几何学中可以证明，把通常几何学中的点、直线作为新几何学中的点、直线，或者

第15图

把人作为点，人的某个集合作为直线，或者把城市作为点，把城市的某个集合作为直线，都能满足全部公理。因此，当然就能考虑把人和城市等的对象作为点、直线的几何学。另外，把圆弧作为直线，把圆作为点，等等，也能建立起种种有趣的几何学来。

4. 同一几何学有种种不同的公理组和术语组的实例

前面，我们从理论上说明了，对同一科学可构造出若干种公理组和术语组。作为一个实例，欧几里得几何学就有各种不同的公理组和术语组。前面介绍的希尔伯特给出的公理组就是其中之一。在几何学的基本概念"运动"和"合同"中，希尔伯特不用运动而用合同建立起了欧几里得几何学。与他相反，皮耶里仅用"运动"和"点"作为无定义术语，用运动来定义合同，并用 17 个公理为基础，建立起了欧几里得几何学。此外，很著名的还有维布伦构造的公理组和术语组。维布伦只把"点"和"顺序"作为无定义术语，并以 12 个公理建立了欧几里得几何学的基础。

仅从数目这一点来看，希尔伯特的公理组数目最多，维布伦的公理组数目最少。但是不能因此就说维布伦的公理组优于希尔伯特的公理组。事实上，希尔伯特的公理的表达方式与通常的几何学一致，因而便于理解，而且，要从这个公理组去推导证明几何学的基本定理时，能够比较容易用初等方法来完成。希尔伯特公理组在这一方面，远远胜过维布伦的公理组。

三、建立最严密的数学的方法

由前面的论述，我以为大体上已经说清楚了最严密的数学(一般地，一门演绎科学)的基础是什么以及必须是什么。现将其要点摘记如下。

第一，选择一组无定义的术语，去定义要建立的那门科学中必须用到的全部术语。这时，所选择的术语组必须具备如下3个条件：

（ⅰ）这组术语中不包含那门科学中不必要的术语（术语组的必要性）；

（ⅱ）这组术语中的任何一个都不能由其他术语来定义（术语组的独立性）；

（ⅲ）仅仅用这组术语就足以定义那门科学中所需的全部术语（术语组的完备性）。

第二，选出一组无证明的命题，用以只借助纯粹的逻辑推理而导出要建立的那门科学的全部命题。

不用说，这组无证明命题完全表示出了上述术语的相互关系。而且必须证明，挑选出来的这组命题具备如下3个条件。

（ⅰ）这组命题相互之间以及由此而推导出来的所有命题之间，不出现矛盾（公理组的无矛盾性）；

（ⅱ）这组命题中的任一个，都不能由其他命题来证明（公理组的独立性）；

（ⅲ）用这组命题应足以建立起一门科学（公理组的完备性）。

演绎科学的建立　具备上述性质的无定义术语组和无证明命题组构成了一门科学的完整的基础。而为了在这个基础上建立起一门科学来，应作如下的工作：

第一，完全不借助几何直观那类手段，仅仅通过纯逻辑推理，由上述命题组推导证明出所有能推出的定理，并把它们按逻辑顺序整理列出；

第二，将上述术语组中的术语适当地结合，从而定义出所需的一切术语。

由像这样得到的一组无定义术语、一组无证明命题、所有的定理和定义就构成了一个系统，即构成了一门严密而完整的科学。

这种科学的本质　构成这种科学的无定义术语组、无证明命题组、定理和定义的本质如下：

第一，无定义术语本身，并不具有任何具体的意义，因而由这些术语给出的所有定义，并不具体地指什么东西；

第二，无证明命题本身并不具有任何真伪性，而由这些命题所导出的所有定理，也不具有任何真伪性。

结论　由上面的论述可知，像这样构造起来的数学是最严密的，同时又是最抽象的，正因它是抽象的，所以可作种种不同的具体解释。另一方面这种数学又是包容性最强的、最一般的，并且，这种数学的基础不是放在学说和经验之上的，所以不必担心它会因学说和经验的发展变化而动摇、被废弃。于是，在这种意义上，这种数学的基础是最牢固的，即是说，像这样构造出来的新数学是最严密的，同时又是最一般的，并且还是最牢固的，故可以说，这种新数学几乎是很理想地满足了一种纯学术所要求的根本特征，是我们要求绝对严密的理性和我们的求知欲望使数学这门科学达到了这种境界。在这里，要求绝对严密的理性和求知欲望第一次得到了满足。但是，由于这样，我们的数学变得过于抽象了，并且由于它已经超脱于真伪，所以有人抱怨它太脱离现实世界了。虽然这并不是我们的初衷，但我们既然要忠于自己的理性，既然希望绝对严密，那么，发展到这种地步确实是不得已的了。实际上，这是许多伟大数学家经数千年的苦心研究之后，才逐步达到的境界。今天我们是站在这个高峰之上，所以方能洞察数学的本质是什么以及必须是什么。随着纯数学的发展，把它应用到各方面的应用数学也相应地有了长足的进步。只有把这样的纯数学和应用数学结合起来考察，才能了解数学的真相，理解数学与人生的关系。

第七节 数系的逻辑基础

一、有关数系的公理的建立

如前一节所述，为了把演绎科学建立得严密和有一般性，必须把无定义术语组和无证明命题组作为它的基础。故，自不待言，数系的学术基础，也应通过这种公理方法来建立。最早作这种尝试的人是皮亚诺(皮亚诺为了建立起自然数系，公理式地使用了 3 个基本概念和 5 组原则，由此推出了自然数的所有性质)。然后是帕施、希尔伯特、亨廷顿等。帕施从“先”和“后”这 2 个基本术语以及 5 个基本命题出发，导出了 32 个定义和 45 个定理，然后用它们来定义自然数并导出自然数的性质。希尔伯特在 1899 年发表了实数的公理组，与他的几何学的公理组相对应，他也把实数的公理组分为结合公理、顺序公理、计算公理、连续公理这样 4 类，把“数”“加法”“乘法”“＞”作为无定义术语，从而建立了一种实数系的公理组。接着，1906 年亨廷顿首先列出了关于加法和乘法的 10 个公理，证明了它们是相互独立的，再把适当的“存在公理”加进去，依次地建立了自然数、整数、有理数系的公理组。后来，他又发表了复数系的公理组。作为一个简单的例子，这里我们介绍一种“自然数系的公理组”。

这个方法就是把“数”“顺序记号＞”作为无定义术语，恰当地定义加法、乘法，用公理化的方法建立起自然数(序数)，而这种方法的无证明命题组由如下5个公理构成。

公理一　若a,b为相异的两个数,则a,b满足关系$a<b$或$b<a$。

公理二　若$a<b,b<c$,则$a<c$。

公理三　任取一个数a,则必存在紧接着a的大数($a<b$,且对于a,b,合于$a<c<b$的数c不存在时,就称b是紧接着a的大数)。

公理四　数系中存在着最小数*(所谓a是最小数,就是说数系中不存在满足$x<a$的x)。

公理五　若b是大于a的数($a<b$),则从a移至紧接着a的大数a',再由a'移至紧接着a'的大数a''……依次这样做,最后能达到b。

我们定义运算这些数的方法,即加法、乘法如下。

加法　设有两数a,b。对a配之以1,就成为紧接着a的大数,配之以2就成为紧接着刚才所得那个数的大数;继续这样做,若对a配之以b后所得的数是c,则称c为a与b的和,记为$a+b=c$。例如,设a为4,b为3,则对4配之以1,就成为紧接着4的大数5,配之以2就成为紧接着5的大数6,配之以3就成为紧接着6的大数7。这时,称7为4与3之和,并将此记为$4+3=7$。

由加法的这个定义和上面的5个公理,可以证明,在这个数系中关于加法的各种法则都成立。

乘法　设有两个数a,b。对$1,2,3,\cdots,b$都各配之以a,把所有这些a都加起来所得的数(设它为c),即$\underset{(1)}{a}+\underset{(2)}{a}+\underset{(3)}{a}+\cdots+\underset{(b)}{a}$称

---

* 用1表示这个最小数。于是由公理三,紧接着它的大数必存在。我们用2来表示后者,再由公理三,存在紧接着2的大数,用3表示之,以下反复这样做,在加法定义中用到的1,2,3,4,…就是这样构造出的。

为 a 与 b 的积，记为 $a\times b=c$，为了使这样的乘法具有一般性，规定 $a\times 1=a$。

于是就可由乘法的这个定义和上面的公理推导出关于乘法及加法的所有法则。又，减法、除法分别作为加法和乘法的逆运算，只要利用加法和乘法就可用通常的方法来定义它们。用这样的方法就可由 5 个公理和 2 个无定义术语建立起自然数系。

二、特异数系(变态数系)

上面介绍的是普通数系的公理组。但正如几何学中存在着种种变态几何一样，对数系来说，也能建立起具有不同于普通数系性质的种种数系来。初一看它们似乎是彼此矛盾的，但是，如前所述，从学术上看，它们都是具有同样的地位、同样的价值、同样的存在权利的数系，并且不能确定哪个是正确、哪个是不正确的。不仅如此，这些特异数系，不论在纯数学方面还是在应用数学方面，都有许多应用，是数学的学术研究中必不可少的部分。这里，我们介绍其中较简单的一两种。

1. 遵从不同于通常的加法和乘法，却满足普通数系所具有的运算法则的数系(亨廷顿建立的数系)

今取 1,2,3,…的自然数系，并规定加法和乘法如下：

$$a\oplus b=a+b+1,\qquad a\otimes b=a\times b+(a+b),$$

其中$\oplus$，$\otimes$表示新加法、新乘法，$+$，$\times$表示通常的加法、乘法。于是，遵照这种新加法，2 加上 3 所得的数为 $2+3+1$，即为 6，而 7 加上 4 得 $7+4+1$，即 12；遵照这种新乘法，2 乘以 3 所得的数为 $2\times 3+2+3$，即为 11，而 7 乘以 4 得 $7\times 4+7+4$，即 39。这与通常的加法、乘法所得的结果完全不同。遵从这种特异的加法和乘法的数系，关于加法和乘法到底满足什么法则呢？令人惊异的是，我们将会看到，像这样奇怪的数系，也满足全部普通数系的代数法则，例如加法、乘法的交换律、分配律，其证明方法如下。

交换律的证明

$a\oplus b=a+b+1=b+a+1=b\oplus a$，

$a\otimes b=a\times b+(a+b)=b\times a+(b+a)=b\otimes a$。

分配律的证明

$$\begin{aligned}a\otimes(b\oplus c)&=a\otimes(b+c+1)=a\times(b+c+1)+(a+b+c+1)\\&=ab+ac+a+a+b+c+1\\&=(ab+a+b)+(ac+a+c)+1\\&=(a\otimes b)+(a\otimes c)+1\\&=(a\otimes b)\oplus(a\otimes c)。\end{aligned}$$

注意　到目前为止，我们只考虑了对自然数系施以新加法和新乘法的数系，但可用整数系（正负自然数以及 0）代替自然数系、用有理数系代替自然数系、用实数系代替自然数系，上面的讨论同样成立。另外，具有上述性质的新加法、新乘法，也可考虑用别的方法来定义。例如，定义 $a\oplus b=a+b$，$a\otimes b=m(a\times b)$（m 为任意自然数），就是一种。

2. 具有与普通数系矛盾的运算法则的数系

四元数系　在这种数系中，很早就发现并最为人们熟知的是哈密顿四元数。我们在前面已经叙述过了哈密顿当时发现这种数的情况。

四元数定义如下：

复数是由 1 和 i 这两个单位构造起来的数，这两个单位有这样的根本性质；即 $1^2=1$，$\mathrm{i}^2=-1$。并且这两个单位的系数都是实数。四元数的单位是 4 个数，若用 $1, j_1, j_2, j_3$ 来表示它们，则此单位的特点可由如下的规定来决定：

$$j_1^2 = j_2^2 = j_3^2 = -1, j_1 j_2 = -j_2 j_1 = j_3,$$

$$j_2 j_3 = -j_3 j_2 = j_1, j_3 j_1 = -j_1 j_3 = j_2。$$

今设 a_0, a_1, a_2, a_3 是任意的实数，则用 $a = a_0 + a_1 j_1 + a_2 j_2 + a_3 j_3$ 所表示的数，称为一般的四元数。又若 a_0, a_1, a_2, a_3 是复数，则就称 a 为超四元数。

这样，正如由 $j_1 j_2 = -j_2 j_1$ 所清楚地表明的那样，四元数一般不满足乘法的交换律。尽管如此，这个数系在几何学、三角学以及物理学中都有应用，并且具有使其中某些问题的解决趋于简洁的作用。

另外，如前所述，有名的交互数，就是能用如下两个性质来表明其特征的数。若 $a, b, c, \cdots$ 是这个数系中的数，则

$$a^2 = 0, b^2 = 0, c^2 = 0, \cdots;$$

$$ab = -ba, ac = -ca, \cdots。$$

这个数系中所有数都不为 0，但它们自乘却都为 0，并且所有数都遵从一种奇异至极的约定：都不满足乘法的交换律，尽管如此，它们却能用于行列式的研究和方程组求解。

我们还能以各种方式构造出其他种种特异数系来。

第三编的结论

如上所述，近年来对数学基础的研究，有了如下的成就：第一，能够明确地解释数学的本质了，同时促成了数学在本质上发生根本性的变化；第二，与过去相比，数学的基础明显变得严密坚固了；第三，纯数学完全变成了抽象的科学，同时也变成了概括的、一般的科学；第四，由于有可能建立和发展诸种新数学，所以数学的视野明显更加广阔，应用的范围也显著地扩大了。我认为，特别是最后这一点，即建立新数学成为可能，对将来的数学具有重大意义。这使得康托尔道破了数学的本质在于思考的自由，过去只有一种几何学（欧几里得几何学）、一种代数学（讨论普通数系的代数学），可是今天却相继出现了各种各样的新几何学、新代数学，它们与过去的几何学、代数学相比，具有根本不同的性质，有一部分还具有与以前的几何学、代数学相矛盾的内容。而且，这些看起来极为奇怪的新数学，具有多方面的应用。这当是应用数学工作者特别注意之点。爱因斯坦利用非欧几里得几何学和四维几何学等建立了相对论，这种理论比牛顿利用欧几里得几何学创立的学说更向前迈进了一大步。一想到这样的事实，我们就会深切地感到：无论是在应用方面还是在理论方面，要打破僵局，使新生面的开辟成为可能，常常有赖于巧妙地利用新数学。实际上，这些都只不过是历经数千年锤炼的数学家的精神、思想和方法所取得的令人惊叹的成就。

总而言之，数学家们建立了理论上可能的各种各样的几何学、代数学，研究弄清了它们的性质，以待自然科学工作者、教育工作者、工程技术人员去利用它们。我们殷切地期望应用数学的学者们不要局限在过去唯一的几何学、唯一的代数学的狭小范围内，而是从今天无比广阔的数学领域中，去挑选对自己的研究工作最方便的工具，借以建立起比过去更进步、水平更高的学说，创造出应用方面的伟大成果来。

附录 “所有的三角形都是等腰三角形”的证明及其错误

在缺少了顺序公理的欧几里得几何学中，上述命题可以证明如下：

在$\triangle ABC$中，作$\angle A$的平分线AR，并从BC的中点D作垂直于BC的直线DS，这样AR与DS或平行或相交。

第一，若它们平行，则直线AR就与BC垂直，从而，由熟知的定理，可知AB边与AC边相等。于是$\triangle ABC$是等腰三角形。

第二，AR与DS相交时，设交点为O，则O在$\triangle ABC$内或$\triangle ABC$外。

(1) O在$\triangle ABC$内的情形

这时，由O分别向AB和AC边引垂线OE和OF，并分别连接O和B及O和C。在$\triangle AOF$和$\triangle AOE$中，因AO是$\angle A$的平分线，故$\angle EAO=\angle FAO$；又，OE，OF分别是AB，AC的垂线，故

$$\angle OEA=\angle OFA=90^\circ;$$

且AO是公共边，所以

$$\triangle AOE\equiv\triangle AOF,$$

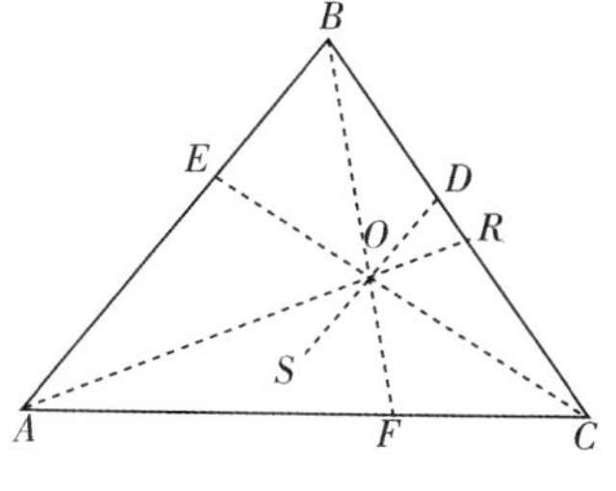

第1图

所以

$$AE=AF, OE=OF。 \cdots\cdots ①$$

其次，在$\triangle OBD$和$\triangle OCD$中，

$\angle ODB=\angle ODC=90^{\circ}$（作图）。

$BD=CD$（作图），OD是公共边，所以

$$\triangle OBD \equiv \triangle OCD,$$

所以

$$OB=OC。$$

故，在直角$\triangle OBE$和直角$\triangle OCF$中，$OE=OF$，$OB=OC$，从而这两个三角形全等。所以

$$EB=FC。 \cdots\cdots ②$$

由①和②，$AE+EB=AF+FC$，从而

$$AB=AC。$$

所以三角形是等腰三角形。

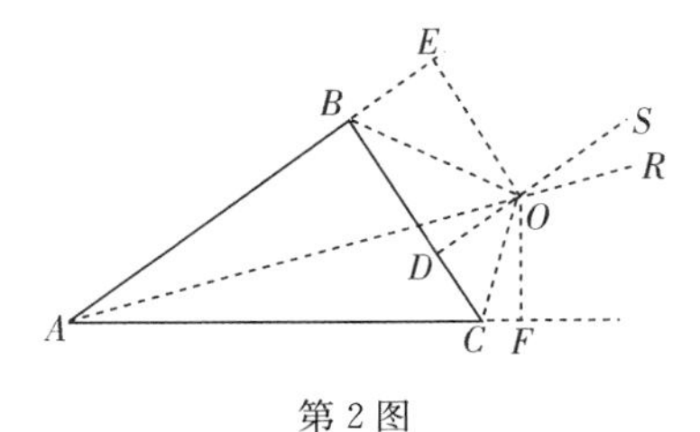

第2图

（2）O在$\triangle ABC$外的情形

在这种情形，由与情形（1）完全相同的理由，有

$\triangle AOE \equiv \triangle AOF$，$\triangle OCD \equiv \triangle OBD$，

从而

$$\triangle OCF \equiv OBE,$$

所以

$$AF=AE, FC=BE,$$

所以

$$AF-FC=AE-BE,$$

即

$$AC=AB。$$

故这时$\triangle ABC$也是等腰三角形。

若根据欧几里得公理，上面的论证是正确的，错误只在于图形的作法。

事实上，O点在$\triangle ABC$外部时，一般地，E和F两点中，只能有一个点在边AC或AB上，另一点在另一边的延长线上。例如，像第3图所示的那样，这时，有

$$AB=AE-BE, AC=AF+FC=AE+BE$$

成立，故不能说AB和AC相等。

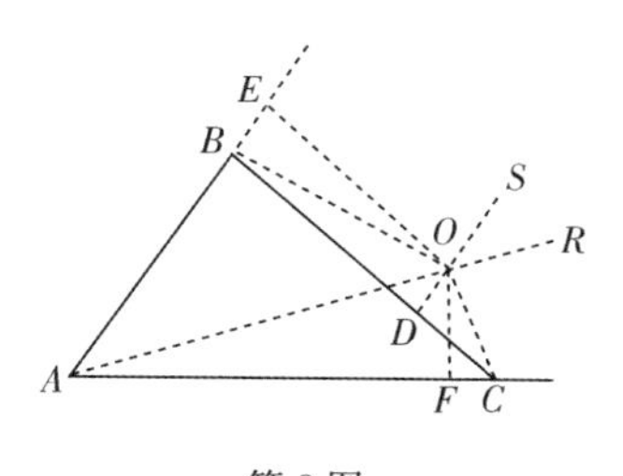

第3图

外国人名译名对照表*

阿贝尔 Abel
阿尔冈 Argand
阿默士 Ahmes
奥顿 Orton
贝塞尔 Bessel
比尔吉 Bürgi
比萨的列奥纳多 Leonardo von Pisa
毕达哥拉斯 Pythagoras
鲍耶 Bolyai
伯内米可 Beremiker
伯努利 Bernoulli
布拉里-福蒂 Burali-Forti
布劳威尔 Brouwer
布里格斯 Briggs
布鲁门巴赫 Blumenbach
策梅洛 Zermelo
戴德金 Dedekind
戴恩 Dehn
当茹瓦 Denjoy
狄利克雷 Dirichlet
笛卡尔 Descartes
笛沙格 Desargues
丢番图 Diophantas
冯·施陶特 von Staudt
弗拉克 Vlack
弗兰克尔 Fränkel
弗雷格 Frege
傅里叶 Fourier
高斯 Gauss
格罗斯曼 Grossmann
格莱斯顿 Gladstone
格雷伍 Greve
哈勃 Haber
哈里奥特 Harriot
哈密顿 Hamilton
海邀 Heyer
豪斯多夫 Hausdorff
荷尔夏斯 ハルシケス
亥姆霍兹 Helmholtz
亨廷顿 Huntington
怀特海 Whitehead
霍尔斯特德 Halstead

---

* 本书中有不少的人名是用日文注音的，凡是能找到相应的英文原名的，这里均改用英文写出，其他仍用日文名。——译者

伽罗瓦	Galois
基林	Killing
吉拉德	Girard
卡尔达诺	Cardan
凯莱	Cayley
凯泽	Keyser
坎珀	Camper
康托尔	Cantor
柯尼希	König
柯日布斯基	Korzybski
柯西	Cauchy
克莱因	Klein
克雷莫纳	Cremona
克利福德	Clifford
库蒂拉	Couturat
拉格朗日	Lagrange
拉普拉斯	Laplace
勒贝格	Lebesgue
勒让德	Legendre
黎曼	Riemann
李	Lie
理查德	Richard
伦内	Lenne
罗巴切夫斯基	Lobachevsky
罗素	Russell
洛朗	Laurent
墨卡托	Mercator
麦克法兰	Macfarlane
蒙日	Monge
摩尔	Moore
纳皮尔	Napier
诺瓦利斯	Novalis
欧几里得	Euclid
欧拉	Euler
帕施	Pasch
庞加莱	Poincaré
婆罗摩	ブウマ
婆什迦罗	Bhaskara
皮耶里	Pieri
皮尔斯	Peirce
皮亚诺	Peano
普莱费尔	Playfair
若尔当	Jordan
萨凯里	Saccheri
施蒂费尔	Stifel
施坦因豪斯	Steinhaus
舒尔克	Schülke
斯蒂尔切斯	Stieltjes
斯坦纳	Steiner
苏利文	Sullivan
松克	Sohncke
泰勒	Taylor
泰勒斯	Thales
坦纳里	Tannery
外尔	Weyl
韦伯	Weber
维布伦	Veblen
维尔纳	Werner
维加	Vega
维特斯坦	Wittstein
魏尔斯特拉斯	Weierstrass
蒂鲍特	Thibaut
希尔伯特	Hilbert
许龙	Schrön
杨	Young
伊壁鸠鲁	Epicurus

译后记

当我们读到日本老一代数学家、教育家米山国藏教授的著作《数学的精神、思想和方法》时，一下就被书中精美的内容和深刻的思想吸引住了，并时常在心中激起共鸣。我们还发现，其风格和立意迥异于所见到的其他类似读物，于是，心中油然生出一个念头：将它译成中文，推荐给我国广大读者。

本书原著在日本多次再版，8 年之中竟印行了 10 次。本书译自第 10 次印刷本。本书从较高的观点精辟地论述了贯穿于整个数学中的精神实质、重要的数学思想、各种重要的研究方法和证明方法，并为我们勾画出了整个近代数学的沿革和它多姿多彩的面貌；同时，对于如何向学生传授这些精神、思想、方法，提出了许多很好的见解。本书笔触古朴而又风趣生动。读着它，就仿佛是在听一位阅历颇深的长者娓娓动听地讲述一个曲折离奇却又颇具启发性的故事，它带我们步入一座琳琅满目的数学殿堂，真是美不胜收，令人流连忘返。这种意境一定会激发起你的科学灵感，使你的思维能力得到提高、升华。

就译者的学识而言，要翻译这样一部著作确有力不从心之感。但这又是很有诱惑力和很有意义的工作。于是我们不揣浅陋把它译出来了。尽管我们作了极大的努力，译文中肯定还会有错漏之处，恳请读者批评指正。为简明起见，我们对目录作了删减，对原书个别明显错误也作了修正；译名表为译者所加。

曾祥发同志认真校对了译文初稿，马洪同志通读了译文并提出了有益的建议，在此，我们深表谢意。

译者

于成都

读者联谊表

（电子文档备索）

姓名：　　　　年龄：　　　　性别：　　　宗教：　　　党派：

学历：　　　　专业：　　　　职业：　　　　所在地：

邮箱：__________________手机：_____________QQ：__________

所购书名：_____________________在哪家店购买：______________

本书内容：满意　一般　不满意　本书外观：满意　一般　不满意

价格：贵　不贵　阅读体验：较好　一般　不好

有哪些差错：

有哪些需要改进之处：

建议我们出版哪类书籍：

平时购书途径：实体店　网店　其他（请具体写明）

每年大约购书金额：　　　　藏书量：　　　每月阅读多少小时：

您对纸质书与电子书的区别及前景的认识：

是否愿意从事编校或翻译工作：　　　　　愿意专职还是兼职：

是否愿意与启蒙编译所交流：　　　　　　是否愿意撰写书评：

如愿意合作，请将详细自我介绍发邮箱，一周无回复请不要再等待。

读者联谊表填写后电邮给我们，可六五折购书，快递费自理。

本表不作其他用途，涉及隐私处可简可略。

电子邮箱：qmbys@qq.com　联系人：齐蒙

启蒙编译所简介

启蒙编译所是一家从事人文学术书籍的翻译、编校与策划的专业出版服务机构，前身是由著名学术编辑、资深出版人创办的彼岸学术出版工作室。拥有一支功底扎实、作风严谨、训练有素的翻译与编校队伍，出品了许多高水准的学术文化读物，打造了启蒙文库、企业家文库等品牌，受到读者好评。启蒙编译所与北京、上海、台北及欧美一流出版社和版权机构建立了长期、深度的合作关系。经过全体同仁艰辛的努力，启蒙编译所取得了长足的进步，得到了社会各界的肯定，荣获凤凰网、新京报、经济观察报等媒体授予的十大好书、致敬译者、年度出版人等荣誉，初步确立了人文学术出版的品牌形象。

启蒙编译所期待各界读者的批评指导意见；期待诸位以各种方式在翻译、编校等方面支持我们的工作；期待有志于学术翻译与编辑工作的年轻人加入我们的事业。

联系邮箱：qmbys@qq.com

豆瓣小站：https://site.douban.com/246051/